2025

# 한식·양식 조리기능사
# 빈출 1000제

타임NCS연구소

2025
# 한식·양식조리기능사 빈출1000제

**인쇄일** 2025년 1월 1일 3판 1쇄 인쇄      **발행처** 시스컴 출판사
**발행일** 2025년 1월 5일 3판 1쇄 발행      **발행인** 송인식
**등 록** 제17-269호                        **지은이** 타임NCS연구소
**판 권** 시스컴2025

ISBN 979-11-6941-582-8 13590
**정 가** 17,000원

**주소** 서울시 금천구 가산디지털1로 225, 514호(가산포휴) | **홈페이지** www.nadoogong.com
**E-mail** siscombooks@naver.com | **전화** 02)866-9311 | **Fax** 02)866-9312

# 머리말

경제성장과 함께 생활수준이 높아지고 고령화, 1인 가구 및 혼밥족의 증가, 맞벌이 가정의 증가 등으로 외식시장은 급성장세를 지속하고 있습니다. 그에 따라 전문적인 주방장 및 조리사의 수요 또한 증가하였습니다. 조리사는 음식 조리 뿐만 아니라 조리 재료의 선정·구입·검수, 요리 재료의 손질 및 보관, 조리시설과 기구의 위생 관리 등을 합니다. 이러한 업무를 하기 위해 그에 맞는 교육과 자격이 필요하며, 점차 전문성을 요구하는 방향으로 나아가고 있어 조리기능사 자격증은 필수적으로 따야하는 자격증입니다.

2020년부터 조리분야 기능사 5종목(한식·양식·중식·일식·복어조리기능사) 필기시험은 기존 공통과목에서 종목별 평가로 변경되어 각 전문 분야에 따른 자격취득을 필요로 하게 되었습니다. 5종목 중 한식조리기능사와 양식조리기능사는 가장 수요가 많은 자격증입니다. 한식주방장 및 조리사는 밥, 국, 찌개, 찜, 조림, 구이, 무침, 전, 김치, 면 요리 등의 다양한 한국 전통음식을, 양식주방장 및 조리사는 생선류 요리, 육류 요리, 가금류 요리, 파스타, 샐러드, 피자, 샌드위치, 수프, 애피타이저 등의 각종 양식요리를 각 조리법에 따라 조리하는 업무를 합니다.

한식·양식조리기능사 필기시험은 응시자격에 제한이 없으며, 국가기술자격의 현장성과 활용성 제고를 위해 국가직무능력표준(NCS)을 기반으로 자격의 내용을 직무 중심으로 개편하여 필기시험이 이루어집니다.

자격증을 준비하여 어려움을 느끼는 수험생분들께 조금이나마 도움을 드리고자 필기시험에서 빈출되는 문제들을 중심으로 교재를 집필하였습니다. 지난 기출문제를 취합·분석하여 출제경향에 맞춰 구성하였기에 본 교재인 한식·양식조리기능사 필기 총 10회분과 예상문제를 반복하여 학습한다면 충분히 합격하실 수 있을 것입니다.

예비 한식·양식 주방장 및 조리사님들의 꿈과 목표를 위한 아낌없는 도전을 응원하며, 시스컴 출판사는 앞으로도 좋은 교재를 집필할 수 있도록 더욱 노력할 것입니다. 모든 수험생 여러분들의 합격을 진심으로 기원합니다.

## 시험안내

### 시험 응시 절차

| 한식조리기능사 | 필기 | 합격 ▶ | 실기 | 합격 ▶ | 자격증 취득 |

| 양식조리기능사 | 필기 | 합격 ▶ | 실기 | 합격 ▶ | 자격증 취득 |

### 필기시험

● 원서접수

회원가입 → 원서접수 신청 → 자격선택 → 종목선택 → 응시유형 → 추가입력 →

장소선택 → 결제하기

① 인터넷 접수 : 한국산업인력공단 홈페이지(http://q-net.or.kr)
② 사진 첨부 : 6개월 이내에 촬영한 3.5cm×4.5cm, 120×160 픽셀의 JPG 파일
③ 시험 응시료(수수료) : 14,500원 전자 결제
④ 시험장소 : 본인 선택(선착순)

● 시험 정보

| 응시자격 | 제한 없음 |
|---|---|
| 준비물 | 수험표, 신분증, 필기구 지참 |
| 시험형식 | 객관식 4지 택일형, CBT(Computer Based Test) |
| 시험시간 | 60분(1시간) |
| 문제수 | 60문제 |
| 합격기준 | 100점 만점에 60점 이상 |

● 시험 일정

① 상시시험 : 정해진 회별 접수시간 동안 접수하며 연간 시행계획을 기준으로 자체 실정에 맞게 시행

② 시행지역 : 27개 지역(서울, 서울서부, 서울남부, 경기북부, 부산, 부산남부, 울산, 경남, 경인, 경기, 성남, 대구, 경북, 포항, 광주, 전북, 전남, 목포, 대전, 충북, 충남, 강원, 강릉, 제주, 안성, 구미, 세종)

● 합격자 발표

| 구분 | 1-8부 | 비고 |
|---|---|---|
| 합격자 발표일 | 시험종료 즉시 | CBT 필기시험 시행(16.1.23부터) |
| CBT 필기시험은 시험종료 즉시 합격여부를 확인이 가능하므로 별도의 ARS 발표 없음 | | |

● 상시시험 문제 공개관련

상시(필기, 실기) 문제는 공개하지 않는 것을 원칙으로 하며, 비공개 문제에 대해 수험자는 시험문제 및 작성 답안을 수험표 등에 이기할 수 없음

## 실기시험

● 원서접수

① 인터넷 접수 : 한국산업인력공단 홈페이지(http://q-net.or.kr)

② 사진 첨부 : 6개월 이내에 촬영한 3.5cm×4.5cm, 120×160 픽셀의 JPG 파일

③ 시험 응시료(수수료) : 한식 26,900원, 양식 29,600원 전자 결제

④ 시험장소 : 본인 선택(선착순)

● 시험 정보

| 준비물 | 수험표, 신분증, 실기관련 수험자 준비물 등 |
|---|---|
| 시험형식 | 작업형 |
| 시험시간 | 2~4시간(과제별로 시험시간 상이) |

● 자격증 발급

① 인터넷 : 공인인증 등을 통해 발급, 택배 가능

② 방문 수령 : 신분 확인서류 필요

## 시험안내

### 합격률

● 한식조리기능사      2024년 합격률은 도서 발행 전에 집계되지 않았습니다

| 연도 | 필기 | | | 실기 | | |
|---|---|---|---|---|---|---|
| | 응시 | 합격 | 합격률 | 응시 | 합격 | 합격률 |
| 2023 | 67,640 | 28,597 | 42.3% | 47,515 | 17,493 | 36.8% |
| 2022 | 68,845 | 30,139 | 43.8% | 52,460 | 18,781 | 35.8% |
| 2021 | 88,691 | 39,800 | 44.9% | 65,302 | 22,520 | 34.5% |
| 2020 | 72,062 | 32,745 | 45.4% | 53,897 | 18,358 | 34.1% |
| 2019 | 83,109 | 38,384 | 46.2% | 74,839 | 25,158 | 33.6% |

● 양식조리기능사      2024년 합격률은 도서 발행 전에 집계되지 않았습니다

| 연도 | 필기 | | | 실기 | | |
|---|---|---|---|---|---|---|
| | 응시 | 합격 | 합격률 | 응시 | 합격 | 합격률 |
| 2023 | 30,652 | 12,880 | 42% | 17,010 | 5,548 | 38.5% |
| 2022 | 30,356 | 13,543 | 44.6% | 19,737 | 7,422 | 37.6% |
| 2021 | 38,838 | 18,102 | 46.6% | 25,783 | 8,960 | 34.8% |
| 2020 | 31,115 | 14,983 | 48.2% | 19,805 | 6,823 | 34.5% |
| 2019 | 30,657 | 12,826 | 41.8% | 32,083 | 10,991 | 34.3% |

### 시험과목 및 활용 국가직무능력표준(NCS)

국가기술자격의 현장성과 활용성 제고를 위해 국가직무능력표준(NCS)을 기반으로 자격의 내용(시험과목, 출제기준 등)을 직무 중심으로 개편하여 시행

● 국가직무능력표준(NCS)

산업현장에서 직무를 수행하기 위해 요구되는 지식 · 기술 · 태도 등의 내용을 국가가 산업부문별 · 수준별로 체계화한 것

● 한식조리기능사 필기시험

| 과목명 | 활용 NCS 능력단위 |
|---|---|
| 한식 재료관리,<br>음식조리 및 위생관리 | 한식 위생관리 |
| | 한식 안전관리 |
| | 한식 재료관리 |
| | 한식 구매관리 |
| | 한식 기초조리실무 |
| | 한식 밥조리 |
| | 한식 죽조리 |
| | 한식 국 · 탕조리 |
| | 한식 찌개조리 |
| | 한식 전 · 적조리 |
| | 한식 생채 · 회조리 |
| | 한식 조림 · 초조리 |
| | 한식 구이조리 |
| | 한식 숙채조리 |
| | 한식 볶음조리 |

● 양식조리기능사 필기시험

| 과목명 | 활용 NCS 능력단위 |
|---|---|
| 양식 재료관리,<br>음식조리 및 위생관리 | 양식 위생관리 |
| | 양식 안전관리 |
| | 양식 재료관리 |
| | 양식 구매관리 |
| | 양식 기초조리실무 |
| | 양식 스톡조리 |
| | 양식 전채조리 |
| | 양식 샌드위치조리 |
| | 양식 샐러드조리 |
| | 양식 조식조리 |
| | 양식 수프조리 |
| | 양식 육류조리 |
| | 양식 파스타조리 |
| | 양식 소스조리 |

## 한식·양식조리기능사

① 직무내용 : 한식 · 양식메뉴 계획에 따라 식재료를 선정, 구매, 검수, 보관 및 저장하며 맛과 영양을 고려하여 안전하고 위생적으로 음식을 조리하고 조리기구와 시설관리를 수행하는 직무

② 필기 과목명 : 한식 · 양식 재료관리, 음식조리 및 위생관리

## 한식·양식조리기능사 공통 범위

**2023. 1. 1. ~ 2025. 12. 31**

| 주요항목 | 세부항목 | 세세항목 |
|---|---|---|
| 한식 · 양식<br>위생관리 | 1. 개인 위생관리 | 1. 위생관리기준<br>2. 식품위생에 관련된 질병 |
| | 2. 식품 위생관리 | 1. 미생물의 종류와 특성<br>2. 식품과 기생충병<br>3. 살균 및 소독의 종류와 방법<br>4. 식품의 위생적 취급기준<br>5. 식품첨가물과 유해물질 |
| | 3. 작업장 위생관리 | 1. 작업장 위생 위해요소<br>2. 식품안전관리인증기준(HACCP)<br>3. 작업장 교차오염발생요소 |
| | 4. 식중독 관리 | 1. 세균성 및 바이러스성 식중독<br>2. 자연독 식중독<br>3. 화학적 식중독<br>4. 곰팡이 독소 |
| | 5. 식품위생 관계 법규 | 1. 식품위생법 및 관계법규<br>2. 농수산물 원산지 표시에 관한 법령<br>3. 식품 등의 표시 · **광고에 관한 법령** |
| | 6. 공중 보건 | 1. 공중보건의 개념<br>2. 환경위생 및 환경오염 관리<br>3. 역학 및 질병 관리<br>4. 산업보건관리 |
| 한식 · 양식<br>안전관리 | 1. 개인안전 관리 | 1. 개인 안전사고 예방 및 사후 조치<br>2. 작업 안전관리 |
| | 2. 장비 · 도구 안전작업 | 1. 조리장비 · 도구 안전관리 지침 |

| | 3. 작업환경 안전관리 | 1. 작업장 환경관리<br>2. 작업장 안전관리<br>3. 화재예방 및 조치방법<br>4. 산업안전보건법 및 관련지침 |
|---|---|---|
| 한식 · 양식<br>재료관리 | 1. 식품재료의 성분 | 1. 수분<br>2. 탄수화물<br>3. 지질<br>4. 단백질<br>5. 무기질<br>6. 비타민<br>7. 식품의 색<br>8. 식품의 갈변<br>9. 식품의 맛과 냄새<br>10. 식품의 물성<br>11. 식품의 유독성분 |
| | 2. 효소 | 1. 식품과 효소 |
| | 3. 식품과 영양 | 1. 영양소의 기능 및 영양소 섭취기준 |
| 한식 · 양식<br>구매관리 | 1. 시장조사 및 구매관리 | 1. 시장 조사<br>2. 식품구매관리<br>3. 식품재고관리 |
| | 2. 검수 관리 | 1. 식재료의 품질 확인 및 선별<br>2. 조리기구 및 설비 특성과 품질 확인<br>3. 검수를 위한 설비 및 장비 활용 방법 |
| | 3. 원가 | 1. 원가의 의의 및 종류<br>2. 원가분석 및 계산 |
| 한식 · 양식<br>기초 조리실무 | 1. 조리 준비 | 1. 조리의 정의 및 기본 조리조작<br>2. 기본조리법 및 대량조리기술<br>3. 기본 칼 기술 습득<br>4. 조리기구의 종류와 용도<br>5. 식재료 계량방법<br>6. 조리장의 시설 및 설비 관리 |
| | 2. 식품의 조리원리 | 1. 농산물의 조리 및 가공 · 저장<br>2. 축산물의 조리 및 가공 · 저장<br>3. 수산물의 조리 및 가공 · 저장<br>4. 유지 및 유지 가공품<br>5. 냉동식품의 조리<br>6. 조미료와 향신료 |
| | 3. 식생활 문화 | 1. 한국[서양] 음식의 문화와 배경<br>2. 한국[서양] 음식의 분류<br>3. 한국[서양] 음식의 특징 및 용어 |

# 필기시험 출제기준

## 한식조리기능사 종목별 범위

| 주요항목 | 세부항목 | 세세항목 |
|---|---|---|
| 1. 한식 밥 조리 | 밥 조리 | 1. 밥 재료 준비<br>2. 밥 조리<br>3. 밥 담기 |
| 2. 한식 죽 조리 | 죽 조리 | 1. 죽 재료 준비<br>2. 죽 조리<br>3. 죽 담기 |
| 3. 한식 국·탕 조리 | 국·탕 조리 | 1. 국·탕 재료 준비<br>2. 국·탕 조리<br>3. 국·탕 담기 |
| 4. 한식 찌개 조리 | 찌개 조리 | 1. 찌개 재료 준비<br>2. 찌개 조리<br>3. 찌개 담기 |
| 5. 한식 전·적 조리 | 전·적 조리 | 1. 전·적 재료 준비<br>2. 전·적 조리<br>3. 전·적 담기 |
| 6. 한식 생채·회 조리 | 생채·회 조리 | 1. 생채·회 재료 준비<br>2. 생채·회 조리<br>3. 생채·회 담기 |
| 7. 한식 조림·초 조리 | 조림·초 조리 | 1. 조림·초 재료 준비<br>2. 조림·초 조리<br>3. 조림·초 담기 |
| 8. 한식 구이 조리 | 구이 조리 | 1. 구이 재료 준비<br>2. 구이 조리<br>3. 구이 담기 |
| 9. 한식 숙채 조리 | 숙채 조리 | 1. 숙채 재료 준비<br>2. 숙채 조리<br>3. 숙채 담기 |
| 10. 한식 볶음 조리 | 볶음 조리 | 1. 볶음 재료 준비<br>2. 볶음 조리<br>3. 볶음 담기 |
| 11. 김치 조리 | 김치 조리 | 1. 김치 재료 준비<br>2. 김치 조리<br>3. 김치 담기 |

## 양식조리기능사 종목별 범위

| 주요항목 | 세부항목 | 세세항목 |
|---|---|---|
| 1. 양식 스톡 조리 | 스톡 조리 | 1. 스톡재료 준비<br>2. 스톡 조리<br>3. 스톡 완성 |
| 2. 양식 전채 조리 | 전채 조리 | 1. 전채재료 준비<br>2. 전채 조리<br>3. 전채요리 완성 |
| 3. 양식 샌드위치 조리 | 샌드위치 조리 | 1. 샌드위치 재료 준비<br>2. 샌드위치 조리<br>3. 샌드위치 완성 |
| 4. 양식 샐러드 조리 | 샐러드 조리 | 1. 샐러드재료 준비<br>2. 샐러드 조리<br>3. 샐러드요리 완성 |
| 5. 양식 조식 조리 | 조식 조리 | 1. 달걀 요리 조리<br>2. 조찬용 빵류 조리<br>3. 시리얼류 조리 |
| 6. 양식 수프 조리 | 수프 조리 | 1. 수프재료 준비<br>2. 수프 조리<br>3. 수프요리 완성 |
| 7. 양식 육류 조리 | 육류 조리 | 1. 육류재료 준비<br>2. 육류 조리<br>3. 육류요리 완성 |
| 8. 양식 파스타 조리 | 파스타 조리 | 1. 파스타재료 준비<br>2. 파스타 조리<br>3. 파스타요리 완성 |
| 9. 양식 소스 조리 | 소스 조리 | 1. 소스재료 준비<br>2. 소스 조리<br>3. 소스완성 |

# I 한식조리기능사

한식조리기능사와 양식조리기능사를 각각 I 과 II 로 나누어 한 권의 교재로 두 가지 시험을 대비할 수 있도록 구성하였습니다.

## 1회~5회 한식조리기능사 필기

새롭게 바뀐 출제기준에 맞춰 실제 시험과 동일한 문항수로 [필기] 5회분을 수록하였습니다.

## 1회~5회 한식조리기능사 필기 정답 및 해설

정답 및 해설을 시험을 마친 후 확인할 수 있도록 별도 해당 페이지에 첨부하였습니다.

## 한식조리기능사 예상문제 200제

단원별로 빈출 개념을 모아서 시험 전 꼭 보고 들어 가야 할 200문제를 수록하였습니다.
동일 페이지에서 정답을 바로 확인할 수 있도록 우 측에 답안을 배치하였습니다.

# Ⅱ 양식조리기능사

한식조리기능사와 양식조리기능사를 각각 Ⅰ과 Ⅱ로 나누어 한 권의 교재로 두 가지 시험을 대비할 수 있도록 구성하였습니다.

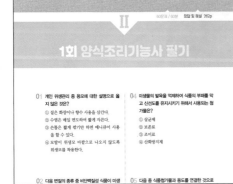

## 1회~5회 양식조리기능사 필기

새롭게 바뀐 출제기준에 맞춰 실제 시험과 동일한 문항수로 [필기] 5회분을 수록하였습니다.

## 1회~5회 양식조리기능사 필기 정답 및 해설

정답 및 해설을 시험을 마친 후 확인할 수 있도록 별도 해당 페이지에 첨부하였습니다.

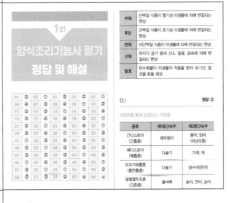

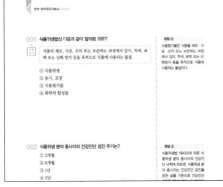

## 양식조리기능사 예상문제 200제

단원별로 빈출 개념을 모아서 시험 전 꼭 보고 들어가야 할 200문제를 수록하였습니다.
동일 페이지에서 정답을 바로 확인할 수 있도록 우측에 답안을 배치하였습니다.

# 목 차

I
한식
조리기능사

Ⅱ
양식
조리기능사

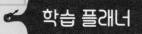

학습 플래너

## 한식조리기능사

| 회차 | | 보충할 내용 | 맞힌 문항 수 |
|---|---|---|---|
| 1회 한식조리기능사 필기 | | | /60문제 |
| 2회 한식조리기능사 필기 | | | /60문제 |
| 3회 한식조리기능사 필기 | | | /60문제 |
| 4회 한식조리기능사 필기 | | | /60문제 |
| 5회 한식조리기능사 필기 | | | /60문제 |
| 한식<br>조리기능사<br>예상문제<br>200제 | 1번~50번 | | /50문제 |
| | 51번~100번 | | /50문제 |
| | 101번~150번 | | /50문제 |
| | 151번~200번 | | /50문제 |

## 양식조리기능사

| 회차 | | 보충할 내용 | 맞힌 문항 수 |
|---|---|---|---|
| 1회 양식조리기능사 필기 | | | /60문제 |
| 2회 양식조리기능사 필기 | | | /60문제 |
| 3회 양식조리기능사 필기 | | | /60문제 |
| 4회 양식조리기능사 필기 | | | /60문제 |
| 5회 양식조리기능사 필기 | | | /60문제 |
| 양식<br>조리기능사<br>예상문제<br>200제 | 1번~50번 | | /50문제 |
| | 51번~100번 | | /50문제 |
| | 101번~150번 | | /50문제 |
| | 151번~200번 | | /50문제 |

# I

# 한식조리기능사

# 한식·양식조리기능사

## 1000제

기능사 필기 대비

# 한식조리기능사
# 필기

# 1회 한식조리기능사 필기

**01** 위생관리의 필요성으로 옳지 않은 것은?

① 식품의 가치 상승
② 각종 질병의 치료
③ 식중독 위생사고의 예방
④ 위생 관련 식품위생법 및 행정처분의 강화

**02** 다음 중 미생물의 생육에 필요한 수분활성도의 크기로 알맞은 것은?

① 곰팡이 〉 효모 〉 세균
② 곰팡이 〉 세균 〉 효모
③ 효모 〉 세균 〉 곰팡이
④ 세균 〉 효모 〉 곰팡이

**03** 육류를 통해 감염되는 기생충 중 소고기를 통해 감염되는 기생충은?

① 무구조충
② 유구조충
③ 선모충
④ 톡소플라스마

**04** 식품 등의 위생적인 취급에 관한 기준으로 적절한 것은?

① 식품 등의 제조 · 가공 · 조리 또는 포장에 직접 종사하는 자는 위생모를 착용하는 등 개인위생관리를 철저히 하여야 한다.
② 제조 · 가공(수입품 포함)하여 최소판매 단위로 포장된 식품 또는 식품첨가물을 영업 허가 또는 신고 없이 판매의 목적으로 포장을 뜯어 분할하여 판매하는 것이 허용된다.
③ 어류 · 육류 · 채소류를 취급하는 칼 · 도마는 하나로 통일하여 사용하여야 한다.
④ 유통기한이 경과된 식품 등을 판매하거나 판매의 목적으로 진열 · 보관하는 것이 허용된다.

**05** 다음 설명에 해당하는 중금속은?

주로 통조림 캔의 내부에 사용하며 강한 산성을 띤 통조림에서 잘 용출되어 섭취할 경우 구토, 복통, 설사 등의 식중독 증상을 유발할 수 있다.

① 비소
② 납
③ 주석
④ 수은

**06** 다음 중 식품의 위생과 관련 있는 미생물로 옳지 않은 것은?

① 암모니아

② 효모

③ 곰팡이

④ 세균

**07** 식품안전관리인증기준(HACCP) 준비단계 중 제품설명서를 작성하기 전의 절차로 올바른 것은?

① 공정흐름도 작성

② HACCP팀 구성

③ 제품의 용도 확인

④ 공정흐름도 현장 확인

**08** 환자나 보균자의 분뇨에 의해서 감염될 수 있는 경구감염병은?

① 장티푸스

② 결핵

③ 인플루엔자

④ 디프테리아

**09** 손이나 몸에 화농이 있는 사람이 식품을 취급함으로써 발생할 수 있는 식중독은?

① 황색포도상구균 식중독

② 클로스트리디움 보툴리눔 식중독

③ 병원성 대장균 식중독

④ 살모넬라 식중독

**10** 다음 중 청매, 살구씨, 복숭아씨 등에 있는 자연독 성분으로 알맞은 것은?

① 아미그달린

② 솔라닌

③ 테무린

④ 아마니타톡신

**11** 다음 중 알레르기성 식중독의 원인이 되는 균은?

① 포도상구균

② 웰치균

③ 프로테우스 모르가니

④ 보툴리눔균

**12** 회나 어패류를 생식했을 때 발생할 수 있으며, 해수 소금농도에서도 잘 생존하는 균으로 인해 발생하는 식중독은?

① 살모넬라 식중독

② 장염비브리오 식중독

③ 병원성 대장균 식중독

④ 클로스트리디움 보툴리눔 식중독

**13** 식품접객업 중 단란주점영업과 유흥주점영업을 허가하는 자는?

① 식품의약품안전처장

② 식품위생 감시원

③ 시장·군수·구청장

④ 국토교통부장관

**14** 식품위생법상 조리사가 식중독이나 위생과 관련된 중대한 사고 발생에 직무상 책임이 있는 경우의 2차 위반 시 행정처분은?

① 시정명령

② 업무정지 1개월

③ 업무정지 2개월

④ 면허취소

**15** 모범업소로 지정된 경우 지정된 날로부터 출입·검사·수거를 하지 않도록 할 수 있는 기간으로 옳은 것은?

① 6개월

② 1년

③ 1년 6개월

④ 2년

**16** 다음 중 평균수명에서 질병이나 부상으로 인하여 활동하지 못하는 기간을 뺀 수명은?

① 평균수명

② 기대수명

③ 행복수명

④ 건강수명

**17** 물체의 불완전 연소 시에 발생하며, 헤모글로빈과의 친화력이 강하여 중독 시 산소결핍증을 초래하게 되는 것은?

① 질소($N_2$)

② 산소($O_2$)

③ 이산화탄소($CO_2$)

④ 일산화탄소($CO$)

**18** 호수나 하천 등에 질소나 인 등의 무기성 영양소가 다량 유입되어 플랑크톤이 폭발적으로 증가하는 현상은?

① 유입부하량 증가 현상
② 부영양화 현상
③ 성층현상
④ 전도현상

**21** 건강보균자에 대한 설명으로 적절한 것은?

① 유익균을 몸에 지니고 있는 건강한 사람
② 병원체를 몸에 지니고 있지 않은 건강한 사람
③ 병원체와 유익균을 몸에 지니고 있어 증상이 나타나지 않는 건강한 사람
④ 병원체를 몸에 지니고 있으나 겉으로는 증상이 나타나지 않는 건강한 사람

1회

**19** 다음 중 감염원으로부터 병원체가 전파되는 과정을 의미하는 것은?

① 감염전파
② 감염경로
③ 감염전도
④ 감염확산

**22** 구충·구서의 일반적 원칙에 해당하지 않는 것은?

① 발생 원인 및 서식처 제거
② 발생 초기에 실시
③ 구제 대상 동물의 생태, 습성에 맞춰 실시
④ 발생한 순서대로 실시

**20** 다음 중 리케차성 감염병에 해당하지 않는 것은?

① 장티푸스
② 발진티푸스
③ 발진열
④ 쯔쯔가무시증

**23** 도르노선에 대한 설명이 옳지 않은 것은?

① 건강선이라고도 한다.
② 적외선에 속하는 파장이다.
③ 파장은 2,800~3,200Å이다.
④ 인체에 비타민 D를 형성한다.

**24** 주방 내 안전사고 중 베임 사고를 예방하는 방법으로 옳은 것은?

① 부서지거나 금이 간 제품을 사용한다.
② 이동할 때 칼 끝부분이 아래를 향하도록 한다.
③ 칼이 너무 날카롭지 않도록 유지한다.
④ 칼을 칼집이나 칼꽂이에 꽂지 않고 이동한다.

**25** 다음 중 교질용액에 대한 설명으로 옳지 않은 것은?

① 분산질의 크기는 1~100mm 이다.
② 냉수에 들어간 전분이나 밀가루 입자들과 같은 형태이다.
③ 이물질을 흡착하는 성질이 있다.
④ 졸(Sol)과 겔(Gel)이 교질용액에 속한다.

**26** 입에 있는 탄수화물 분해효소로 전분의 일부를 맥아당 단위로 분해하는 소화효소는?

① 말타아제
② 수크라아제
③ 락타아제
④ 프티알린

**27** 다음 중 수용성 비타민에 속하는 것은?

① 비타민 A
② 비타민 D
③ 비타민 E
④ 비타민 H

**28** 카로티노이드에 대한 설명이 틀린 것은?

① 물에 녹는 수용성 색소이며 클로로필과 공존하는 경우 노란색으로 보인다.
② 산, 알칼리, 가열조리에 안정하여 변화가 거의 없다.
③ 카로틴의 일부는 체내에서 비타민 A로 전환된다.
④ 라이코펜은 강력한 항산화제로 붉은색을 띠며 토마토, 수박, 감 등에 다량 함유되어 있다.

**29** 매운맛이 나는 식품과 매운맛을 내는 성분의 연결이 옳은 것은?

① 고추 – 피페린
② 후추 – 진저올
③ 생강 – 알리신
④ 강황 – 커큐민

**30** 다음에서 설명하는 것으로 적절한 것은?

> 포도당이 결합된 형태이며 곡류, 감자류 등에 존재하는 것으로 아밀로오스와 아밀로펙틴으로 구성되어 있으며 찹쌀은 아밀로펙틴으로만 구성되어 있다.

① 펙틴
② 섬유소
③ 전분
④ 글리코겐

**31** 오보뮤코이드와 뮤신이 속하는 복합단백질의 종류는?

① 인단백질
② 당단백질
③ 지단백질
④ 핵단백질

**32** 설탕물에 소금을 약간 넣으면 설탕만 넣었을 때 보다 더 달게 느끼는 것과 관련이 있는 현상은?

① 맛의 대비현상
② 맛의 변조현상
③ 맛의 상승현상
④ 맛의 상쇄현상

**33** 불소(F)에 대한 설명으로 옳지 않은 것은?

① 골격과 치아를 단단하게 한다.
② 충치 예방의 효과가 있고 치아의 강도를 증가시킨다.
③ 결핍될 경우 골다공증 및 근육경련의 증상이 나타난다.
④ 불소의 급원식품은 해조류이다.

**34** 다음 중 돼지의 지방을 사용하여 만든 기름은?

① 우지
② 라드
③ 팜유
④ 야자유

**35** 다음 중 인체의 기능을 조절하는 영양소가 아닌 것은?

① 단백질
② 비타민
③ 무기질
④ 물

**36** 식품의 구입계획을 세우기 위해 필요한 사항으로 적절하지 않은 것은?

① 식품의 식감
② 폐기율과 가식부
③ 식품의 가격변동상황
④ 식재료의 종류

**37** 조리작업에 따른 주요기기를 나열한 것으로 옳지 않은 것은?

① 전처리 및 조리준비 : 선반, 식기 소독 보관고
② 취반 : 저울, 세미기, 취반기
③ 배식 : 보온고, 냉장고, 이동운반차, 제빙기, 온 · 냉 식수기
④ 세척 · 소독 : 세척용 선반, 식기세척기, 손소독기, 잔반 처리기

**38** 다음 중 총원가의 구성으로 알맞은 것은?

① 판매원가 + 이익
② 판매관리비 + 제조원가
③ 직접원가 + 제조간접비
④ 직접재료비 + 직접노무비 + 직접경비

**39** 육류조리 과정 중 색소의 변화 단계가 바르게 연결된 것은?

① 미오글로빈 – 메트미오글로빈 – 옥시미오글로빈 – 헤마틴
② 메트미오글로빈 – 옥시미오글로빈 – 미오글로빈 – 헤마틴
③ 미오글로빈 – 옥시미오글로빈 – 메트미오글로빈 – 헤마틴
④ 옥시미오글로빈 – 메트미오글로빈 – 미오글로빈 – 헤마틴

**40** 먹다 남은 찹쌀떡을 보관하려고 할 때 노화가 가장 빨리 일어나는 보관 방법은?

① 상온 보관
② 온장고 보관
③ 냉동고 보관
④ 냉장고 보관

**41** 소금절임 시 저장성이 좋아지는 이유는?

① pH가 낮아져 미생물이 살아갈 수 없는 환경이 조성된다.
② pH가 높아져 미생물이 살아갈 수 없는 환경이 조성된다.
③ 고삼투성에 의한 탈수효과로 미생물의 생육이 억제된다.
④ 저삼투성에 의한 탈수효과로 미생물의 생육이 억제된다.

**42** 높은 열량을 공급하고, 수용성 영양소의 손실이 가장 적은 조리방법은?

① 삶기
② 끓이기
③ 찌기
④ 튀기기

**43** 생선의 육질이 육류보다 연한 주 이유는?

① 콜라겐과 엘라스틴의 함량이 적으므로
② 미오신과 액틴의 함량이 많으므로
③ 포화지방산의 함량이 많으므로
④ 미오글로빈 함량이 적으므로

**44** 대두의 성분 중 거품을 내며 용혈작용을 하는 것은?

① 사포닌
② 레닌
③ 글루탐산
④ 청산배당체

**45** 식품의 갈변을 억제하기 위한 방법으로 옳은 것은?

① 감자의 껍질을 미리 벗겨둔다.
② 사과는 씻어서 신문지에 감싸 놓는다.
③ 복숭아는 상온에서 건조시킨다.
④ 냉동 채소의 전처리로 블렌칭을 한다.

**46** 급식시설에서 주방면적을 산출할 때 고려해야 할 사항으로 가장 거리가 먼 것은?

① 피급식자의 기호
② 조리기기의 선택
③ 조리인원
④ 식단

**47** 전분의 노화를 억제하는 방법으로 적합하지 않은 것은?

① 수분함량 조절
② 냉동
③ 설탕의 첨가
④ 산의 첨가

**48** 탈수가 일어나지 않으면서 간이 맞도록 생선을 구우려면 일반적으로 생선 중량 대비 소금의 양은 얼마가 가장 적당한가?

① 0.1%

② 2%

③ 8%

④ 12%

**49** 다음 중 비가열 조리법의 특징이 아닌 것은?

① 조리가 간단하고 시간이 절약된다.

② 식품 본래의 색과 향의 손실이 적어 식품 자체의 풍미를 살린다.

③ 가열 조리법에 비해 비타민, 무기질 등의 이용률이 낮다.

④ 위생적으로 취급하지 않으면 기생충의 감염 우려가 있다.

**50** 김치저장 중 김치조직의 연부현상이 일어나는 이유에 대한 설명으로 가장 거리가 먼 것은?

① 조직을 구성하고 있는 펙틴질이 분해되기 때문에

② 미생물이 펙틴분해효소를 생성하기 때문에

③ 용기에 꼭 눌러 담지 않아 내부에 공기가 존재하여 호기성 미생물이 성장번식하기 때문에

④ 김치가 국물에 잠겨 수분을 흡수하기 때문에

**51** 경상도 음식의 특징으로 거리가 먼 것은?

① 사치스럽고 화려한 음식이 발달하였다.

② 음식이 대체로 맵고 간이 세다.

③ 재첩국, 아구찜, 안동식혜 등이 유명하다.

④ 방앗잎과 산초를 넣어 독특한 향을 즐긴다.

**52** 남성용 밥그릇을 말하며, 아래는 좁고 위로 갈수록 넓어지며 뚜껑이 있는 것은?

① 바리

② 쟁첩

③ 종지

④ 주발

**53** 밥 조리에서의 가열 중 쌀의 팽윤이 계속되면서 호화가 진행되어 점도가 높아지는 것으로, 중간 화력에서 5분 정도 유지하는 단계는?

① 온도 상승기

② 비등기

③ 증자기

④ 뜸들이기

**54** 다음 중 전에 대한 설명으로 옳지 않은 것은?

① 전유어, 저냐 등으로도 불린다.

② 궁중에서는 전유화라고 한다.

③ 재료를 꼬치에 꿰어 밀가루와 달걀물을 입혀 누르며 익히는 음식이다.

④ 기름을 두르고 지진 것으로, 한국음식 중 기름을 가장 많이 섭취할 수 있는 음식이다.

**55** 싱겁고 달콤한 맛으로 국물이 거의 없고 윤기가 나는 특징이 있으며 볶는다는 뜻을 가진 음식은?

① 조림
② 초
③ 구이
④ 숙채

**56** 다음 중 구이의 양념에 대한 설명으로 옳지 않은 것은?

① 소금구이에서 소금은 생선무게의 약 2% 정도가 적당하다.
② 간장 양념구이는 양념 후 30분 정도 재워두며 오래 재우면 육즙이 빠져 육질이 질겨진다.
③ 고추장 양념구이는 구이를 하기 직전에 만든 신선한 양념을 사용한다.
④ 고추장 양념구이는 고추장 양념을 하기 전 유장으로 애벌구이를 한다.

**57** 다음 중 정월대보름에 먹는 명절 음식으로 거리가 먼 것은?

① 오곡밥
② 토란탕
③ 귀밝이술
④ 부럼

**58** 한식의 상차림에 대한 내용으로 옳지 않은 것은?

① 준비된 음식을 한꺼번에 모두 차려놓고 먹는 공간전개형이다.
② 주식에 따라 죽상, 면상, 주안상, 다과상, 교자상 등으로 구분된다.
③ 첩수에 들어가는 음식은 밥, 국, 김치, 찌개, 찜, 전골, 장류 등이다.
④ 반상의 첩수는 3첩, 5첩, 7첩, 9첩, 12첩 등이 있다.

**59** 전처리 음식재료의 장점으로 옳지 않은 것은?

① 업무 및 시·공간적 효율성이 증가한다.
② 당일조리가 가능하다.
③ 신선도에 대한 신뢰도가 높다.
④ 조리 공정과정 및 식품 재고 관리가 용이하다.

**60** 국물이 찌개보다는 적고 조림보다는 많은 음식을 이르는 말은?

① 초
② 지짐
③ 전유어
④ 지짐이

# 한식·양식조리기능사

## 1000제

기능사 필기 대비

# 2회

한식조리기능사
필기

# 2회 한식조리기능사 필기

**01** 개인 위생관리 중 복장에 대한 설명으로 옳지 않은 것은?

① 명찰은 왼쪽 가슴 정중앙에 부착한다.
② 유니폼은 세탁된 청결한 유니폼을 착용한다.
③ 전용 위생화를 신으며 항상 깨끗하게 관리한다.
④ 앞치마는 한 달에 한 번 교체한다.

**02** 식품이 미생물의 분해 작용으로 유기산, 알코올 등을 생성하여 인체에 유익하게 변하는 현상은?

① 산패
② 부패
③ 변패
④ 발효

**03** 다음 중 어패류를 통해 감염되는 기생충이 아닌 것은?

① 유구조충
② 아니사키스
③ 간디스토마
④ 폐디스토마

**04** 식품첨가물 중 보존료의 기본요건으로 적절하지 않은 것은?

① 사용이 편리하고 가격이 경제적이어야 한다.
② 독성이 없거나 극히 적어야 한다.
③ 소량 사용으로도 효과가 충분히 나타나야 한다.
④ 약간 시큼한 냄새가 나야하며 자극적이어야 한다.

**05** 에탄올 발효 시 생성되며 구토, 설사, 실명, 시신경염증, 사망 등을 일으키는 유해물질은?

① 메틸알코올
② 다환방향족탄화수소
③ N-니트로사민
④ 아크릴아미드

**06** 식품첨가물의 종류와 식품첨가물의 사용목적이 연결된 것으로 옳지 않은 것은?

① 발색제 - 식품의 색을 보존하거나 나타내기 위해 사용
② 조미료 - 식품에 지미를 부여하기 위해 사용
③ 감미료 - 식품에 신맛을 부여하기 위해 사용
④ 착색료 - 식품에 색을 부여하거나 색채를 복원하기 위해 사용

**07** 식품안전관리인증기준(HACCP)의 대상식품에 속하지 않는 것은?

① 빙과류
② 레토르트식품
③ 즉석섭취식품
④ 다류 및 커피류

**08** 다음 중 우리나라에서 식중독이 가장 많이 발생하는 시기는?

① 1~3월
② 4~6월
③ 7~9월
④ 10~12월

**09** 다음 중 장독소에 해당하며, 내열성이 매우 강해 가열조리법으로 파괴되지 않는 독소는?

① 둘신
② 엔테로톡신
③ 에르고톡신
④ 뉴로톡신

**10** 다음 중 썩거나 부패한 감자에서 발생하는 자연독 성분으로 알맞은 것은?

① 솔라닌
② 베네루핀
③ 셉신
④ 테무린

**11** 다음 중 아플라톡신을 생성하는 미생물의 종류와 아플라톡신이 속하는 독소를 순서대로 나열한 것은?

① 아스퍼질러스 플라버스, 간장독
② 아스퍼질러스 플라버스, 신경독
③ 맥각균, 간장독
④ 맥각균, 신경독

**12** 세균성 식중독과 비교하여 경구감염병이 가지는 일반적인 특성은?

① 다량의 균으로 발병한다.
② 2차 감염률이 낮다.
③ 잠복기가 길다.
④ 감염원이 성립한다.

**13** 다음 중 수입식품 등의 검사 방법에 해당되지 않는 것은?

① 서류검사
② 현장검사
③ 공정검사
④ 정밀검사

**14** 식품위생법상 '식품첨가물'의 정의로 알맞은 것은?

① 의약으로 섭취하는 것을 제외한 모든 음식물
② 식품을 제조·가공·조리 또는 보존하는 과정에서 감미, 착색, 표백 또는 산화방지 등을 목적으로 식품에 사용되는 물질
③ 화학적 수단으로 원소 또는 화합물에 분해 반응 외의 화학 반응을 일으켜서 얻는 물질
④ 식품을 채취·가공·조리·저장·소분·운반·진열할 때 사용하는 것

**15** 조리사가 교육을 받지 않은 경우 3차 위반에 해당하는 행정처분은?

① 업무정지 15일
② 업무정지 1개월
③ 업무정지 2개월
④ 면허취소

**16** 다음 중 영아사망률에 대한 설명으로 옳지 않은 것은?

① 생후 1년 미만인 영아의 사망률이다.
② 연간 출생아 수 100명당 영아의 사망자 수이다.
③ 일정 연령군으로 통계적 유의성을 나타낸다.
④ 각 나라의 보건수준을 평가하는 가장 대표적인 지표이다.

**17** 다음 중 고압상태에서는 잠수병을 유발하며, 저압상태에서는 고산병을 유발하는 것은?

① 질소($N_2$)
② 이산화황($SO_2$)
③ 이산화탄소($CO_2$)
④ 일산화탄소($CO$)

**18** 다음 중 진개(쓰레기) 처리법에 해당하지 않는 것은?

① 매립법
② 소각법
③ 퇴비화법
④ 습식산화법

**19** 전파 가능성을 고려하여 발생 또는 유행 시 24시간 이내에 신고하여야 하고, 격리가 필요한 제2급 감염병에 해당되지 않는 것은?

① 간흡충증
② 콜레라
③ 장티푸스
④ 파라티푸스

**20** 다음 중 호흡기계의 침입으로 감염되는 병이 아닌 것은?

① 백일해
② 유행성 이하선염
③ 아메바성 이질
④ 인플루엔자

**21** 백신과 같은 예방접종으로 획득한 면역의 종류는?

① 자연능동면역
② 인공능동면역
③ 자연수동면역
④ 인공수동면역

**22** 다음 중 진드기에 의해 발생하는 질병이 아닌 것은?

① 양충병
② 쯔쯔가무시증
③ 큐열
④ 사상충

**23** 다음 중 혐기성처리만을 나열한 것으로 알맞은 것은?

① 활성오니법, 임호프조법
② 산화지법, 여과법
③ 관개법, 부패조법
④ 부패조법, 임호프조법

**24** 조리작업 시 사고 유형 별 안전사고를 예방하는 방법으로 옳지 않은 것은?

① 화상을 방지하기 위해 짧은 소매의 조리복을 착용한다.
② 미끄러짐 사고 방지를 위해 바닥은 깨끗하고 건조하게 유지한다.
③ 근골격계질환을 방지하기 위해서 작업 전 간단한 체조를 한다.
④ 전기감전 및 누선 방지를 위해 적절한 접지 및 누전차단기를 사용한다.

**25** 과일에 가장 많이 존재하는 것으로 천연 당류 중 단맛이 가장 강한 단당류는?

① 과당
② 유당
③ 갈락토오스
④ 포도당

**26** 지질의 체내 기능에 대한 설명으로 옳지 않은 것은?

① 필수지방산을 공급한다.
② 탄수화물, 단백질보다 많은 에너지를 공급한다.
③ 세포막의 구성 성분이 된다.
④ 수용성 비타민의 흡수를 돕는다.

**27** 수용성 비타민에 대한 설명으로 옳은 것은?

① 과잉 섭취 시 독성을 나타낼 수 있다.
② 체내에 축적되지 않아 과량이 소변으로 배출된다.
③ 결핍증이 서서히 나타난다.
④ 매일 섭취하지 않아도 된다.

**28** 다음 중 안토잔틴의 변화에 대한 설명이 아닌 것은?

① 초밥용 밥 조리 시 배합초를 넣어 흰색을 유지한다.
② 우엉이나 연근 조림 시 식초를 넣어 더 하얗게 된다.
③ 밀가루 반죽이나 튀김 반죽 시 중탄산나트륨을 첨가하면 황색을 띤다.
④ 오이지, 김치의 저장 중 유기산, 젖산, 초산에 의해 갈색으로 변한다.

**29** 다음 중 육류가 부패할 때 나는 냄새의 성분이 아닌 것은?

① 스카톨
② 황화수소
③ 메틸메르캅탄
④ 트리메틸아민

**30** 지질의 분류 중 지방산과 글리세롤이 결합하는 단순지질의 종류에 해당하는 것은?

① 중성지방
② 인지질
③ 콜레스테롤
④ 지용성 비타민류

**31** 다음 중 부분적 불완전단백질이 아닌 것은?

① 글리시닌
② 호르데인
③ 글리아딘
④ 오리제닌

**32** 다음 중 맛의 상쇄현상의 예로 적절한 것은?

① 쓴 약을 먹고 난 뒤에 물을 마시면 물이 달게 느껴진다.
② 설탕에 포도당을 넣으면 단맛이 더 강해진다.
③ 커피에 설탕을 넣었을 때 쓴맛이 손실된다.
④ 간장에 소금이 많이 들어있지만 감칠맛과 섞여 짠맛을 강하게 느끼지 못한다.

**33** 클로로필의 포피린 구조 중심에 가지고 있는 물질은?

① 황(S)
② 마그네슘(Mg)
③ 염소(Cl)
④ 인(P)

**34** 맥아당을 포도당으로 분해하는 소화 효소는?

① 레닌
② 말타아제
③ 프티알린
④ 락타아제

**35** 다음 중 건강한 인구집단의 평균 섭취량을 의미하는 것은?

① 평균 필요량
② 권장 섭취량
③ 충분 섭취량
④ 상한 섭취량

**36** 다음 중 수의입찰 계약방법에 대한 내용이 옳지 않은 것은?

① 계약내용을 이행할 수 있는 자격을 가진 업체들에게 견적서를 받아 선정한다.
② 공평하고 안전하지만 절차가 복잡하고 인건비와 경비가 다소 많이 들어간다.
③ 불리한 가격으로 계약이 될 수 있고 구매자의 구매력이 제한된다.
④ 비저장품목 등을 수시로 구매할 때 사용하여 소규모 급식시설에 적합하다.

**37** 다음 중 신선한 달걀의 식품감별법으로 적절하지 않은 것은?

① 빛을 비췄을 때 난황이 중심에 위치한 것
② 흔들었을 때 소리가 나지 않는 것
③ 6% 소금물에 담갔을 때 가라앉는 것
④ 껍질이 반들반들하고 광택이 있는 것

**38** 다음 자료에 의하여 제조원가를 산출하면?

> 직접재료비 70,000원
> 제조직 급여 150,000원
> 외주가공비 50,000원
> 감가상각비 30,000원
> 영업직 급여 150,000원

① 220,000원
② 250,000원
③ 300,000원
④ 330,000원

**39** 식품 조리의 목적으로 부적합한 것은?

① 영양소의 함량 증가
② 풍미향상
③ 식욕증진
④ 소화되기 쉬운 형태로 변화

**40** 식빵에 버터를 펴서 바를 때처럼 버터에 힘을 가한 후 그 힘을 제거해도 원래 상태로 돌아오지 않고 변형된 상태로 유지하는 성질은?

① 유화성
② 가소성
③ 쇼트닝성
④ 크리밍성

**41** 과일 잼 가공 시 펙틴이 주로 하는 역할은?

① 신맛 증가
② 구조 형성
③ 향 보존
④ 색소 보존

**42** "당면은 감자, 고구마, 녹두 가루에 첨가물을 혼합, 성형하여 (     )한 후 건조, 냉각하여 (     )시킨 것으로 반드시 열을 가해 (     )하여 먹는다." (     )에 알맞은 용어가 순서대로 나열된 것은?

① α화 – β화 – α화
② α화 – α화 – β화
③ β화 – β화 – α화
④ β화 – α화 – β화

**43** 육류의 사후경직 후 숙성 과정에서 나타나는 현상이 아닌 것은?

① 근육의 경직상태 해제
② 효소에 의한 단백질 분해
③ 아미노산질소 증가
④ 액토미오신의 합성

**44** 난황에 들어있으며, 마요네즈 제조 시 유화제 역할을 하는 성분은?

① 레시틴
② 오브알부민
③ 글로불린
④ 갈락토오스

**45** 다음 중 식품의 감별법으로 거리가 먼 것은?

① 생선 : 윤기가 있고 눈알이 약간 튀어나온 것
② 고기 : 육색이 선명하고 윤기 있는 것
③ 양배추 : 가볍고 잎이 두꺼운 것
④ 오이 : 가시가 있고 곧은 것

**46** 우유 가공품이 아닌 것은?

① 치즈
② 버터
③ 마시멜로
④ 액상 발효유

**47** 다음 중 계량방법이 잘못된 것은?

① 저울은 수평으로 놓고 눈금은 정면에서 읽으며 바늘은 0에 고정시킨다.
② 가루 상태의 식품은 계량기에 꼭꼭 눌러 담은 다음 윗면이 수평이 되도록 스파튤러로 깎아서 잰다.
③ 액체식품은 투명한 계량용기를 사용하여 계량컵으로 눈금과 눈높이를 맞추어서 계량한다.
④ 된장이나 다진 고기 등의 식품 재료는 계량기구에 눌러 담아 빈 공간이 없도록 채워서 깎아준다.

**48** 식혜에 대한 설명으로 틀린 것은?

① 전분이 아밀라아제에 의해 가수분되어 맥아당과 포도당을 생성한다.
② 밥을 지은 후 엿기름을 부어 효소반응이 잘 일어나도록 한다.
③ 80℃의 온도가 유지되어야 효소반응이 잘 일어나 밥알이 뜨기 시작한다.
④ 식혜 물에 뜨기 시작한 밥알은 건져내어 냉수에 헹구어 놓았다가 차게 식힌 식혜에 띄워낸다.

**2회**

**49** 생선 조리 시 식초를 적당량 넣었을 때 장점이 아닌 것은?

① 생선의 가시를 연하게 해준다.
② 어취를 제거한다.
③ 살을 연하게 하여 맛을 좋게 한다.
④ 살균 효과가 있다.

**50** 열원의 사용방법에 따라 직접구이와 간접구이로 분류할 때 직접구이에 속하는 것은?

① 오븐을 사용하는 방법
② 프라이팬에 기름을 두르고 굽는 방법
③ 숯불 위에서 굽는 방법
④ 철판을 이용하여 굽는 방법

**51** 한국 음식의 특징으로 알맞지 않은 것은?

① 음식의 맛이 다양하다.
② 주식과 부식의 구분이 뚜렷하지 않다.
③ 곡물을 사용한 음식이 많다.
④ 한 번에 한 상에 푸짐하게 차린다.

**52** 찌개를 담는 그릇이며 주발과 같은 모양인 것은?

① 종지
② 쟁첩
③ 조치보
④ 보시기

**53** 죽의 분류 중 곡식의 가루를 밥물에 타서 끓인 죽은?

① 미음
② 응이
③ 암죽
④ 옹근죽

**54** 다음 중 적에 대한 설명으로 옳지 않은 것은?

① 적은 재료를 꼬치에 꿰어 불에 구워내는 음식이다.
② 적은 산적과 누름적으로 분류된다.
③ 적의 재료를 꼬치에 꿸 때에는 처음 재료와 마지막 재료가 달라야 한다.
④ 처음 꼬치에 꿴 적의 재료에 따라 적의 이름이 명명된다.

**55** 조림 조리에 대한 설명으로 옳지 않은 것은?

① 큰 냄비보다는 작은 냄비를 사용하여 바닥에 닿는 면을 최소화 한다.

② 흰살 생선은 간장 양념을 주로 사용한다.

③ 붉은살 생선이나 비린내가 나는 생선은 고추장, 고춧가루를 넣어서 조린다.

④ 끓기 직전에 중불로 줄여 거품을 걷어낸 후 약불로 오래 익힌다.

**56** 숙채에 대한 설명으로 적합하지 않은 것은?

① 물에 데치거나 기름에 볶은 나물을 뜻한다.

② 재료 본연의 맛을 살리므로 쓰거나 떫을 수 있으며, 다소 거친 식감이다.

③ 숙채의 대표적인 식재료에는 시금치와 고사리가 있다.

④ 숙채 조리법에는 끓이기, 삶기, 데치기, 찌기, 볶기와 같이 다양한 조리법이 있다.

**57** 다음 한식의 종류 중 주식류에 해당되지 않는 것은?

① 찌개

② 미음

③ 떡국

④ 만두

**58** 다음에서 설명하는 것으로 옳은 것을 고르면?

> 새벽에 일어나 처음으로 먹는 음식으로서 응이, 미음, 죽 등을 중심으로 맵지 않은 반찬과 함께 먹는 음식

① 반상

② 초조반상

③ 면상

④ 죽상

**59** 전처리 음식재료의 단점으로 옳지 않은 것은?

① 재료비의 부담이 있다.

② 안정적인 공급 체계가 부족하다.

③ 당일조리가 어렵다.

④ 물리적 · 화학적 · 생물학적 위해요소가 있다.

**60** 식재료에 따른 볶음 조리법에 대한 설명으로 옳은 것은?

① 팬에 기름을 넣고 곧바로 육류를 넣어 색을 낸다.

② 육류 볶음 시 팬 손잡이를 위로 들어 조리하면 불향이 입혀져 특유의 향을 낼 수 있다.

③ 채소를 볶을 때 기름을 많이 넣게 되면 채소 본연의 색을 유지할 수 있다.

④ 일반 버섯은 물기가 많이 나오므로 약불에 서서히 볶는다.

# 한식·양식조리기능사
# 1000제

기능사 필기 대비

# 3회

## 한식조리기능사 필기

# I

# 3회 한식조리기능사 필기

**01** 식품위생법상 식품영업자 중 건강진단 대상자에 해당하지 않는 것은?

① 식품가공업자
② 식품첨가물 제조업자
③ 식품첨가물 가공업자
④ 무료급식소의 자원봉사자

**02** 어육의 신선도 지표로서 식품 100g당 초기 부패로 판정되는 휘발성 염기질소의 값은?

① 0~15mg
② 15~30mg
③ 30~40mg
④ 50~70mg

**03** 기생충과 중간숙주와의 연결로 옳지 않은 것은?

① 무구조충 – 돼지고기
② 톡소플라스마 – 고양이
③ 요꼬가와흡충 – 다슬기
④ 유극악구충 – 물벼룩

**04** 식품의 제조 및 가공 중에 생기는 거품을 제거하기 위해 사용되는 식품 첨가물은?

① 난황
② 규소수지
③ 멘톨
④ 안식향산

**05** 식품위생의 목적으로 옳지 않은 것은?

① 식품영양의 질 향상
② 국민보건의 증진효과
③ 식품의 식감 변화
④ 식품위생상의 위험으로부터 방지

**06** 폐디스토마의 제1중간숙주로 알맞은 것은?

① 다슬기
② 고등어
③ 왜우렁이
④ 붕어

**07** 교차오염이 발생하는 원인으로 적절하지 않은 것은?

① 손을 깨끗이 씻지 않았다.
② 식품 쪽에서 기침을 하였다.
③ 맨손으로 식품을 취급하였다.
④ 칼을 용도별로 구분하여 사용하였다.

**08** 식중독 발생 시의 대처요령으로 적절하지 않은 것은?

① 증세 완화를 위해 소화제나 지사제를 복용한다.
② 구토가 심할 경우 옆으로 눕혀 기도가 막히지 않도록 한다.
③ 설사 환자의 경우 탈수 방지를 위해 수분을 충분히 섭취한다.
④ 의료기관을 방문하여 의사의 진료를 받거나 보건소로 신고한다.

**09** 다음에서 설명하는 식중독으로 옳은 것은?

> 세균성 식중독 중 가장 긴 잠복기를 가지며, 통조림, 햄, 소시지 등의 진공 포장된 식품이 주된 원인으로 사시, 동공확대, 언어장애, 운동장애 등의 신경증상을 일으킨다.

① 클로스트리디움 보툴리눔 식중독
② 장염비브리오 식중독
③ 살모넬라 식중독
④ 황색포도상구균 식중독

**10** 다음 중 유해착색제에 해당되는 것은?

① 롱가릿
② 둘신
③ 아우라민
④ 포름알데히드

**11** 다음 중 육류를 통해 감염되는 기생충인 것은?

① 선모충
② 유극악구충
③ 요꼬가와흡충
④ 동양모양선충

**12** 식품위생법상 '집단급식소'에 대한 정의에 대한 것으로 옳지 않은 것은?

① 영리를 목적으로 하지 아니한다.
② 특정 다수인에게 계속하여 음식을 공급한다.
③ 1회 100인 이상에게 식사를 제공한다.
④ 기숙사, 학교, 병원, 사회복지시설 등이 있다.

3회

**13** 식품위생법상 집단급식소를 설치·운영 하려는 자가 미리 받아야 하는 위생교육시간은?

① 2시간
② 4시간
③ 6시간
④ 8시간

**14** 식품 등의 표시기준상 나트륨 함량이 '0'으로 표기될 수 있는 기준은?

① 0.2mg 미만
② 1mg 미만
③ 2mg 미만
④ 5mg 미만

**15** 식품첨가물의 사용제한 기준이 아닌 것은?

① 사용할 수 있는 식품의 종류 제한
② 식품에 대한 사용량 제한
③ 사용방법에 대한 제한
④ 사용장소에 대한 제한

**16** 다음 중 살균력이 가장 강해 소독에 이용되는 파장의 범위는?

① 1,000~4,000Å
② 2,500~2,800Å
③ 3,900~7,800Å
④ 7,800Å 이상

**17** 다음 중 물의 자정작용이 아닌 것은?

① 희석작용
② 식균작용
③ 강우, 강설, 우박에 의한 산화작용
④ 자외선에 의한 살균작용

**18** 다음 중 대표적인 소음의 측정단위로 알맞은 것은?

① 폰(Phon)
② 데시벨(dB)
③ 주파수(Hz)
④ 실(SIL)

**19** 다음 중 바이러스성 감염병에 해당되는 것은?

① 파라티푸스
② 발진티푸스
③ 소아마비
④ 말라리아

**20** 다음 중 의복, 침구, 서적, 완구 등과 같은 개달물에 의한 감염병이 아닌 것은?

① 결핵
② 트라코마
③ 천연두
④ 페스트

**21** 다음 중 DPT에 해당하지 않는 질병은?

① 디프테리아
② 결핵
③ 백일해
④ 파상풍

**22** 다음 중 공공부조에 해당하지 않는 것은?

① 의료급여
② 국민연금
③ 기초연금
④ 장애인연금

**23** 쥐의 매개에 의한 질병이 아닌 것은?

① 쯔쯔가무시병
② 유행성 출혈열
③ 페스트
④ 규폐증

**24** A급 화재에 적합한 소화기 종류가 아닌 것은?

① 물
② 강화액소화기
③ 팽창질석
④ 산알칼리소화기

**25** 식이섬유에 대한 설명으로 적절하지 않은 것은?

① 채소 · 과일 · 해조류 등에 많이 들어 있다.
② 소화 효소로 분해되어 열량을 낸다.
③ 영양학적 가치는 없으나 인체에 유익한 가치를 많이 가지고 있다.
④ 불용성 식이섬유에는 셀룰로스, 리그닌, 키틴 등이 있다.

**26** 다음 중 불포화지방산에 대한 것으로 옳지 않은 것은?

① 지방산 사슬 내에 이중결합이 1개 이상 존재한다.
② 융점이 낮아 대부분 상온에서 액체 상태이다.
③ 식물성 기름에 많이 포함되어 있다.
④ 야자유, 팜유 등에 다량 함유되어 있다.

**27** 알칼리성 식품에 대한 설명으로 적절하지 않은 것은?

① 연소 후에 남아 있는 무기질이 알칼리를 형성하는 물질을 많이 만든다.
② 주로 인(P), 염소(Cl), 황(S) 등의 원소를 함유한다.
③ 양이온을 형성하는 원소를 함유하는 식품이다.
④ 우유, 과일류, 채소류, 해조류 등이 이에 해당한다.

**28** 미오글로빈의 저장 및 가열에 의한 변화에 대한 내용이 옳지 않은 것은?

① 저장 및 가열로 미오글로빈에 산소가 결합하면 옥시미오글로빈이 된다.
② 옥시미오글로빈의 상태로 장기간 저장하면 메트미오글로빈이 된다.
③ 메트미오글로빈의 상태에서 더 오랜 시간을 저장하면 헤모시아닌이 된다.
④ 메트미오글로빈 상태에서 계속 가열하면 헤마틴이 된다.

**29** 탄수화물의 특징에 대한 설명으로 옳지 않은 것은?

① 구성 원소는 탄소, 수소, 산소, 질소이다.
② 탄수화물의 대사 작용에는 비타민 $B_1$이 반드시 필요하다.
③ 소화되는 당질과 소화되지 않는 섬유소로 구분한다.
④ 식물은 광합성 작용을 통해 포도당, 녹말, 섬유소 등을 형성한다.

**30** 다음 중 유중수적형(W/O)에 해당하는 것은?

① 우유
② 버터
③ 마요네즈
④ 아이스크림

**31** 무기질의 종류와 그에 대한 설명으로 적절하지 않은 것은?

① 철분 : 헤모글로빈의 구성 성분이며 조혈 작용을 한다.
② 요오드 : 갑상선 호르몬인 티록신을 구성하며 유즙분비를 촉진한다.
③ 나트륨 : 골격과 치아를 구성하며 결핍될 경우 골다공증이 생길 수 있다.
④ 불소 : 골격과 치아를 단단하게 하며 과량 섭취 시 반상치가 있을 수 있다.

**32** 맛의 온도에 대한 설명으로 적절하지 않은 것은?

① 혀의 미각은 30℃ 전후에서 가장 예민하다.
② 신맛은 온도변화에 거의 영향을 받지 않는다.
③ 단맛의 최적 온도는 20~50℃이다.
④ 짠맛의 최적 온도는 60~70℃이다.

**33** 액체에 콜로이드 입자가 분산되어 있는 형태의 교질용액에 해당하는 것은?

① 전분용액
② 사골국
③ 도토리묵
④ 푸딩

**34** 다음 중 담즙의 역할이 아닌 것은?

① 지방을 유화시킨다.
② 인체 내의 해독작용을 한다.
③ 산을 중화시킨다.
④ 소화효소의 활성도를 높인다.

**35** 일생 동안 매일 섭취하여도 아무런 해가 일어나지 않는 최대량을 나타내는 것은?

① 권장 섭취량
② 평균 섭취량
③ 충분 섭취량
④ 1일 허용 섭취량

**36** 다음 중 가식부율이 가장 낮은 식품은?

① 서류
② 어패류
③ 곡류
④ 해조류

3회

**37** 다음 중 원가의 3요소가 아닌 것은?

① 경비
② 노무비
③ 운반비
④ 재료비

**38** 멥쌀과 찹쌀에 있어 노화속도 차이의 원인 성분은?

① 아밀라아제(amylase)
② 글리코겐(glycogen)
③ 아밀로펙틴(amylopectin)
④ 글루텐(gluten)

**39** 생선의 신선도를 판별하는 방법으로 틀린 것은?

① 생선의 육질이 단단해 탄력성이 있는 것이 신선하다.
② 눈이 수정체가 투명하지 않고 아가미색이 어두운 것은 신선하지 않다.
③ 어체의 특유한 빛을 띠는 것이 신선하다.
④ 트리메틸아민(TMA)이 많이 생성된 것이 신선하다.

**40** 어류의 사후강직에 대한 설명으로 틀린 것은?

① 붉은 살 생선이 흰살 생선보다 강직이 빨리 시작된다.
② 자기소화가 일어나면 풍미가 저하된다.
③ 담수어는 자체 내 효소의 작용으로 해수어보다 부패속도가 빠르다.
④ 보통 사후 12~14시간 동안 최고로 단단하게 된다.

**41** 육류의 연화작용에 관계하지 않는 것은?

① 파파야
② 파인애플
③ 레닌
④ 무화과

**42** 쌀의 조리에 관한 설명으로 옳은 것은?

① 쌀을 너무 문질러 씻으면 지용성 비타민의 손실이 크다.
② pH 3~4의 산성물을 사용해야 밥맛이 좋아진다.
③ 수세한 쌀은 2시간 이상 물에 담가 놓아야 흡수량이 적당하다.
④ 묵은 쌀로 밥을 할 때는 햅쌀보다 밥 물량을 더 많이 한다.

**43** 다음의 조리과정은 공통적으로 어떠한 목적을 달성하기 위하여 수행하는 것인가?

> ㉠ 팬에서 오이를 볶은 후 즉시 접시에 펼쳐 놓는다.
> ㉡ 시금치를 데칠 때 뚜껑을 열고 데친다.
> ㉢ 쑥을 데친 후 즉시 찬물에 담근다.

① 비타민 A의 손실을 최소화하기 위함이다.
② 비타민 C의 손실을 최소화하기 위함이다.
③ 클로로필의 변색을 최소화하기 위함이다.
④ 안토시아닌의 변색을 최소화하기 위함이다.

**44** 끓이는 조리법의 단점은?

① 식품의 중심부까지 열이 전도되기 어려워 조직이 단단한 식품의 가열이 어렵다.
② 영양분의 손실이 비교적 많고 식품의 모양이 변형되기 쉽다.
③ 식품의 수용성분이 국물 속으로 유출되지 않는다.
④ 가열 중 재료 식품에 조미료의 충분한 침투가 어렵다.

**45** 달걀의 열응고성에 대한 설명 중 옳은 것은?

① 식초는 응고를 지연시킨다.
② 소금은 응고 온도를 낮추어 준다.
③ 설탕은 응고 온도를 내려주어 응고물을 연하게 한다.
④ 온도가 높을수록 가열시간이 단축되어 응고물은 연해진다.

**46** 조리 시 첨가하는 물질의 역할에 대한 설명으로 틀린 것은?

① 식염 : 면 반죽의 탄성 증가
② 식초 : 백색채소의 색 고정
③ 중조 : 펙틴 물질의 불용성 강화
④ 구리 : 녹색채소의 색 고정

**47** 달걀의 기능을 이용한 음식의 연결이 잘못된 것은?

① 응고성 – 달걀찜
② 팽창제 – 시폰케이크
③ 간섭제 – 맑은 장국
④ 유화성 – 마요네즈

**48** 비타민 A에 대한 설명이 틀린 것은?

① 시력을 유지하고 신체의 저항력을 강화한다.
② 생체막 조직의 구조와 기능을 조절한다.
③ 녹황색의 식물성 식품에 비타민 A의 전구체인 카로티노이드가 함유되어 있다.
④ 당근, 단호박, 고추 등은 볶지 않고 생식하는 것이 영양흡수에 더 좋다.

**49** 편육을 조리하는 방법으로 옳지 않은 것은?

① 끓는 물에 고기를 잘게 썰어 넣고 삶는다.
② 소고기는 양지, 사태, 우설 등을 활용한다.
③ 돼지고기는 삼겹살, 돼지머리 등을 활용한다.
④ 끓는 물에 고기를 넣어 삶으면 고기의 맛 성분이 많이 용출되지 않아 맛이 좋다.

**50** 찹쌀의 아밀로오스와 아밀로펙틴에 대한 설명 중 맞는 것은?

① 아밀로오스 함량이 더 많다.
② 아밀로오스 함량과 아밀로펙틴의 함량이 거의 같다.
③ 아밀로펙틴으로 이루어져 있다.
④ 아밀로펙틴은 존재하지 않는다.

**51** 한식조리법의 특징으로 적절하지 않은 것은?

① 조리법이 다양하며, 조리에 많은 정성과 시간을 들인다.
② 국, 탕, 찜 등과 같은 습열 조리법이 발달하였다.
③ 간장, 된장, 김치 등과 같은 발효 및 저장법이 발달하였다.
④ 재료 본연의 맛을 위하여 향신료와 양념은 적게 사용한다.

**52** 한식에서 음식을 담을 때 고려할 사항이 아닌 것은?

① 음식의 외관
② 음식을 담는 사람의 편리성
③ 재료와 접시의 크기
④ 주재료와 곁들임 재료의 위치

**53** 국에 사용되는 육수에 대한 설명으로 적절한 것은?

① 쌀뜨물은 첫 번째 씻은 물을 사용한다.
② 멸치 육수나 조개 육수는 끓으면 10~15분 정도 더 우려낸다.
③ 다시마는 끓일수록 깊은 맛이 나므로 오래 끓인다.
④ 소뼈는 1일 정도 담가 핏물을 뺀 후 사용한다.

**54** 전을 반죽할 때 밀가루와 달걀 반죽의 혼합 방법으로 가장 거리가 먼 것은?

① 재료에 밀가루, 달걀물 순서로 입힌다.
② 재료에 달걀물을 입히고 손에 밀가루를 묻혀 반죽한다.
③ 다진 재료에 밀가루와 달걀물을 혼합한다.
④ 밀가루나 곡물, 녹두 등을 갈아 만든 반죽물에 재료를 썰어 넣고 섞는다.

**55** 초 조리에 대한 설명으로 옳은 것은?

① 각각의 재료의 크기와 모양은 다양한 맛을 내므로 그 크기가 일정할 필요는 없다.

② 양념을 많이 써야 식재료의 고유한 맛을 살릴 수 있다.

③ 약한 불에서 조리하다가 양념이 배면 속까지 익도록 센 불에서 조리한다.

④ 남은 국물을 10% 이내로 하여 간이 세지 않도록 조리한다.

**56** 숙채 조리법에 따른 영양소에 대한 설명으로 옳지 않은 것은?

① 끓이거나 삶는 조리법은 수용성 영양소 손실의 우려가 있다.

② 데칠 때 채소를 찬물에 넣으면 비타민 C의 자가분해를 방지할 수 있다.

③ 찌는 조리법은 끓이거나 삶는 것보다 수용성 영양소의 손실이 적다.

④ 볶는 조리법은 지용성 비타민의 손실의 우려가 있다.

**57** 다음 중 마른반찬의 종류에 해당되지 않는 것은?

① 지짐

② 튀각

③ 자반

④ 무침

**58** 다음 중 5첩 반상의 첩수에 들어가는 음식이 아닌 것은?

① 숙채

② 구이

③ 편육

④ 장아찌

**59** 한식에서 음식을 담을 때 주의할 점으로 옳지 않은 것은?

① 고객의 편리성에 초점을 둔다.

② 간단하면서도 깔끔하게 담고 불필요한 고명은 피한다.

③ 간격을 최대한 줄여 담고, 획일적으로 담는다.

④ 접시의 내원을 벗어나지 않도록 한다.

**60** 호박, 오이, 가지 등 식물성 재료에 다진 소고기 등과 같은 부재료로 소를 채워 둥글게 말아 끓이거나 찌는 것은?

① 선

② 찜

③ 산적

④ 편육

# 한식·양식조리기능사

## 1000제

기능사 필기 대비

한식조리기능사
필기

# 4회 한식조리기능사 필기

**01** 식품위생법상 식품영업에 종사할 수 없는 질병에 해당되지 않는 것은?

① 장티푸스
② 비감염성 결핵
③ 전염성 피부질환
④ 후천성면역결핍증

**02** 미생물 관리방법 중 주로 우유나 통조림 등에 사용하며, 식품을 가열하여 미생물을 제거하는 방법은?

① 냉각법
② 건조법
③ 가열살균법
④ 조사살균법

**03** 다음 중 다슬기가 중간숙주인 기생충은?

① 무구조충
② 유구조충
③ 폐디스토마
④ 간디스토마

**04** 식품의 변질이나 부패를 방지하는 식품첨가물이 아닌 것은?

① 보존료
② 살균제
③ 피막제
④ 산화방지제

**05** 다음 중 간장의 보존성을 향상시키기 위해 사용하는 식품첨가물은?

① 안식향산
② 글리신
③ 표백분
④ 레시틴

**06** 다음 용어에 대한 설명으로 올바른 것은?

① 방부 : 미생물을 사멸시키는 것
② 소독 : 병원성 세균을 제거하거나 감염력을 없애는 것
③ 살균 : 미생물의 생육을 억제하거나 정지시켜 부패를 방지
④ 멸균 : 살균력이 가장 큰 자외선 파장으로 미생물을 제거

**07** HACCP 제도의 위생관리에 따르면 보존식의 보관은 몇 ℃ 이하, 몇 시간 이상 하여야 하는가?

① -2℃ 이하, 36시간 이상
② -13℃ 이하, 72시간 이상
③ -18℃ 이하, 144시간 이상
④ -27℃ 이하, 216시간 이상

**08** 육류 및 가공품, 어패류, 알류, 우유 등의 식품이 원인이 되는 식중독은?

① 살모넬라 식중독
② 병원성 대장균 식중독
③ 웰치균 식중독
④ 메틸알코올 식중독

**09** 다음 중 식물성 자연독 성분이 아닌 것은?

① 솔라닌
② 베네루핀
③ 무스카린
④ 시큐톡신

**10** 화학적 식중독에 대한 설명으로 옳은 것은?

① 체내분포가 느려 사망률이 낮다.
② 체내에 흡수되는 속도가 느리다.
③ 중독량에 달하면 급성증상이 나타난다.
④ 다량의 원인물질을 흡수함으로써 만성중독이 일어난다.

**11** 곰팡이의 대사산물에 의해 질병이나 생리작용에 이상을 일으키는 원인이 아닌 것은?

① 청매 중독
② 아플라톡신 중독
③ 황변미 중독
④ 맥각 중독

**12** 식품위생 감시원의 직무로 적절하지 않은 것은?

① 식품 등의 위생적인 취급에 관한 기준의 이행 지도
② 행정처분의 이행 여부 확인
③ 위생시설의 살균 및 소독
④ 식품 등의 압류·폐기

4회

**13** 식품위생법상 조리사를 두어야 하는 곳만을 나열한 것으로 적절한 것은?

① 단란주점, 제과점
② 제과점, 복어조리식당
③ 집단급식소, 패스트푸드점
④ 복어조리식당, 집단급식소

**14** 다음 중 영양사를 두어야 하는 곳은?

① 집단급식소 운영자가 조리사로서 직접 음식물을 조리하는 경우
② 1회 급식인원 100명 미만의 산업체인 경우
③ 조리사가 영양사의 면허를 받은 경우
④ 집단급식소 운영자가 영양사로 직접 영양지도를 하는 경우

**15** 공기의 자정작용으로 옳지 않은 것은?

① 공기 자체의 희석작용
② 적외선에 의한 교환작용
③ 강우, 강설 등에 의한 세정작용
④ 산소, 오존, 과산화수소 등에 의한 산화작용

**16** 다음 중 적외선에 대한 특징으로 적절하지 않은 것은?

① 열과 관계하는 광선으로, 열선이라고도 한다.
② 일광의 분류 중 파장이 가장 길다.
③ 지상에 복사열을 주어 온실효과를 유발한다.
④ 과도할 경우 결막염, 설안염, 피부암 등을 유발한다.

**17** 다음 중 상수도 정수과정으로 알맞은 것은?

① 침전 → 여과 → 소독
② 여과 → 소독 → 급수
③ 침전 → 소독 → 예비처리
④ 예비처리 → 본처리 → 오니처리

**18** 다음 중 수질오염에 의한 환경 피해로 적절하지 않은 것은?

① 빈영양호의 증가
② 농작물의 고사
③ 상수원 오염
④ 악취로 인한 불쾌감

**19** 다음 중 온열조건인자에 해당하지 않는 것은?

① 복사열
② 전도열
③ 기습
④ 기류

**20** 다음 중 감염병의 잠복기가 가장 짧은 것은?

① 인플루엔자
② 장티푸스
③ 급성회백수염
④ 한센병

**21** 소, 돼지, 염소가 감염되면 유산할 수 있으며, 사람이 감염되면 높은 열이 발생하는 인수공통감염병은?

① 결핵
② 페스트
③ 파상열
④ 야토병

**22** 다음 중 1차 오염물질이 아닌 것은?

① 오존
② 매연
③ 분진
④ 황산화물

**23** 합성수지제 기구, 용기, 포장제 등에서 검출될 수 있는 화학적 식중독 원인물질은?

① 아플라톡신
② 솔라닌
③ 포름알데히드
④ 니트로사민

**4회**

**24** 결합수의 성질에 대한 설명으로 옳지 않은 것은?

① 물질을 녹일 수 없다.
② 0℃ 이하에서 동결된다.
③ 쉽게 건조되지 않는다.
④ 미생물 생육이 불가능하다.

**25** 다음에서 설명하는 것으로 옳은 것은?

> 우뭇가사리를 주원료로 점액을 얻어 굳힌 가공제품으로, 유제품, 청량음료 등의 안정제와 푸딩, 양갱, 잼 등의 젤화제로 사용된다.

① 한천
② 펙틴
③ 전분
④ 글리코겐

**26** 다음 중 비타민의 특징이 아닌 것은?

① 에너지를 생성하는 열량 영양소이다.
② 체내 대사조절에 관여한다.
③ 대부분 체내에서 합성되지 않아 음식으로 섭취한다.
④ 체내 대사과정의 중요한 조효소 역할을 하거나 여러 질병을 예방한다.

**27** 칼슘(Ca)의 흡수를 방해하는 요소가 아닌 것은?

① 시금치에 함유된 수산
② 현미에 함유된 피틴산
③ 알칼리성 환경
④ 비타민 C의 결핍

**28** 간장, 된장, 누룽지, 커피 등에서 나타나는 갈변 반응은?

① 캐러멜화 반응
② 마이야르 반응
③ 티로시나아제 갈변 반응
④ 아스코르빈산 산화 반응

**29** 탄수화물의 기능에 대한 설명으로 옳지 않은 것은?

① 1g당 4kcal의 에너지를 발생시킨다.
② 혈당을 유지시킨다.
③ 단백질을 절약하는 작용을 한다.
④ 필수지방산을 공급하는 역할을 한다.

**30** 요오드가에 대한 설명으로 옳지 않은 것은?

① 유지 100g 중에 불포화 결합에 첨가되는 요오드의 g 수를 의미한다.
② 요오드가가 높다는 것은 불포화도가 낮다는 것을 의미한다.
③ 건성유의 요오드가는 130 이상이며 불건성유의 요오드가는 100 이하이다.
④ 건성유에는 들기름, 동유, 해바라기유, 정어리유, 호두기름이 있다.

**31** 수용성 비타민의 종류와 결핍증의 연결이 옳은 것은?

① 비타민 $B_2$ – 악성빈혈
② 비타민 $B_6$ – 구순염, 설염
③ 비타민 $B_9$ – 각기병, 식욕감퇴
④ 비타민 C – 괴혈병, 면역력 감소

**32** 서당(자당)에 대한 설명으로 바르지 않은 것은?

① 포도당과 포도당이 결합한 것이다.
② 160℃ 이상 가열 시 갈색색소로 변한다.
③ 단맛을 비교할 때 기준이 되는 당이다.
④ 사탕수수나 사탕무에 많이 함유되어 있다.

**33** 다음 중 단백질 변성의 예와 물리적 작용을 연결한 것으로 적절하지 않은 것은?

① 삶은 달걀 – 열
② 요구르트 제조 – 산
③ 건어물 – 염류
④ 치즈 제조 – 레닌

**34** 자당을 가수 분해하는 효소로 알맞은 것은?

① 수크라아제
② 말타아제
③ 락타아제
④ 리파아제

**35** 1g당 내는 열량이 틀린 것은?

① 탄수화물 : 4kcal
② 단백질 : 6kcal
③ 알코올 : 7kcal
④ 지질 : 9kcal

**36** 식품의 검수 방법 중 현미경을 이용하여 식품의 불순물, 세포나 조직의 모양, 기생충의 유무 등을 판정하는 방법은?

① 물리적 방법
② 화학적 방법
③ 생화학적 방법
④ 검경적 방법

4회

**37** 다음 중 고정비에 해당하지 않는 것은?

① 임대료
② 세금
③ 감가상각비
④ 식재료비

**38** 단백질 함량이 14% 정도인 밀가루로 만드는 것이 가장 좋은 식품은?

① 버터케이크
② 튀김
③ 마카로니
④ 과자류

**39** 우유를 가열할 때 용기바닥이나 옆에 눌어붙은 것은 주로 어떤 성분인가?

① 카제인(casein)
② 유청(whey) 단백질
③ 레시틴(lecithin)
④ 유당(lactose)

**40** 전분의 노화를 억제하는 방법으로 적합하지 않은 것은?

① 수분함량 조절
② 냉동
③ 설탕의 첨가
④ 산의 첨가

**41** 아이스크림 제조 시 사용되는 안정제는?

① 전화당
② 바닐라
③ 레시틴
④ 젤라틴

**42** 조미료의 침투속도와 채소의 색을 고려할 때 조미료 사용 순서가 가장 합리적인 것은?

① 소금 → 설탕 → 식초
② 설탕 → 소금 → 식초
③ 소금 → 식초 → 설탕
④ 식초 → 소금 → 설탕

**43** 조리대 배치형태 중 환풍기와 후드의 수를 최소화 할 수 있는 것은?

① 일렬형
② 병렬형
③ ㄷ자형
④ 아일랜드형

**44** 육류 조리에 대한 설명이 틀린 것은?

① 육류를 오래 끓이면 질긴 지방조직인 콜라겐이 젤라틴화 되어 고기가 맛있게 된다.
② 육류는 찬물에 넣어 끓이면 맛 성분 용출이 용이해져 국물 맛이 좋아진다.
③ 목심, 양지, 사태는 습열조리에 적당하다.
④ 편육을 만들 때 고기는 처음부터 찬물에서 끓인다.

**45** 지방 산패 촉진인자가 아닌 것은?

① 빛
② 지방분해효소
③ 비타민 E
④ 산소

**46** 펜토산(pentosan)으로 구성된 석세포가 들어 있으며, 즙을 갈아 넣으면 고기가 연해지는 식품은?

① 배
② 유자
③ 귤
④ 레몬

**47** 육류의 사후경직을 설명한 것 중 틀린 것은?

① 근육에서 호기성 해당과정에 의해 산이 증가된다.
② 해당과정으로 생성된 산에 의해 pH가 낮아진다.
③ 경직속도는 도살전의 동물의 상태에 따라 다르다.
④ 근육의 글리코겐은 젖산으로 된다.

**48** 조리 시 일어나는 현상과 그 원인의 연결이 틀린 것은?

① 장조림 고기가 단단하고 잘 찢어지지 않음 – 물에서 먼저 삶은 후 양념간장을 넣어 약한 불로 서서히 조렸기 때문
② 튀긴 도넛에 기름 흡수가 많음 – 낮은 온도에서 튀겼기 때문
③ 오이무침의 색이 누렇게 변함 – 식초를 미리 넣었기 때문
④ 생선을 굽는데 석쇠에 붙어 잘 떨어지지 않음 – 석쇠를 달구지 않았기 때문

4회

**49** 식혜에 대한 설명으로 옳은 것은?

① 미생물의 효소 성분에 의해 발효된 것이다.
② 엿기름의 농도가 낮을수록 당화 속도가
촉진된다.
③ 아밀라아제 작용이 가장 활발한 온도는
50~60℃이다.
④ 식혜 물에 뜬 밥알은 건지지 말고 가라앉
을 때까지 기다린다.

**50** 많이 익은 김치(신김치)는 오래 끓여도 쉽게
연해지지 않는 이유는?

① 김치에 존재하는 소금에 의해 섬유소가
단단해지기 때문이다.
② 김치에 존재하는 소금에 의해 팽압이 유
지되기 때문이다.
③ 김치에 존재하는 산에 의해 섬유소가 단
단해지기 때문이다.
④ 김치에 존재하는 산에 의해 팽압이 유지
되기 때문이다.

**51** 다음 중 3첩 반상에 포함되지 않는 찬류는?

① 전
② 구이
③ 숙채
④ 장아찌

**52** 전라도 음식의 특징으로 옳지 않은 것은?

① 다른 지방에 비해 식재료가 풍부하다.
② 음식이 다양하고 가짓수가 많으며 사치스
럽다.
③ 간이 센 편이며 고춧가루와 젓갈을 많이
사용한다.
④ 주요 음식으로는 감자떡, 오징어순대, 동
태구이 등이 있다.

**53** 다음 중 찌개의 분류에 속하지 않는 것은?

① 조치
② 전골
③ 감정
④ 응이

**54** 반죽이 너무 묽어 전의 모양을 만들거나 뒤
집기 어려울 때 재료를 이용하는 방법으로
알맞은 것은?

① 반죽을 체에 걸러 수분기를 제거한다.
② 달걀 흰자와 전분을 사용한다.
③ 속재료를 추가한다.
④ 밀가루나 멥쌀가루, 찹쌀가루 등을 추가
한다.

**55** 구이 조리에 대한 설명으로 옳지 않은 것은?

① 가장 오래된 조리법으로 재료에 소금을 치거나 양념을 하여 굽거나 구워서 익힌 음식이다.

② 양념 후 재우는 시간은 3시간이 적당하며 그보다 덜 재우면 물러지기 쉽다.

③ 팬이 충분히 달궈진 후 식재료를 놓아야 육즙이 빠져나가지 않아 맛이 좋다.

④ 식재료와 양념에 따라 구이 방법이 다르다.

**56** 볶음 조리 시의 주의사항으로 옳지 않은 것은?

① 소량의 기름을 두르고 높은 온도에서 단시간에 볶아야 한다.

② 양념이 고루 배도록 바닥 면적이 넓은 팬을 사용한다.

③ 팬의 바닥이 얇은 것을 사용하여 열이 잘 전달되도록 한다.

④ 완성된 볶음 요리는 재빨리 팬에서 내린 후 식혀야 갈변을 방지할 수 있다.

**57** 다음의 설명에 해당하는 것을 고르면?

> 남쪽지방으로 갈수록 젓갈과 소금, 고춧가루를 많이 사용하여 간이 세고 맛이 진하며 북쪽지방에서는 간이 세지 않고 젓갈을 많이 쓰지 않아 국물이 시원하다.

① 조림
② 장아찌
③ 김치
④ 무침

**58** 각 지역별 음식의 특징을 설명한 것으로 옳은 것은?

① 경기도 : 음식이 맵고 간이 센 편으로 투박하지만 칼칼하고 감칠맛이 있다.

② 강원도 : 짜지도 않고 맵지도 않은 맛이며 사치스럽고 화려한 음식이 발달하였다.

③ 경상도 : 소박하면서 다양하며 음식의 간은 세지도 약하지도 않다.

④ 제주도 : 주로 해초와 어류를 많이 사용하며 된장으로 맛을 내는 경우가 많다.

**59** 밥맛을 좋게 하는 요인에 대한 것으로 틀린 것은?

① 소금첨가 : 0.5~0.6%
② 물의 pH : pH 7~8
③ 밥의 수분 함량 : 60~65%
④ 조리기구 : 열 전도가 작고 열용량이 큰 무쇠나 곱돌

**60** 한식에서 음식을 남는 양이 식기의 70%가 되지 않는 것은?

① 생채
② 나물
③ 조림
④ 젓갈

**한식·양식조리기능사**

**1000제**

기능사 필기 대비

한식조리기능사
필기

# 5회 한식조리기능사 필기

**01** 다음 중 미생물의 크기에 대한 설명으로 알맞은 것은?

① 곰팡이는 효모보다 크다.
② 바이러스는 리케차보다 크다.
③ 리케차는 세균보다 크다.
④ 효모는 스피로헤타보다 작다.

**02** 산소 및 이산화탄소 등의 기체의 농도를 조절하여 미생물의 증식을 억제시켜 과일, 채소의 숙성을 방지하는 방법은?

① 움저장법
② CA저장법
③ 가열살균법
④ 조사살균법

**03** 다음 중 가장 경제적이며 변소, 하수도 등 오물소독의 사용에 가장 적합한 소독제는?

① 석탄산
② 생석회
③ 역성비누
④ 과산화수소

**04** 다음 중 유해감미료에 해당되지 않는 것은?

① 둘신
② 아스파탐
③ 페릴라틴
④ 시클라메이트

**05** 초고온순간살균법의 적절한 온도와 시간을 순서대로 나열한 것은?

① 61~65℃, 30초
② 70~75℃, 15~30초
③ 90~120℃, 10초
④ 130~140℃, 1~2초

**06** 다음 중 주방의 위생관리 방법으로 적절하지 않은 것은?

① 주방은 매일 깨끗하게 청소한다.
② 조리도구는 독성이 없는 재질을 사용한다.
③ 위생담당자는 장비 및 용기에 대한 위생점검을 한다.
④ 주방에 가습기를 설치하여 해충 위해요소를 제거하여야 한다.

**07** 교차오염의 예방을 위해 냉장고와 냉동고를 분리하여 보관할 때, 냉장고에 보관하는 방법으로 옳지 않은 것은?

① 소독 전의 야채류는 냉장고의 중간에 보관한다.

② 육류, 어패류는 냉장고의 중간에 보관한다.

③ 해동 중의 식재료는 냉장고의 중간에 보관한다.

④ 소스류, 소독 후의 야채는 맨 윗칸에 보관한다.

**08** 장염비브리오 식중독에 관한 설명으로 옳지 않은 것은?

① 주요 증상은 급성위장염이다.

② 원인이 되는 식품은 어패류 생식이다.

③ 감염원은 닭, 쥐, 파리, 바퀴벌레 등이다.

④ 예방을 위해 여름철 원인식품의 생식을 금하고 가열 섭취하여야 한다.

**09** 복어의 자연독에 대한 설명으로 옳지 않은 것은?

① 복어독은 테트로도톡신이다.

② 난소, 간, 내장에 독성분이 많다.

③ 섭취할 경우 신경계마비, 청색증, 호흡곤란 등의 증상이 나타난다.

④ 소금에 절인 후 높은 온도에 끓이면 무독화 된다.

**10** 다음 중 신경독을 유발하는 곰팡이 독소 성분인 것은?

① 말토리진

② 아플라톡신

③ 루브라톡신

④ 에르고톡신

**11** 식품의 변질에 관계하는 세균의 발육을 억제하는 조건은?

① 중성의 pH

② 30~40℃의 온도

③ 10% 이하의 수분

④ 풍부한 아미노산

**12** 식품접객업 중 식품조사처리업을 허가하는 자는?

① 식품의약품안전처장

② 시장 · 군수 · 구청장

③ 특별자치시장

④ 식품위생 감시원

**5회**

**13** 식품위생법상 조리사의 결격사유에 해당되지 않기 위해 조리사 면허의 취소처분을 받고 취소된 날부터 지나야하는 최소 기간은?

① 3개월
② 6개월
③ 1년
④ 2년

**14** 소비자식품위생 감시원의 직무로 적절한 것은?

① 행정처분의 이행 여부 확인을 지원하는 업무
② 식품 등의 압류·폐기 등의 업무
③ 영업소의 폐쇄를 위한 간판 제거 등의 조치
④ 출입·검사·수거 및 식품위생에 대한 지도

**15** 다음 공중보건에 대한 설명으로 옳지 않은 것은?

① 공중보건의 대상은 각 개인이 최소단위이다.
② 공중보건의 사업내용은 환경보건, 질병관리, 보건관리로 나뉜다.
③ 건강 유지, 질병 예방, 지역사회 보건 수준 향상 등을 목표로 한다.
④ 지역사회의 공동 노력을 통해 질병을 예방하고 신체적·정신적 효율을 증진시키는 기술이자 과학이다.

**16** 하수도 본처리 중 혐기성 처리에 해당하는 것은?

① 살수여과법
② 활성오니법
③ 부패조법
④ 산화지법

**17** 다음 중 하수의 오염도가 높을 때 의미하는 것으로 적절하지 않은 것은?

① 용존산소량(DO)이 높다.
② 생화학적 산소요구량(BOD)이 높다.
③ 화학적 산소요구량(COD)이 높다.
④ 수중에 유기물량이 많다.

**18** 다음 중 수인성 감염병의 특징으로 적합하지 않은 것은?

① 대량 감염의 위험이 있다.
② 잠복기가 짧다.
③ 치사율이 낮으며 2차 감염이 거의 없다.
④ 오염원의 제거가 어려워 종식이 불가능하다.

**19** 염소소독의 단점으로 옳은 것은?

① 소독력이 약하다.
② 잔류효과가 적다.
③ 조작이 불편하다.
④ 독성이 있다.

**20** 다음 중 10~40년 단위로 유행하는 추세변화에 해당하는 감염병이 아닌 것은?

① 디프테리아
② 성홍열
③ 일본뇌염
④ 장티푸스

**21** 쓰레기 처리법 중 소각법에 대한 설명으로 옳지 않은 것은?

① 쓰레기를 땅속에 묻고 흙으로 덮는 방법이다.
② 가장 위생적인 쓰레기 처리법이다.
③ 세균을 사멸한다.
④ 다이옥신이 발생한다.

**22** 1,000~4000Å의 파장으로 과도할 경우 색소침착, 결막염, 설안염, 피부암 등을 유발하는 것은?

① 자외선
② 가시광선
③ 적외선
④ 도르노선

**23** 응급처치의 목적으로 적절하지 않은 것은?

① 다른 사람에게 사전에 사고가 발생하지 않도록 위험요소를 제거한다.
② 부상이나 질병을 의학적 처치 없이도 회복될 수 있도록 한다.
③ 위독한 환자에게 전문적인 의료가 실시되기 전 긴급히 실시한다.
④ 생명을 유지시키고 더 이상의 상태악화를 방지하고 지연한다.

**24** 수분활성도(Aw)에 대한 내용으로 적절하지 않은 것은?

① 일반식품 대부분의 수분활성도는 항상 1보다 높다.
② 수분활성도 0.6 이하에서는 미생물의 생육 및 번식이 어렵다.
③ 세균의 수분활성도는 0.91 이상, 효모의 수분활성도는 0.88 이상이다.
④ 수분활성도 0.65 이상에서는 곰팡이가 자랄 수 있다.

**5회**

**25** 서당이 효소에 의해 포도당과 과당이 동량으로 가수분해된 당으로, 서당보다 감미도가 높은 당은?

① 유당
② 맥아당
③ 당알코올
④ 전화당

**26** 항산화 작용을 하고 콜라겐을 합성하며 조리 과정에서 열에 의해 손실되기 쉬운 것은?

① 비타민 $B_{12}$
② 비타민 H
③ 비타민 C
④ 비타민 K

**27** 다음 중 동물성 색소에 해당하는 것은?

① 플라보노이드
② 아스타잔틴
③ 클로로필
④ 카로티노이드

**28** 신맛이 나는 식품과 신맛을 내는 성분의 연결이 옳은 것은?

① 요구르트 – 구연산
② 조개류 – 호박산
③ 포도 – 젖산
④ 복숭아 – 시트르산

**29** 과당(fructose)에 대한 설명이 틀린 것은?

① 당류 중 가장 단맛이 강하다.
② 체내에서 포도당으로 쉽게 전환된다.
③ 동물체에 글리코겐 형태로 저장한다.
④ 자당의 구성 성분이다.

**30** 단백질의 기능에 대한 설명으로 옳지 않은 것은?

① 성장 및 체조직의 구성 성분이 된다.
② 혈당을 유지하는 역할을 한다.
③ 삼투압력 유지를 통해 체내의 수분함량을 조절한다.
④ 체내의 pH를 조절한다.

**31** 전복이나 문어 등에 포함된 푸른 계열의 색소로, 익으면 적자색으로 변하는 동물성 색소는?

① 헤모글로빈
② 헤모시아닌
③ 미오글로빈
④ 멜라닌

**32** 칼슘의 흡수를 방해하는 요인과 촉진하는 요인을 순서대로 나열한 것으로 알맞은 것은?

① 비타민 D, 옥살산
② 수산, 비타민 D
③ 탄닌, 비타민 E
④ 비타민 E, 피틴산

**33** 갈변 반응의 종류 중 껍질을 깎은 감자에서 나타나는 갈변 반응은?

① 캐러멜화 반응
② 아스코르빈산 산화 반응
③ 티로시나아제 갈변 반응
④ 폴리페놀 옥시다아제 갈변 반응

**34** 장에서의 소화작용에 대한 내용이 옳은 것은?

① 수크라아제 : 맥아당 → 포도당 + 포도당
② 말타아제 : 자당 → 포도당 + 과당
③ 락타아제 : 젖당 → 포도당 + 갈락토오스
④ 리파아제 : 지방 → 지방산 + 포도당

**35** 다음 중 시장조사의 원칙이 아닌 것은?

① 비용 경제성의 원칙
② 조사 신속성의 원칙
③ 조사 정확성의 원칙
④ 조사 탄력성의 원칙

**36** 다음 중 식품과 해당 식품을 감별하는 방법이 옳은 것은?

① 소맥분 : 가루가 미세하고 뭉쳐지지 않으며 감촉이 부드러운 것
② 쌀 : 물기가 있어야 하며 알맹이가 불투명하고 불규칙한 모양인 것
③ 어류 : 물에 뜨는 것으로 광택이 없고 아가미가 백색인 것
④ 육류 : 결이 거칠고 연한 색을 지닌 것

**37** 원가계산의 원칙을 설명한 것으로 바르지 않은 것은?

① 진실성의 원칙 : 제품의 제조에 발생한 원가를 사실 그대로 계산한다.
② 발생기준의 원칙 : 모든 비용과 수익은 발생시점 하루 전을 기준으로 계산한다.
③ 계산경제성의 원칙 : 원가의 계산 시 경제성을 고려하여 계산한다.
④ 확실성의 원칙 : 여러 방법 중 가장 확실한 방법을 선택한다.

**38** 지방의 산패를 촉진시키는 요인이 아닌 것은?

① 효소
② 자외선
③ 금속
④ 토코페롤

**39** 전분에 효소를 작용시키면 가수분해 되어 단맛이 증가하여 조청, 물엿이 만들어지는 과정은?

① 호화
② 노화
③ 호정화
④ 당화

**40** 신선도가 저하된 생선의 설명으로 옳은 것은?

① 히스타민(histamine)의 함량이 많다.
② 꼬리가 약간 치켜 올라갔다.
③ 비늘이 고르게 밀착되어 있다.
④ 살이 탄력적이다.

**41** 식품을 계량하는 방법으로 틀린 것은?

① 밀가루 계량은 부피보다 무게가 더 정확하다.
② 흑설탕은 계량 전 체로 친 다음 계량한다.
③ 고체 지방은 계량 후 고무주걱으로 잘 긁어 옮긴다.
④ 꿀같이 점성이 있는 것은 계량컵을 이용한다.

**42** 신선한 우유의 특징으로 옳지 않은 것은?

① 우유의 pH가 6.6인 것
② 이물질이 없으며 색이 이상하지 않은 것
③ 약간의 달콤한 냄새가 나는 것
④ 물속에 한 방울 떨어뜨렸을 때 구름같이 퍼져가며 내려가는 것

**43** 버터의 특성이 아닌 것은?

① 독특한 맛과 향기를 가져 음식에 풍미를 준다.
② 냄새를 빨리 흡수하므로 밀폐하여 저장하여야 한다.
③ 유중수적형이다.
④ 성분은 단백질이 80% 이상이다.

**44** 냉동생선을 해동하는 방법으로 위생적이며 영양 손실이 가장 적은 경우는?

① 18~22℃의 실온에 둔다.
② 40℃의 미지근한 물에 담가 둔다.
③ 냉장고 속에서 해동한다.
④ 23~25℃의 흐르는 물에 담가 둔다.

**45** 대두를 구성하는 콩단백질의 주성분은?

① 글리아딘
② 글루테닌
③ 글루텐
④ 글리시닌

**46** 우유의 카제인을 응고시키는 효소로 적절한 것은?

① 레티놀
② 레닌
③ 레시틴
④ 레오비리딘

**47** 튀김옷의 재료에 관한 설명으로 틀린 것은?

① 중조를 넣으면 탄산가스가 발생하면서 수분도 증발되어 바삭하게 된다.
② 달걀을 넣으면 달걀 단백질의 응고로 수분 흡수가 방해되어 바삭하게 된다.
③ 글루텐 함량이 높은 밀가루가 오랫동안 바삭한 상태를 유지한다.
④ 얼음물에 반죽을 하면 점도를 낮게 유지하여 바삭하게 된다.

**48** 다음 중 단체급식 조리장을 신축할 때 우선적으로 고려할 사항 순으로 배열된 것은?

① 능률 – 경제 – 위생
② 경제 – 위생 – 능률
③ 위생 – 능률 – 경제
④ 경제 – 능률 – 위생

**5회**

**49** 다음 중 급식소의 배수시설에 대한 설명으로 옳은 것은?

① S트랩은 수조형에 속한다.

② 배수를 위한 물매는 1/10 이상으로 한다.

③ 찌꺼기가 많은 경우는 곡선형 트랩이 적합하다.

④ 트랩을 설치하면 하수도로부터의 악취를 방지할 수 있다.

**50** 유지를 가열할 때 생기는 변화에 대한 설명으로 틀린 것은?

① 유리지방산의 함량이 높아지므로 발연점이 낮아진다.

② 연기 성분으로 알데히드, 케톤 등이 생성된다.

③ 요오드값이 높아진다.

④ 중합반응에 의해 점도가 증가된다.

**51** 하루 중 낮이 가장 짧은 날인 동지에 먹는 대표적인 음식은?

① 송편

② 떡국

③ 팥죽

④ 밀전병

**52** 충청도 음식의 특징으로 가장 거리가 먼 것은?

① 산채, 버섯, 해산물의 생산이 많다.

② 담백한 맛이 특징이며 소박하고 꾸밈이 없다.

③ 쌀의 생산이 적으며 음식에 해초와 된장을 이용하는 경우가 많다.

④ 콩나물밥, 호박지찌개, 어리굴젓, 청국장찌개 등이 대표 음식이다.

**53** 다음 중 고추장으로 조미한 찌개를 이르는 말은?

① 감정

② 조치

③ 지짐이

④ 전골

**54** 생채 조리에 대한 설명으로 옳지 않은 것은?

① 날로 먹는 음식이므로 신선한 재료를 사용한다.

② 조직은 연해야 하며 위생적으로 다루어야 한다.

③ 파, 마늘, 기름을 많이 사용하여 진한 맛을 낼 수 있도록 한다.

④ 재료를 너무 많이 섞어 물이 생기지 않도록 주의한다.

**55** 다음 중 식재료에 따른 구이 방법으로 옳은 것은?

① 생선처럼 수분 함량이 많은 식품은 앞면을 갈색이 되도록 구운 후에 약한 불로 뒷면을 천천히 굽는다.

② 지방 함량이 높은 고기일 경우 고열에서 구우면 지방이 흘러내리며 맛과 색이 향상된다.

③ 고기 종류는 화력이 너무 강할 경우 육즙이 흘러나올 수 있으므로 약불에서 굽는다.

④ 너비아니구이의 경우 고기를 결대로 썰어 굽는다.

**56** 채소류의 볶음 조리법에 대한 설명으로 적절하지 않은 것은?

① 색깔이 있는 채소류는 볶기 전에 미리 소금에 절인다.

② 기름을 많이 넣으면 채소의 색이 누래진다.

③ 마른 표고버섯과 같은 마른 식재료는 볶을 때 수분을 조금 첨가한다.

④ 부재료로 쓰이는 야채는 연기가 날 정도의 센 불에 볶은 후 주재료를 넣고 양념한다.

**57** 젓갈에 대한 설명으로 가장 거리가 먼 것은?

① 재료는 어패류의 살, 내장, 알 등이다.

② 어패류를 염장법으로 담근 것으로 오랫동안 보관이 가능하다.

③ 발효과정에서 생성된 아미노산 성분들이 독특한 감칠맛을 낸다.

④ 재료에 2% 정도의 소금으로 간을 하여 발효시킨 것이다.

**58** 줄기부분만 꼬지에 끼워 밀가루와 달걀을 묻혀 양면을 지지는 고명의 종류는?

① 버섯류

② 미나리초대

③ 고사리

④ 홍고추

**59** 장아찌를 만들 때 재료의 조직이 단단해지는 원리로 적절한 것은?

① 연화 현상

② 결로 현상

③ 삼투압 현상

④ 모세관 현상

**60** 한식의 담음새에서 조화를 이루는 요소가 아닌 것은?

① 형태

② 색감

③ 담는 양

④ 담는 시간

5회

# 한식·양식조리기능사
# 1000제

기능사 필기 대비

# 한식조리기능사
# 필기
# 정답 및 해설

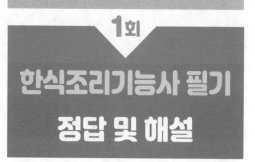

1회
한식조리기능사 필기
정답 및 해설

| | | | | | | | | | |
|---|---|---|---|---|---|---|---|---|---|
| 01 | ② | 02 | ④ | 03 | ① | 04 | ① | 05 | ③ |
| 06 | ① | 07 | ② | 08 | ① | 09 | ① | 10 | ① |
| 11 | ③ | 12 | ② | 13 | ③ | 14 | ③ | 15 | ④ |
| 16 | ④ | 17 | ④ | 18 | ② | 19 | ② | 20 | ① |
| 21 | ④ | 22 | ④ | 23 | ② | 24 | ② | 25 | ② |
| 26 | ④ | 27 | ④ | 28 | ① | 29 | ④ | 30 | ③ |
| 31 | ② | 32 | ① | 33 | ③ | 34 | ③ | 35 | ① |
| 36 | ① | 37 | ① | 38 | ② | 39 | ③ | 40 | ④ |
| 41 | ③ | 42 | ④ | 43 | ① | 44 | ① | 45 | ④ |
| 46 | ① | 47 | ④ | 48 | ② | 49 | ④ | 50 | ④ |
| 51 | ① | 52 | ④ | 53 | ② | 54 | ③ | 55 | ② |
| 56 | ③ | 57 | ② | 58 | ③ | 59 | ③ | 60 | ④ |

## 01
**정답 ②**

위생 관련 식품위생법 및 행정처분의 강화로 위생관리의 필요성이 높아졌으며, 위생관리로 식품의 가치 상승, 식중독 위생사고의 예방 등은 할 수 있으나 각종 질병의 치료는 할 수 없다.

위생관리의 필요성
- 식중독 위생사고의 예방
- 위생 관련 식품위생법 및 행정처분의 강화
- 안전한 먹거리로 상품의 가치 상승
- 청결한 이미지로 점포 이미지 상승 및 개선
- 고객만족도 상승(매출 증진 효과 기대)
- 대외적 브랜드 이미지 관리

## 02
**정답 ④**

미생물의 수분 활성도
세균(약 0.91) 〉 효모(0.88) 〉 곰팡이(0.65~0.80)

## 03
**정답 ①**

무구조충은 민촌충이라고도 하며 중간숙주는 소고기이다.

육류를 통해 감염되는 기생충
- **무구조충(민촌충)** : 소
- **유구조충(갈고리촌충)** : 돼지
- **선모충** : 돼지
- **톡소플라스마** : 고양이, 쥐, 조류

## 04
**정답 ①**

② 제조·가공(수입품 포함)하여 최소판매 단위로 포장된 식품 또는 식품첨가물을 영업 허가 또는 신고하지 아니하고 판매의 목적으로 포장을 뜯어 분할하여 판매하여서는 아니 된다.
③ 어류·육류·채소류를 취급하는 칼·도마는 각각 구분하여 사용하여야 한다.
④ 유통기한이 경과된 식품 등을 판매하거나 판매의 목적으로 진열·보관하여서는 아니 된다.

## 05
**정답 ③**

주석(Sn)
통조림 캔의 내부에 사용하며 강한 산성을 띤 통조림에서 잘 용출되어 섭취할 경우 구토, 복통, 설사 등의 식중독 증상을 유발할 수 있다.

## 06 정답 ①

식품의 위생과 관련 있는 미생물은 효모, 곰팡이, 세균, 리케차, 바이러스 등이 있으며 암모니아는 미생물에 속하지 않는다.

## 07 정답 ②

**식품안전관리인증기준(HACCP) 준비단계의 5절차**
HACCP팀 구성 → 제품설명서 작성 → 제품의 용도 확인 → 공정흐름도 작성 → 공정흐름도 현장 확인

## 08 정답 ①

장티푸스는 소화기계감염병으로 환자나 보균자의 분뇨에 의해서 감염될 수 있는 경구감염병이다.
②, ③, ④ 호흡기계 감염병이다.

## 09 정답 ①

**황색포도상구균 식중독**

| 원인균 | 포도상구균(열에 약함) |
| --- | --- |
| 원인독소 | 엔테로톡신(장독소, 열에 강함) |
| 잠복기 | 평균 3시간(가장 짧음) |
| 원인식품 | 유가공품(우유, 크림, 버터, 치즈), 조리식품(떡, 콩가루, 김밥, 도시락) |
| 증상 | 급성위장염 |
| 예방 | 손이나 몸에 화농이 있는 사람 식품취급 금지 |

황색포도상구균 식중독은 손이나 몸에 화농이 있는 사람이 식품을 취급하면 발생할 위험이 크다.

## 10 정답 ①

청매, 살구씨, 복숭아씨 등에 있는 자연독 성분은 아미그달린이다.

② 솔라닌 : 싹난 감자의 자연독 성분
③ 테무린 : 독보리의 자연독 성분
④ 아마니타톡신 : 독버섯의 자연독 성분

**자연독 식중독**
• **동물성 자연독** : 복어(테트로도톡신), 홍합, 대합(삭시톡신), 모시조개, 굴, 바지락(베네루핀)
• **식물성 자연독** : 독버섯(무스카린, 뉴린, 콜린, 아마니타톡신), 싹난 감자(솔라닌), 부패한 감자(셉신), 독미나리(시큐톡신), 청매, 살구씨, 복숭아씨(아미그달린), 피마자(리신), 면실유(고시풀), 독보리(테무린), 미치광이풀(테트라민)

## 11 정답 ③

**알레르기성 식중독**

| 원인독소 | 히스타민 |
| --- | --- |
| 원인균 | 프로테우스 모르가니 |
| 원인식품 | 꽁치, 고등어와 같은 붉은 살 어류 및 그 가공품 |
| 증상 | 두드러기, 열증 |
| 예방 | 항히스타민제 투여 |

① **포도상구균** : 황색포도상구균 식중독의 원인균
② **웰치균** : 웰치균 식중독(클로스트리디움 퍼프리젠스 식중독)의 원인균
④ **보툴리눔균** : 클로스트리디움 보툴리눔 식중독의 원인균

## 12 정답 ②

**장염비브리오 식중독**

| 감염원 | 어패류 |
| --- | --- |
| 원인식품 | 어패류 생식 |
| 잠복기 | 10~18시간(평균 12시간) |
| 증상 | 급성위장염 |
| 예방 | 가열 섭취, 여름철 생식 금지 |

장염비브리오 식중독은 회나 어패류를 생식했을 때 발생할 수 있으며, 해수 소금농도에서도 잘 생존하는 균으로 인해 발생하는 식중독이다.

## 13  정답 ③

영업을 허가하는 자
- **식품조사처리업** : 식품의약품안전처장
- **단란주점영업, 유흥주점영업** : 특별자치시장·특별자치도지사 또는 시·군·구청장

## 14  정답 ③

조리사의 행정처분

| 위반사항 | 1차 위반 | 2차 위반 | 3차 위반 |
| --- | --- | --- | --- |
| 조리사의 결격사유에 해당하는 경우 | 면허취소 | – | – |
| 보수교육을 받지 않은 경우 | 시정명령 | 업무정지 15일 | 업무정지 1개월 |
| 식중독이나 위생과 관련된 중대한 사고 발생에 직무상 책임이 있는 경우 | 업무정지 1개월 | 업무정지 2개월 | 면허취소 |
| 면허를 타인에게 대여해 준 경우 | 업무정지 2개월 | 업무정지 3개월 | 면허취소 |
| 업무정지 기간 중 조리사의 업무를 한 경우 | 면허취소 | – | – |

## 15  정답 ④

출입·검사·수거에 관한 법률
- 관계공무원은 검사에 필요한 최소량의 식품 등을 무상 수거할 수 있음
- 모범업소로 지정된 경우에는 지정된 날로부터 2년 동안은 출입·검사·수거를 하지 않도록 할 수 있음

## 16  정답 ④

①, ② **평균수명(기대수명)** : 특정기간의 인간의 생존 기간을 추정한 값
③ **행복수명** : 경제적 여유와 건강 등을 모두 충족하면서 가족과 행복하게 사는 기간

건강수명
평균수명에서 질병이나 부상으로 인하여 활동하지 못하는 기간을 뺀 수명

## 17  정답 ④

일산화탄소(CO)
- 물체의 불완전 연소 시 발생
- 헤모글로빈과의 친화력이 강하여 중독 시 산소결핍증을 초래

## 18  정답 ②

부영양화는 호수나 하천 등에 질소나 인 등의 무기성 영양소가 다량 유입되어 플랑크톤이 폭발적으로 증가하는 현상이다.

## 19  정답 ②

감염원으로부터 병원체가 전파되는 과정은 감염경로이다. 이는 감염병 발생의 3요소에 해당된다.

감염병 발생의 3대 요소
감염원(병원체), 감염경로, 숙주의 감수성

## 20  정답 ①

장티푸스는 세균성 감염병에 해당한다.

병원체에 따른 감염병의 분류

- **세균성 감염병** : 콜레라, 장티푸스, 파라티푸스, 세균성 이질, 디프테리아, 폐렴, 결핵, 파상풍, 페스트 등
- **바이러스성 감염병** : 소아마비(폴리오), 홍역, 인플루엔자, 유행성간염, 일본뇌염 등
- **리케차성 감염병** : 발진티푸스, 발진열, 쯔쯔가무시증(양충병) 등
- **원충성 감염병** : 아메바성이질, 톡소플라즈마, 말라리아 등

## 21 정답 ④

보균자의 종류

- **건강보균자** : 병원체를 몸에 지니고 있으나 겉으로는 증상이 나타나지 않는 건강한 사람(감염병 관리가 가장 어려움)
- **잠복기보균자** : 병원체에 감염되어 있지만 임상증상이 아직 나타나지 않은 상태의 사람
- **회복기보균자** : 질병의 임상증상이 회복되는 시기에도 여전히 병원체를 지닌 사람

## 22 정답 ④

구충 · 구서는 광범위하게 동시에 실시하여야 한다.

구충·구서의 일반적 원칙

- 발생원인 및 서식처 제거(근본 대책)
- 발생 초기에 실시
- 구제 대상 동물의 생태, 습성에 맞춰 실시
- 광범위하게 동시에 실시

## 23 정답 ②

도르노선은 자외선에 속하는 파장이다.

자외선의 파장 범위(1,000~4,000Å)

- **가장 강한 살균력을 가지는 파장** : 2,500~2,800Å
- **도르노선(건강선)** : 2,800~3,200Å일 때 사람에게 유익한 작용

## 24 정답 ②

① 부서지거나 금이 간 제품을 사용하지 않는다.
③ 칼은 날카롭게 유지하여야 한다.
④ 칼을 칼집이나 칼꽂이에 꽂아 이동한다.

베임, 절상

- 칼, 기구, 장비, 유리제품, 접시 등으로 인해 발생
- 부서지거나 금이 간제품은 사용하지 않으며 작업에 적합한 칼과 도마를 사용함
- 칼이 무디면 힘이 많이 들어가고 날이 삐뚤게 나갈 수가 있으므로 칼은 날카롭게 유지
- 이동 시에는 칼 끝부분이 아래로 향하게 하고 하나씩 이동하거나 칼집이나 칼꽂이에 꽂아 이동

## 25 정답 ②

교질용액은 단백질과 같은 크기의 분자가 용해된 상태이다. 냉수에 들어간 전분이나 밀가루 입자들과 같은 형태는 현탁액이다.

분산액의 분류

분산질의 크기에 따라 진용액(1mm 이하), 교질용액(1~100mm), 현탁액(100mm 이상)으로 분류

교질용액

- **분산질의 크기** : 1~100mm
- 단백질과 같은 크기의 분자가 용해된 상태
- 진용액보다는 낮지만 안정적인 상태
- 이물질을 흡착하는 성질이 있음
- 졸(Sol), 겔(Gel) 등

## 26　　　　　　　　　　　　정답 ④

① **말타아제** : 입과 소장에서 분비되는 소화효소로, 맥아당을 포도당으로 분해한다.
② **수크라아제** : 소장에서 분비되는 소화효소로, 서당을 포도당과 과당으로 분해한다.
③ **락타아제** : 소장에서 분비되는 소화효소로, 유당을 포도당과 갈락토오스로 분해한다.

> **프티알린(동물성 아밀라아제)**
> 입에 있는 탄수화물 분해효소로 전분(다당류)의 일부를 맥아당(이당류) 단위로 분해하는 소화효소

## 27　　　　　　　　　　　　정답 ④

> **비타민의 종류**
> • **수용성 비타민** : 비타민 $B_1$(티아민), 비타민 $B_2$(리보플라빈), 비타민 $B_3$(나이아신), 비타민 $B_5$(판토텐산), 비타민 $B_6$(피리독신), 비타민 $B_9$(엽산), 비타민 $B_{12}$(코발라민), 비타민 H(비오틴), 비타민 C(아스코르브산)
> • **지용성 비타민** : 비타민 A(레티놀), 비타민 D(칼시페롤), 비타민 E(토코페롤), 비타민 K(필라퀴논)

## 28　　　　　　　　　　　　정답 ①

물에 녹지 않으며 유기용매에 녹는 지용성 색소이며 클로로필과 공존하는 경우 녹색으로 보인다.

> **카로티노이드**
> • 황색, 적색, 오렌지색을 띠는 지용성 색소이며 클로로필과 공존할 경우 녹색으로 보인다.
> • 카로틴의 일부(β-카로틴)는 체내에서 비타민 A로 전환될 수 있다.
> • 라이코펜은 강력한 항산화제로 붉은색을 띠며 토마토, 수박, 감 등에 다량 함유되어 있다.

## 29　　　　　　　　　　　　정답 ④

① 고추 – 캡사이신
② 후추 – 피페린, 차비신
③ 생강 – 진저올, 진저론, 쇼가올

> **매운맛 성분**
> • 자극에 의해 얼얼하고 뜨거운 느낌이 드는 맛
> • **고추** : 캡사이신
> • **마늘** : 알리신
> • **강황** : 커큐민
> • **양파** : 유황화합물
> • **후추** : 피페린, 차비신
> • **겨자** : 시니그린, 이소티오시아네이트
> • **생강** : 진저올, 진저론, 쇼가올

## 30　　　　　　　　　　　　정답 ③

① **펙틴** : 식물의 줄기, 뿌리, 과일의 껍질과 세포벽 사이에 존재하며, 젤리나 잼을 만드는데 이용한다.
② **섬유소** : 소화되지 않는 전분으로 영양적 가치는 없으나 배변촉진 기능이 있다.
④ **글리코겐** : 동물에 존재하는 저장성 탄수화물로 간과 근육에 많이 존재한다.

> **전분(녹말)**
> • 포도당이 결합된 형태
> • 아밀로오스와 아밀로펙틴으로 구성
> • 찹쌀은 아밀로펙틴으로만 구성
> • 곡류, 감자류 등에 존재

## 31　　　　　　　　　　　　정답 ②

① **인단백질** : 카제인(우유), 비텔린(난황)
③ **지단백질** : 혈액, 신경조직
④ **핵단백질** : 세포 핵의 핵산

> **구성 성분에 따른 단백질의 분류**
> • **단순단백질** : 아미노산만으로 구성
> • **복합단백질** : 단순단백질과 비단백질 성분으로 구성된 복합성 단백질

• **유도단백질** : 열, 산, 알칼리 작용으로 변성 또는 분해를 받은 단백질

**복합단백질**
• **인단백질** : 카제인(우유), 비텔린(난황)
• **당단백질** : 오보뮤코이드(난백), 뮤신(침)
• **지단백질** : 혈액, 신경조직
• **핵단백질** : 세포 핵의 핵산

## 32 　　　　　　　　　　　　　　정답 ①

맛의 대비현상은 서로 다른 2가지 맛의 작용으로 주된 맛이 강해지는 현상이다.

**맛의 현상**
• **대비(강화)현상** : 서로 다른 2가지 맛의 작용으로 주된 맛이 강해진다.
• **변조현상** : 한 가지 맛을 느낀 후 바로 다른 맛을 보면 원래의 식품 맛이 다르게 느껴진다.
• **상승현상** : 같은 맛 성분을 혼합하여 원래의 맛보다 더 강한 맛이 느껴진다.
• **상쇄현상** : 상반되는 맛이 서로 영향을 주어 각각의 맛이 아닌 조화로운 맛을 낸다.(새콤 달콤)
• **억제현상** : 다른 맛이 혼합되어 주된 맛이 억제 또는 손실된다.
• **미맹현상** : 맛을 보는 감각의 장애로 쓴 맛 성분을 느끼지 못한다.
• **피로현상** : 같은 맛을 계속 섭취하여 미각이 둔해져 그 맛을 알 수 없게 되거나 다르게 느낀다.

## 33 　　　　　　　　　　　　　　정답 ③

불소가 결핍될 경우 충치(우치)가 발생할 수 있다.

**불소(F)**
• 골격과 치아를 단단하게 함
• 충치 예방 및 치아의 강도 증가
• **과량 섭취** : 반상치
• **결핍증** : 충치(우치)
• **급원식품** : 해조류

## 34 　　　　　　　　　　　　　　정답 ②

① **우지** : 소의 지방을 사용하여 만든 기름
③ **팜유** : 기름야자의 과육으로 만든 기름
④ **야자유** : 야자원유로 만들어진 기름

## 35 　　　　　　　　　　　　　　정답 ①

인체의 기능을 조절하는 영양소는 조절 영양소이며 비타민, 무기질, 물이 있다. 단백질은 열량 영양소, 구성 영양소에 해당한다.

**영양소의 분류**
• **열량 영양소** : 주로 에너지를 내는 영양소로, 탄수화물(4kcal/g), 지질(9kcal/g), 단백질(4kcal/g)이 있다.
• **구성 영양소** : 신체를 구성하고 성장과 유지에 필요한 영양소로 무기질, 단백질, 물이 있다.
• **조절 영양소** : 인체의 기능을 조절하는 영양소로 비타민, 무기질, 물이 있다.

## 36 　　　　　　　　　　　　　　정답 ①

식품의 식감은 식품의 구입계획을 세우기 위해 필요한 사항으로 적절하지 않다.

**식품 구매계획 시 고려 사항**
• 물가 파악을 위한 자료 및 장비
• 식품의 출하시기
• 식품의 가격변동상황
• 식품의 유통기구와 가격
• 폐기율 및 가식부
• 사용계획
• 식재료의 종류와 품질판정법

## 37 　　　　　　　　　　　　　　정답 ①

전처리 및 조리준비에 주로 쓰이는 기기는 싱크, 탈피기, 혼합기, 절단기이다.

> **조리작업별 기기**
> - **반입·검수** : 검수대, 계량기, 운반차, 온도계, 손소독기
> - **저장** : 일반저장고(마른 식품, 조미료 등), 쌀저장고, 냉장·냉동고, 온도계
> - **전처리 및 조리 준비** : 싱크, 탈피기, 혼합기, 절단기
> - **취반** : 저울, 세미기, 취반기
> - **가열조리** : 증기솥, 튀김기, 브로일러, 번철, 회전식 프라이팬, 오븐, 레인지
> - **배식** : 보온고, 냉장고, 이동운반차, 제빙기, 온·냉 식수기
> - **세척·소독** : 세척용 선반, 식기세척기, 식기소독고, 칼·도마 소독고, 손소독기, 잔반 처리기
> - **보관** : 선반, 식기 소독 보관고

## 38 정답 ②

③ 제조원가의 구성이다.
④ 직접원가의 구성이다.

> **원가의 구성**
> - **직접원가** : 직접재료비 + 직접노무비 + 직접경비
> - **제조간접비** : 간접재료비 + 간접노무비 + 간접경비
> - **제조원가** : 직접원가 + 제조간접비
> - **총원가** : 판매관리비 + 제조원가
> - **판매가격** : 총원가 + 이익

## 39 정답 ③

> **고기 색소의 변화**
> 미오글로빈(암적색) → 옥시미오글로빈(적색) → 메트미오글로빈(갈색) → 헤마틴(회갈색)

## 40 정답 ④

> **노화(β화)에 영향을 주는 요소**
> - **아밀로오스의 함량이 많을 때 노화 ↑** : 멥쌀 〉 찹쌀

> - 수분함량이 30~60%일 때 노화 ↑
> - **온도가 0~5℃일 때 노화 ↑** (냉장은 노화촉진, 냉동은 노화촉진×)
> - 다량의 수소이온 노화 ↑

## 41 정답 ③

장법은 식품에 소금(소금농도 10% 이상)을 절여 고삼투성에 의한 탈수효과로 미생물의 생육을 억제하여 보존하는 방법으로 육류, 수산물, 채소류 등의 조리, 저장에 이용된다.

## 42 정답 ④

튀기기는 160~200℃ 높은 온도의 기름 속에서 재료를 가열하는 방법으로, 고온에서 재료를 재빠르게 조리하므로 영양소의 손실이 가장 적다.

> **튀김의 특징**
> - 가열시간이 짧고 영양소 손실이 적음
> - 높은 열량을 공급

## 43 정답 ①

생선의 육질이 육류보다 연한 이유는 콜라겐과 엘라스틴의 함량이 적기 때문이다.

> **어류의 특징**
> - 콜라겐과 엘라스틴의 함량이 적어 육류보다 연함
> - 육류와 다르게 사후강직 후 동시에 자기소화와 부패가 일어남
> - 신선도가 저하되면 TMA가 증가하고 암모니아 생성
> - 해수어(바닷물고기)는 담수어보다 지방함량이 많고 맛도 좋음

## 44 정답 ①

② 레닌 : 우유(카제인)를 응고시키는 단백질 분해 효소

③ **글루탐산** : 달걀흰자에 들어있는 단백질
④ **청산배당체** : 덜 익은 매실에 함유되어 있는 자연독(아미그달린)

> **사포닌**
> 대두와 팥의 성분 중 거품을 내며 용혈작용을 하는 독성분, 가열 시 파괴

## 45　　정답 ④

냉동 채소의 전처리로 식품을 살짝 데치는 블렌칭을 하면 식품의 갈변을 억제할 수 있다.

> **효소적 갈변 반응의 방지 방법**
> • 산화방지를 위한 산소차단(밀폐용기 사용, 물에 식품 담그기, 이산화탄소나 질소가스 주입)
> • 철제 조리도구를 사용하지 않는 등 금속과의 접촉을 하지 않음
> • 식초 첨가 등으로 pH 조절
> • 온도를 −10℃ 이하로 낮추거나 가열
> • 식품을 설탕물이나 소금물에 담금

## 46　　정답 ①

급식시설에서 주방면적을 산출할 때 피급식자의 기호는 고려해야 할 사항으로 가장 거리가 멀다.

## 47　　정답 ④

> **노화(β화)를 억제하는 방법**
> • 수분함량을 15% 이하로 유지
> • 환원제, 유화제 첨가
> • 설탕 다량 첨가
> • 0℃ 이하로 급속냉동(냉동법)시키거나 80℃ 이상으로 급속히 건조

## 48　　정답 ②

생선 중량 대비 소금은 2~3%을 넣으면 탈수가 일어나지 않으면서 간이 알맞다.

## 49　　정답 ③

비가열 조리법은 성분의 손실이 적어 수용성·열분해성 비타민, 무기질 등의 이용률이 높다.

> **비가열 조리**
> • 생채, 냉채, 무침, 샐러드, 각종화채, 생선회 및 육회 등
> • 성분의 손실이 적어 수용성·열분해성 비타민, 무기질 등의 이용률이 높음
> • 식품 본래의 색과 향의 손실이 적어 식품 자체의 풍미를 살림
> • 조리가 간단하고 시간이 절약됨
> • 위생적으로 취급하지 않으면 기생충의 감염 우려

## 50　　정답 ④

김치가 국물에 푹 잠겨 수분을 흡수하면 김치조직이 물러지지 않는다.

> **김치조직의 연부현상(물러짐)이 일어나는 이유**
> • 조직을 구성하고 있는 펙틴질이 분해되기 때문에
> • 용기에 꼭 눌러 담지 않아 내부에 공기가 존재하여 호기성 미생물이 성장번식하기 때문에
> • 김치 숙성의 적기가 경과되었기 때문에

## 51　　정답 ①

사치스럽고 화려한 음식이 발달한 것은 서울 음식의 특징이다.

> **경상도 음식의 특징**
> • 해산물과 농작물이 풍부
> • 간이 세고 얼얼함
> • 소박하고 사치스럽지 않음
> • 대구탕, 재첩국, 안동식혜, 해물파전, 아구찜 등

> **서울 음식의 특징**
> • 음식이 다양하고 화려함
> • 간은 중간정도
> • 음식의 분량은 적으나 수가 많음
> • 모양을 예쁘고 작게 만듦
> • 설렁탕, 육개장, 비빔국수, 탕평채, 너비아니 등

> **전**
> • 재료를 알맞은 크기로 얇게 저미거나 채 썰어 조미한 후 밀가루와 달걀물을 묻혀 기름을 두르고 부쳐낸 음식
> • 우리나라 음식 중 기름을 가장 많이 섭취할 수 있는 음식
> • 전유어, 저냐 등으로도 불리며, 궁중에서는 전유화라고 함

## 52 정답 ④

> **한식의 그릇**
> • **주발** : 뚜껑이 있는 남성용 밥그릇으로, 아래는 좁고 위로 갈수록 넓어짐
> • **바리** : 뚜껑에 꼭지가 달린 여성용 밥그릇으로, 주발보다 밑이 좁고 가운데는 오목하고 위쪽은 좁음
> • **종지** : 간장, 초장, 꿀 등을 담는 그릇이며 크기가 가장 작음
> • **쟁첩** : 전, 구이, 장아찌 등을 담는 납작하고 뚜껑이 있는 그릇이며, 그릇 중 가장 많은 비중을 차지
> • **조치보** : 찌개를 담는 그릇으로, 주발과 같은 모양이며 탕기보다 작음
> • **보시기** : 김치류를 담는 그릇이며, 쟁첩보다는 크고 조치보다는 운두가 낮음

## 55 정답 ②

> **초**
> • 볶는다는 뜻으로 조림과 비슷하지만 윤기가 나는 것이 특징
> • 싱겁고 달콤한 맛으로 국물이 거의 없음
> • 홍합과 전복을 많이 사용
>
> **조림**
> • 큼직하게 썬 고기, 생선, 감자, 두부 등에 간을 하고 처음에는 센 불에서 가열하다가 중불에서 간이 배도록 조리고 약불에서 서서히 오래 익히는 조리법
> • 궁중에서 '조리니', '조리개'라고 부름

## 53 정답 ②

> **가열의 단계**
> • **온도 상승기** : 강한 화력에서 10~15분, 온도의 상승과 함께 쌀알이 수분을 흡수하여 팽윤
> • **비등기** : 중간 화력에서 5분, 쌀의 팽윤이 계속되면서 호화가 진행되어 점도가 높아짐
> • **증자기** : 약불에서 10~15분, 쌀 입자가 수증기에 의해 쪄지며 쌀 입자의 내부가 팽윤·호화됨

## 56 정답 ③

고추장 양념구이는 양념장을 3일 정도 미리 만들고 숙성해야 고춧가루의 거친 맛을 줄일 수 있으며 맛이 깊어진다.

> **양념에 따른 구이 방법**
> • **소금구이** : 소금만을 사용하는 방법이며 소금은 생선 무게의 약 2% 정도가 적당하다.
> • **간장 양념구이** : 양념 후 30분 정도 재워두는 것이 좋으며 오래 재우면 육즙이 빠져 육질이 질겨진다.
> • **고추장 양념구이** : 양념장을 3일 정도 미리 만들고 숙성해야 고춧가루의 거친 맛이 없고 맛이 깊어진다. 고추장 양념을 하기 전 유장(간장 : 참기름 = 1 : 3)으로 애벌구이를 한다.

## 54 정답 ③

누름적에 대한 설명으로 적에 해당되는 음식이다.

## 57 정답 ②

토란탕은 추석에 먹는 명절 음식이다.

> ### 절식(명절 음식)
> - **정월대보름** : 오곡밥, 묵은 나물, 귀밝이술, 부럼
> - **단오** : 수리떡, 증편, 앵두화채 등
> - **칠석** : 밀전병, 육개장 등
> - **한가위** : 토란탕, 송편, 갈비찜 등
> - **동지** : 팥죽, 식혜, 수정과, 동치미 등
> - **그믐** : 비빔밥, 완자탕 등

## 58 정답 ③

밥, 국, 김치, 찌개, 찜, 전골, 장류 등은 첩수에 들어가지 않는 기본 음식이다.

> ### 한식의 상차림
> - **공간전개형** : 준비된 음식을 한꺼번에 모두 차려놓고 먹음
> - **주식에 따른 구분** : 죽상, 면상, 주안상, 다과상, 교자상 등
> - **반상의 첩수** : 3첩, 5첩, 7첩, 9첩, 12첩
> - **첩수에 들어가지 않는 기본 음식** : 밥, 국, 김치, 찌개, 찜, 전골, 장류 등

## 59 정답 ③

전처리 음식재료는 신선도에 대한 신뢰도가 낮으므로 전처리 음식재료의 장점으로 옳지 않다.

> ### 전처리 식품
> 세척, 탈피, 절단 등의 과정을 거쳐 가열조리 전의 준비 과정을 마친 식품
>
> ### 전처리 음식재료의 장점
> - 인건비, 음식물 쓰레기, 수도세 등의 감소
> - 업무 및 시·공간적 효율성 증가
> - 조리 공정과정 및 식품 재고 관리 용이성
> - 편리성, 다양성
> - 당일조리가능

## 60 정답 ④

① **초** : 볶는다는 의미로 물에 간장 양념을 하여 재료를 넣고 국물이 거의 없을 정도로 바짝 조리하는 방법이다.
② **지짐** : 재료들을 밀가루 푼 것에 섞어서 기름에 지진 음식이다.
③ **전유어** : 기름을 두르고 지지는 조리법으로 전냐, 전 등으로 불린다.

> ### 지짐이
> 국물이 찌개보다는 적고 조림보다는 많은 음식

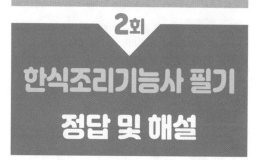

**2회**
## 한식조리기능사 필기
## 정답 및 해설

| | | | | | | | | | |
|---|---|---|---|---|---|---|---|---|---|
| 01 | ④ | 02 | ④ | 03 | ① | 04 | ④ | 05 | ① |
| 06 | ③ | 07 | ④ | 08 | ③ | 09 | ② | 10 | ③ |
| 11 | ① | 12 | ③ | 13 | ③ | 14 | ② | 15 | ② |
| 16 | ② | 17 | ① | 18 | ④ | 19 | ① | 20 | ③ |
| 21 | ② | 22 | ④ | 23 | ④ | 24 | ① | 25 | ① |
| 26 | ④ | 27 | ② | 28 | ④ | 29 | ④ | 30 | ① |
| 31 | ① | 32 | ④ | 33 | ② | 34 | ② | 35 | ① |
| 36 | ② | 37 | ④ | 38 | ③ | 39 | ① | 40 | ② |
| 41 | ② | 42 | ① | 43 | ④ | 44 | ① | 45 | ③ |
| 46 | ③ | 47 | ② | 48 | ③ | 49 | ③ | 50 | ① |
| 51 | ② | 52 | ③ | 53 | ② | 54 | ③ | 55 | ① |
| 56 | ② | 57 | ① | 58 | ② | 59 | ③ | 60 | ② |

## 01 　　　　　　　　　　　　　　　　정답 ④

앞치마는 더러워졌을 경우 바로 교체하여야 한다.

**복장**
- 세탁된 청결한 유니폼을 착용하며 소매 끝이 외부로 노출되지 않도록 하며 바지는 줄을 세우고 긴바지를 착용
- 명찰은 왼쪽 가슴 정중앙에 잘 보이도록 부착
- 앞치마는 더러워지면 바로 교체하며 조리용, 서빙용, 세척용으로 용도에 따라 구분하여 사용
- 전용 위생화를 착용하고 출입 시 소독발판에 항시 소독(슬리퍼 착용×)
- 모발이 위생모 밖으로 노출되지 않도록 착용

## 02 　　　　　　　　　　　　　　　　정답 ④

발효는 식품이 미생물의 분해 작용으로 유기산, 알코올 등을 생성하여 인체에 유익하게 변하는 현상이다.

| 부패 | 단백질 식품이 혐기성 미생물에 의해 변질되는 현상 |
|---|---|
| 후란 | 단백질 식품이 호기성 미생물에 의해 변질되는 현상 |
| 변패 | 비단백질식품이 미생물에 의해 변질되는 현상 |
| 산패 | 유지가 공기 중의 산소, 일광, 금속에 의해 변질되는 현상 |
| 발효 | 탄수화물이 미생물의 작용을 받아 유기산, 알코올 등을 생성 |

## 03 　　　　　　　　　　　　　　　　정답 ①

어패류를 통해 감염되는 기생충

| 종류 | 제1중간숙주 | 제2중간숙주 |
|---|---|---|
| 간디스토마(간흡충) | 왜우렁이 | 붕어, 잉어 (피낭유충) |
| 폐디스토마(폐흡충) | 다슬기 | 가재, 게 |
| 요꼬가와흡충 (횡천흡충) | 다슬기 | 담수어(은어) |
| 광열열두조충(긴촌충) | 물벼룩 | 송어, 연어, 숭어 |
| 고래회충(아니사키스) | 바다새우류 | 고등어, 오징어, 대구, 갈치 → (돌)고래, 물개 |
| 유극악구충 | 물벼룩 | 가물치, 메기 |

유구조충은 돼지고기를 통해 감염된다.

## 04 　　　　　　　　　　　　　　　　정답 ④

**보존료의 기본요건**
- 변질 미생물에 대한 증식 억제효과가 커야한다.
- 소량 사용으로도 효과가 충분히 나타나야 한다.
- 독성이 없거나 극히 적어야 한다.

2회 정답 및 해설

- 보존료는 무미 · 무취하고 자극이 적어야 한다.
- 공기, 빛, 열에 안정하고 pH에 의한 영향을 받지 않아야 한다.
- 사용이 편리하고 가격이 경제적이어야 한다.

## 05      정답 ①

메틸알코올(메탄올)

에탄올 발효 시 생성되며 구토, 설사, 실명, 시신경염증, 사망 등을 일으킴

N-니트로사민(N-nitrosamine)

육류의 발색제를 사용할 때 생성된 아질산염과 제2급 아민이 반응하여 생성되는 발암물질

## 06      정답 ③

감미료는 식품에 단맛을 부여하기 위해 사용한다. 식품에 신맛을 부여하기 위해 사용하는 것은 산미료이다.

기호성 향상과 관능 만족을 위한 식품첨가물의 종류

조미료, 감미료, 착색료, 산미료, 착향료, 발색제, 표백제

## 07      정답 ④

다류 및 커피류는 식품안전관리인증기준(HACCP)의 대상 식품에 속하지 않는다. 다류 및 커피류를 제외한 음료류는 HACCP의 대상식품에 속한다.

식품안전관리인증기준(HACCP)의 대상식품

- 과자류, 빵류 또는 떡류 중 과자 · 캔디류 · 빵류 · 떡류
- 빙과류 중 빙과
- 다류 및 커피류, 비가열 음료를 제외한 음료류
- 레토르트식품 등

## 08      정답 ③

우리나라에서 식중독은 습도가 높은 여름철인 7~9월에 가장 많이 발생한다. 습도가 높을수록 세균 번식의 가능성이 크기 때문에 식중독 사고가 발생하지 않도록 유의하여야 한다.

## 09      정답 ②

황색포도상구균 식중독

| 원인균 | 포도상구균(열에 약함) |
|---|---|
| 원인독소 | 엔테로톡신(장독소, 열에 강함) |
| 잠복기 | 평균 3시간(가장 짧음) |
| 원인식품 | 유가공품(우유, 크림, 버터, 치즈), 조리식품(떡, 콩가루, 김밥, 도시락) |
| 증상 | 급성위장염 |
| 예방 | 손이나 몸에 화농이 있는 사람 식품취급 금지 |

포도상구균은 열에 약하여 가열하면 사멸하지만 원인독소인 엔테로톡신은 열에 강한 특성을 가지고 있어 가열조리법으로도 파괴되지 않는다.

① 둘신 : 유해첨가물에 해당되는 감미료로 설탕의 250배이며, 혈액독이 있다.
③ 에르고톡신 : 보리, 호밀에 맥각균이 번식하여 생성된 간장독이다.
④ 뉴로톡신 : 클로스트리디움 보툴리눔 식중독의 원인독소이다.

## 10      정답 ③

부패한 감자에서 발생하는 자연독 성분은 셉신이다.
① 솔라닌 : 싹난 감자의 자연독 성분
② 베네루핀 : 모시조개, 굴, 바지락의 자연독 성분
④ 테무린 : 독보리의 자연독 성분

자연독 식중독

- 동물성 자연독 : 복어(테트로도톡신), 홍합, 대합(삭시톡신), 모시조개, 굴, 바지락(베네루핀)
- 식물성 자연독 : 독버섯(무스카린, 뉴린, 콜린, 아마니타톡신), 싹난 감자(솔라닌), 부패한 감자(셉신), 독미나리(시큐톡신), 청매, 살구씨, 복숭아씨(아미그달린), 피

마자(리신), 면실유(고시폴), 독보리(테무린), 미치광이
풀(테트라민), 독보리(테무린)

④ '기구'의 정의이다.

> **식품첨가물**
>
> 식품을 제조 · 가공 · 조리 또는 보존하는 과정에서 감미,
> 착색, 표백 또는 산화방지 등을 목적으로 식품에 사용되
> 는 물질

## 11 정답 ①

아플라톡신은 아스퍼질러스 플라버스가 생성하는 곰팡이독
으로 간장장애를 일으킨다. 에르고톡신은 맥각균이 번식함으
로써 독소가 생성되며, 간장독에 해당된다.

| 간장독 | 아플라톡신, 루브라톡신, 에르고톡신, 오크라톡신, 아이슬란디톡신, 사이클로클로로틴 등 |
|---|---|
| 신장독 | 시트리닌 등 |
| 신경독 | 말토리진, 파툴린, 시트레오비리딘 등 |

## 12 정답 ③

경구감염병은 세균성 식중독에 비해 잠복기가 길다.

| 경구감염병<br>(소화기계 감염병) | 세균성 식중독 |
|---|---|
| 소량의 균으로도 발병 | 다량의 균으로 발병 |
| 2차 감염률이 높음 | 2차 감염률이 낮음 |
| 긴 잠복기 | 짧은 잠복기 |
| 예방이 어려움 | 균의 번식을 억제시켜<br>예방 가능 |

## 15 정답 ②

**조리사의 행정처분**

| 위반사항 | 1차 위반 | 2차 위반 | 3차 위반 |
|---|---|---|---|
| 조리사의 결격사유에 해당하는 경우 | 면허취소 | – | – |
| 보수교육을 받지 않은 경우 | 시정명령 | 업무정지 15일 | 업무정지 1개월 |
| 식중독이나 위생과 관련된 중대한 사고 발생에 직무상 책임이 있는 경우 | 업무정지 1개월 | 업무정지 2개월 | 면허취소 |
| 면허를 타인에게 대여해 준 경우 | 업무정지 2개월 | 업무정지 3개월 | 면허취소 |
| 업무정지 기간 중 조리사의 업무를 한 경우 | 면허취소 | – | – |

## 13 정답 ③

> **수입식품 등의 검사 방법**
>
> 서류검사 → 현장검사 → 정밀검사

## 16 정답 ②

영아사망률은 연간 출생아 수 1,000명당 영아의 사망자 수이다.

> **영아사망률**
>
> • 연간 영아의 사망자 수 ÷ 연간 출생아 수 × 1,000
> • 연간 출생아 수 1,000명당 영아의 사망자 수로, 각 나라의 보건수준을 평가하는 가장 대표적인 지표
> • 생후 1년 미만인 영아는 환경악화나 비위생적 생활환경에 가장 예민한 시기로 통계적 유의성을 나타냄

## 14 정답 ②

① '식품'의 정의이다.
③ '화학적 합성품'의 정의이다.

## 17 정답 ①

질소(N₂)
- 고압상태에서 잠수병 유발
- 저압상태에서 고산병 유발
- 공기 중 가장 큰 비중을 차지

## 18 정답 ④

습식산화법은 분뇨처리에서 주로 사용하는 방법이다.

진개(쓰레기) 처리
- **매립법** : 주로 도시에서 사용, 쓰레기를 땅속에 매립
- **소각법** : 미생물까지 사멸, 다이옥신 발생으로 대기오염 발생 우려
- **퇴비화법(비료화법)** : 주로 농촌에서 사용, 화학분해 후 퇴비로 이용

## 19 정답 ①

제2급 감염병은 전파 가능성을 고려하여 발생 또는 유행 시 24시간 이내에 신고하여야 하고, 격리가 필요하다. 제2급 감염병에는 콜레라, 장티푸스, 파라티푸스, 세균성이질 등이 있으며 간흡충증은 제4급 감염병에 해당된다.

## 20 정답 ③

아메바성 이질은 소화기계의 침입으로 감염된다.

인체 침입구에 따른 분류
- **소화기계** : 콜레라, 장티푸스, 파라티푸스, 세균성 이질, 아메바성 이질, 소아마비, 유행성 간염
- **호흡기계** : 디프테리아, 백일해, 홍역, 천연두(두창), 유행성 이하선염, 결핵, 인플루엔자, 풍진, 성홍열 등
- **피부점막** : 매독, 한센병(나병), 파상풍, 탄저 등

## 21 정답 ②

후천적 면역의 종류
- **자연능동면역** : 질병감염 후 획득
- **인공능동면역** : 예방접종(백신)으로 획득
- **자연수동면역** : 모체(태반, 수유)로 획득
- **인공수동면역** : 혈청 접종

## 22 정답 ④

사상충은 모기에 의해 발생하는 질병이다.

감염병의 발생 원인
- **파리** : 장티푸스, 파라티푸스, 이질, 콜레라, 식중독
- **모기** : 사상충, 말라리아, 일본뇌염, 이질, 황열, 식중독
- **이, 벼룩** : 페스트, 발진티푸스
- **바퀴** : 이질, 콜레라, 장티푸스, 살모넬라 및 폴리오 등
- **진드기** : 양충병, 쯔쯔가무시증, 큐열
- **쥐** : 세균성 질병(페스트, 서교증, 살모넬라 등), 리케차성 질병(발진열), 바이러스성 질병(유행성 출혈열)

## 23 정답 ④

부패조법, 임호프조법은 혐기성처리이며 나머지는 호기성처리에 해당한다.

본처리
- **호기성처리** : 활성오니법, 살수여과법, 산화지법, 여과법, 관개법
- **혐기성처리** : 부패조법, 임호프조법

## 24 정답 ①

화상을 방지하기 위해 긴 소매의 조리복을 착용하고 뜨거운 조리도구를 잡을 때는 장갑을 사용한다.

화상

- 뜨거운 물이나 액체가 담긴 그릇은 액체가 튀는 것을 방지하기 위해 천천히 열어야 함
- 긴 소매의 조리복 착용
- 뜨거운 조리도구를 잡을 때 장갑 사용
- 뜨거운 기름에 물을 붓지 않음

## 25
정답 ①

② 유당 : 이당류(단당류 + 단당류)이며 포도당과 갈락토오스의 조합이다.
③ 갈락토오스 : 6탄당에 속하며 당지질인 세레브로사이드의 구성 성분이다.
④ 포도당 : 6탄당에 속하며 전분의 최종 분해산물이다.

탄수화물의 분류

- 단당류 : 5탄당, 6탄당
- 이당류(단당류 + 단당류) : 서당, 맥아당, 유당
- 올리고당류(단당류 3~10개 결합) : 라피노오스, 스타키오스
- 다당류(단당류 10개 이상~수천 개 결합) : 전분, 글리코겐, 식이섬유, 한천, 펙틴

당류의 감미도

과당 〉 전화당 〉 서당(자당) 〉 포도당 〉 맥아당 〉 갈락토오스 〉 유당(젖당)

## 26
정답 ④

지질은 수용성 비타민이 아닌 지용성 비타민의 흡수를 돕는다.

지질의 기능

- 1g당 9kcal의 에너지 발생
- 필수지방산 공급
- 탄수화물, 단백질보다 많은 에너지 공급
- 세포막의 구성 성분이 됨(주로 인지질)
- 지용성 비타민의 흡수를 도움
- 체온을 유지시키며 외부의 충격으로부터 내장기관을 보호함

## 27
정답 ②

①, ③, ④ 지용성 비타민에 대한 설명이다.

| 수용성 비타민 | 지용성 비타민 |
|---|---|
| 비타민 B군, 비타민 C, H | 비타민 A, D, E, K |
| 물에 녹는 수용성 | 기름에 녹는 지용성 |
| 과량은 소변으로 배출 | 체내에 축적되어 과량 섭취 시 독성을 나타낼 수 있음 |
| 결핍될 경우 증세가 빨리 나타남 | 결핍증이 서서히 나타남 |
| 매일 섭취해야 함 | 매일 섭취하지 않아도 됨 |

## 28
정답 ④

오이지, 김치의 저장 중 갈색으로 변하는 것은 클로로필의 산에 의한 변화에 해당한다. 안토잔틴은 산성에서는 안정한 흰색을 띠며, 알칼리 조건에서 황색이나 갈색을 띤다.

플라보노이드 - 안토잔틴

- 우엉, 연근, 쌀, 밀가루 등에 함유된 무색(백색)이나 담황색 색소
- 수용성(물에 녹음)
- 산성에서는 안정한 흰색(무색)을 띰
- 알칼리 조건에서는 황색이나 갈색을 띰
- 구리, 철은 흑갈색을 띠게 하며 알루미늄은 황색을 띠게 함

## 29
정답 ④

트리메틸아민은 어류의 비린내 성분이다.

동물성 식품의 냄새 성분

- 육류, 어류 : 아민류
- 우유 및 유제품 : 지방산 및 카르보닐 화합물
- 어류의 비린내 : 트리메틸아민, 암모니아, 피페리딘(담수어)
- 육류의 부패 냄새 : 암모니아, 메틸메르캅탄, 황화수소, 인돌, 스카톨 등

## 30
정답 ①

단순지질은 지방산과 글리세롤이 에스테르 결합하는 것이며 이에 속하는 것으로는 중성지방(지방산 + 글리세롤)과 왁스(지방산 + 고급알코올)가 있다.
② **인지질** : 복합지질에 속하며 단순지질과 인이 결합한 것이다.
③ **콜레스테롤** : 단순지질과 복합지질이 가수분해 될 때 생성되는 지용성 물질인 유도지질에 속한다.
④ **지용성 비타민류** : 단순지질과 복합지질이 가수분해 될 때 생성되는 지용성 물질인 유도지질에 속한다.

> **지질의 분류**
> - **단순지질** : 지방산과 글리세롤의 에스테르 결합으로 중성지방(지방산 + 글리세롤)과 왁스(지방산 + 고급알코올)가 있다.
> - **복합지질** : 단순지질에 인, 당, 단백질 등이 결합한 것으로 인지질, 당지질, 단백질지이 있다.
> - **유도지질** : 단순지질과 복합지질이 가수분해 될 때 생성되는 지용성 물질이며 지방산, 콜레스테롤, 에르고스테롤, 지용성 비타민류 등이 있다.

## 31
정답 ①

글리시닌은 콩에 들어있는 완전단백질이다.

> **완전단백질**
> 달걀(오보알부민, 오보비텔린), 콩(글리시닌), 우유(카제인, 락트알부민), 육류(미오신)
>
> **부분적 불완전단백질**
> 보리(호르데인), 밀·호밀(글리아딘), 쌀(오리제닌)

## 32
정답 ④

① 맛의 변조현상의 예이다.
② 맛의 상승현상의 예이다.
③ 맛의 억제현상의 예이다.

> **맛의 현상**
> - **대비(강화)현상** : 서로 다른 2가지 맛의 작용으로 주된 맛이 강해진다.

- **변조현상** : 한 가지 맛을 느낀 후 바로 다른 맛을 보면 원래의 식품 맛이 다르게 느껴진다.
- **상승현상** : 같은 맛 성분을 혼합하여 원래의 맛보다 더 강한 맛이 느껴진다.
- **상쇄현상** : 상반되는 맛이 서로 영향을 주어 각각의 맛이 아닌 조화로운 맛을 낸다.(새콤 달콤)
- **억제현상** : 다른 맛이 혼합되어 주된 맛이 억제 또는 손실된다.
- **미맹현상** : 맛을 보는 감각의 장애로 쓴 맛 성분을 느끼지 못한다.
- **피로현상** : 같은 맛을 계속 섭취하여 미각이 둔해져 그 맛을 알 수 없게 되거나 다르게 느낀다.

## 33
정답 ②

> **클로로필**
> 녹색 색소로 식물의 잎과 줄기에 있는 엽록체에 분포하며 포피린 구조(고리구조) 중심에 마그네슘(Mg)을 가지고 있는 구조

## 34
정답 ②

① **레닌** : 우유에 들어있는 카제인을 응고시키는 소화효소
③ **프티알린** : 전분을 맥아당으로 분해하는 소화 효소
④ **락타아제** : 젖당을 포도당과 갈락토오스로 분해하는 소화효소

> **입에서의 소화작용**
> - **프티알린(아밀라아제)** : 전분 → 맥아당
> - **말타아제** : 맥아당 → 포도당

## 35
정답 ①

> **영양섭취기준**
> - **평균 필요량(EAR)** : 건강한 인구집단의 평균 섭취량으로서 한 집단의 50%에 해당하는 사람들의 일일 영양 필요량을 충족시키는 섭취수준

- **권장 섭취량(RNI)** : 대부분의 사람들의 영양 필요량을 충족시키는 섭취수준으로 평균필요량에 표준편차의 2배를 더하여 정함(평균섭취량 + 표준편차 × 2)
- **충분 섭취량(AI)** : 영양소 필요량에 대한 자료가 부족하여 섭취량을 설정할 수 없을 때 제시되는 섭취수준
- **상한 섭취량(UL)** : 인체에 유해영향이 나타나지 않는 최대영양소의 섭취수준
- **1일 허용 섭취량(ADI)** : 일생 동안 매일 섭취하여도 아무 해가 없는 최대량으로 1일 체중 1kg당 mg 수로 표기

## 36 정답 ②

수의입찰 계약방법은 절차가 간편하고 선정에 필요한 인건비와 경비를 줄일 수 있으며 신속하고 안전한 구매를 할 수 있다.

### 수의입찰 계약방법
- **특징** : 계약내용을 경쟁에 붙이지 않고 이행할 수 있는 자격을 가진 업체들을 대상으로 견적서를 받아 선정한다.
- **장점** : 절차가 간편하고 선정에 필요한 인건비와 경비를 줄일 수 있으며 신속하고 안전한 구매를 할 수 있다.
- **단점** : 불리한 가격으로 계약이 될 수 있고 구매자의 구매력이 제한된다.
- **용도** : 비저장품목(생선, 채소, 육류 등)을 수시로 구매할 때 사용, 소규모 급식시설에 적합하다.

## 37 정답 ④

달걀은 껍질이 까칠하고 광택이 없는 것이어야 한다.

### 신선한 달걀
- 껍질이 까칠까칠하고 윤기가 없는 것
- 흔들었을 때 소리가 나지 않는 것
- 6% 소금물에 담갔을 때 가라앉는 것
- 빛을 비추었을 때 난황이 중심에 위치하고 윤곽이 뚜렷하며 기실의 크기가 작은 것
- 깨뜨렸더니 난백이 넓게 퍼지지 않는 것
- 노른자의 점도가 높은 것

## 38 정답 ③

영업직 급여는 판매관리비에 해당하므로 제조원가에 더하지 않는다.

제조원가
= (직접재료비 + 직접노무비 + 직접경비) + 제조간접비
= (70,000원 + 150,000원 + 50,000원) + 30,000원
= 300,000원

### 원가의 구성
- **직접원가** : 직접재료비 + 직접노무비 + 직접경비
- **제조간접비** : 간접재료비 + 간접노무비 + 간접경비
- **제조원가** : 직접원가 + 제조간접비
- **총원가** : 판매관리비 + 제조원가
- **판매가격** : 총원가 + 이익

## 39 정답 ①

식품 조리로 식품의 영양가를 최대로 보유하도록 할 수는 있으나, 영양소의 함량을 증가시키지는 않는다.

### 조리의 목적
- 식품이 함유하고 있는 영양가를 최대로 보유하게 하는 것
- 향미를 더 좋게 향상시키는 것
- 음식의 색이나 조직감을 더 좋게 하여 맛을 증진시키는 것
- 소화가 잘 되도록 하는 것
- 유해한 미생물을 파괴시키는 것

## 40 정답 ②

| | |
|---|---|
| 유화 | • 기름과 물이 혼합되는 것<br>• 수중유적형(O/W) : 물속에 기름이 분산된 형태(우유, 마요네즈, 아이스크림, 크림수프 등)<br>• 유중수적형(W/O) : 기름에 물이 분산된 형태(버터, 쇼트닝, 마가린 등) |
| 가소성 | • 외부에서 가해지는 힘에 의하여 자유롭게 변하는 성질<br>• 버터, 라드, 쇼트닝 등의 고체지방 |

## 41　　　　　정답 ②

> 펙틴
> • 세포벽과 세포사이 층에 존재
> • 당과 산이 존재하는 조건 하에서 겔(gel)을 형성하여 잼, 젤리를 만드는 데 이용
> • 과실류, 감귤류에 많이 함유

## 42　　　　　정답 ①

당면은 감자, 고구마, 녹두 가루에 첨가물을 혼합, 성형하여 α화한 후 건조, 냉각하여 β화시킨 것으로 반드시 열을 가해 α화하여 먹는다.

## 43　　　　　정답 ④

액토미오신의 합성은 사후경직 시 나타나는 현상이다.

| 사후강직 (사후경직) | 글리코겐으로부터 형성된 젖산이 축적되어 산성으로 변하면서 액틴(근단백질)과 미오신(근섬유)이 결합되면서 액토미오신이 생성되어 근육이 경직되는 현상 |
|---|---|
| 숙성 (자기소화) | 사후강직이 완료되면 단백질의 분해효소 작용으로 서서히 강직이 풀리면서 자기소화가 일어나는 것 |

## 44　　　　　정답 ①

> 난황의 유화성
> • 난황의 인지질인 레시틴이 유화제로 작용
> • 유화성을 이용한 식품 : 마요네즈, 케이크 반죽, 크림수프 등

## 45　　　　　정답 ③

양배추는 무겁고 잎이 얇으며 광택이 있는 것이 좋다.

## 46　　　　　정답 ③

> 마시멜로
> 스펀지 형태의 사탕류로, 설탕에 젤라틴, 포도당 등을 넣어 거품을 일으켜 굳힌 식품

## 47　　　　　정답 ②

가루 상태의 식품은 체로 쳐서 스푼으로 계량컵에 가만히 수북하게 담아 주걱으로 깎아서 측정한다.

> 가루 상태의 식품 계량방법
> 밀가루, 설탕 등은 부피보다는 무게를 계량하는 것이 정확하여 덩어리가 없는 상태에서 누르지 말고 수북하게 담아 평평한 것으로 고르게 밀어 표면이 평면이 되도록 깎아서 계량한다.

## 48　　　　　정답 ③

식혜는 50~60℃의 온도가 유지되어야 효소반응이 잘 일어나 밥알이 뜨기 시작한다.

## 49　　　　　정답 ③

생선 조리 시 식초나 레몬즙 등을 넣으면 생선의 가시는 연해지고, 어육의 단백질이 응고되어 살이 단단해지며, 어취 제거 및 살균 효과가 있다.

## 50　　　　　정답 ③

> 열원의 사용방법에 따른 구이법
> • 직접구이 : 석쇠 등 직화열을 이용하여 굽는 방법(숯불구이 등)
> • 간접구이 : 프라이팬, 철판, 오븐 등을 이용하여 굽는 방법

## 51 정답 ②

한국 음식은 주식과 부식의 구분이 뚜렷하다.

> **한국 음식의 특징**
> - 음식의 맛이 다양함
> - 주식과 부식의 구분이 뚜렷함
> - 곡물을 사용한 음식이 많음
> - 한 번에 한 상을 푸짐하게 차림
> - 음식과 상차림에 대한 식사예절 발달
> - 음식에 들어 있는 음양오행과 약식동원(좋은 음식은 약과 같은 효능을 냄)의 사상
> - 명절식과 시식의 풍습이 존재

## 52 정답 ③

> **한식의 그릇**
> - **주발** : 뚜껑이 있는 남성용 밥그릇으로, 아래는 좁고 위로 갈수록 넓어짐
> - **바리** : 뚜껑에 꼭지가 달린 여성용 밥그릇으로, 주발보다 밑이 좁고 가운데는 오목하고 위쪽은 좁음
> - **종지** : 간장, 초장, 꿀 등을 담는 그릇이며 크기가 가장 작음
> - **쟁첩** : 전, 구이, 장아찌 등을 담는 납작하고 뚜껑이 있는 그릇이며, 그릇 중 가장 많은 비중을 차지
> - **조치보** : 찌개를 담는 그릇으로, 주발과 같은 모양이며 탕기보다 작음
> - **보시기** : 김치류를 담는 그릇이며, 쟁첩보다는 크고 조치보다는 운두가 낮음

## 53 정답 ③

> **죽의 분류**
> - **죽** : 곡물에 물을 많이 넣고 오랜시간 끓여 완전히 호화시킨 것
> - **미음** : 곡식을 고아 체에 걸러 죽보다 많은 양의 물을 넣어 끓인 음식
> - **응이** : 곡식을 갈아 전분을 가라앉혀 가루로 말린 것을 물에 풀어 익힌 음식
> - **암죽** : 곡식의 가루를 밥물에 타서 끓인 음식

> - **옹근죽** : 쌀알 그대로 끓인 죽으로 죽의 분류 중 죽에 해당됨

## 54 정답 ③

적의 재료를 꼬치에 꿸 때에는 처음 재료와 마지막 재료가 같아야 하며 그 재료에 따라 적의 이름이 명명된다.

> **적**
> - **산적** : 익히지 않은 재료를 양념하여 밀가루를 묻히지 않고 그대로 굽는 음식
> - **누름적(누르미)** : 재료를 꼬치에 꿰어 밀가루와 달걀물을 입힌 후 누르며 익히는 음식
> - 적의 재료를 꼬치에 꿸 때에는 처음 재료와 마지막 재료가 같아야 함
> - 꼬치에 꿰어진 처음 재료와 마지막 재료에 따라 적의 이름이 명명됨

## 55 정답 ①

조림 조리를 할 때는 작은 냄비보다는 큰 냄비를 사용하여 바닥에 닿는 면이 넓게 하여야 한다. 큰 냄비를 사용하면 재료가 균일하게 익고 조림장이 골고루 배어들어 맛이 좋아지게 된다.

> **조림 조리**
> - 작은 냄비보다는 큰 냄비를 사용하여 바닥에 닿는 면이 넓게 함으로써 재료가 균일하게 익고 조림장이 골고루 배어들 수 있도록 한다.
> - 흰살 생선은 간장 양념을 주로 사용한다.
> - 붉은살 생선이나 비린내가 나는 생선은 고추장, 고춧가루를 넣어 조린다.
> - 처음에는 센 불로 하고 끓기 직전에 중불로 줄여 거품을 걷어낸 후 약불로 오래 익힌다.

## 56 정답 ②

숙채는 재료의 쓴맛이나 떫은 맛을 없애고 부드러운 식감을 줄 수 있는 조리이다.

**숙채 조리**
- 물에 데치거나 기름에 볶은 나물
- 재료의 쓴맛이나 떫은 맛을 없애고 부드러운 식감을 줄 수 있음
- 대표적인 식재료는 시금치, 고사리가 있음
- 끓이기, 삶기, 데치기, 찌기, 볶기와 같이 다양한 조리법이 있음

**전처리 식품**

세척, 탈피, 절단 등의 과정을 거쳐 가열조리 전의 준비과정을 마친 식품

**전처리 음식재료의 단점**
- 재료비 부담
- 신선도에 대한 신뢰도가 낮음
- 안정적 공급 체계의 부족
- 생산, 가공, 유통과정의 위생적 관리 필요
- 물리적 · 화학적 · 생물학적 위해요소

## 57 정답 ①

찌개는 한식의 종류 중 부식류에 속한다.

**한식의 종류**
- **주식류** : 밥, 죽, 미음, 응이, 국수, 떡국, 만두
- **부식류** : 국, 탕, 찌개, 지짐이, 조치, 전골, 찜, 선, 조림, 초, 나물, 생채, 구이, 적, 누르미, 전유어, 지짐, 회, 숙회, 편육, 족편, 마른반찬, 김치, 장아찌, 젓갈 등
- **후식류** : 떡, 음청류, 한과

## 60 정답 ②

① 팬에 기름을 넣고 연기가 살짝 보일 정도로 뜨거워지면 육류를 넣어 색을 낸다.
③ 채소를 볶을 때 기름을 많이 넣게 되면 채소의 색이 누래진다.
④ 일반 버섯은 물기가 많이 나오므로 센 불에 재빨리 볶거나 소금에 절인 후에 볶는다.

## 58 정답 ②

① **반상** : 밥을 주식으로 차린 상차림으로서 반찬수에 따라 3첩, 5첩, 7첩, 9첩, 12첩으로 나뉜다.
③ **면상** : 국수, 떡국, 만두 등을 주식으로 차린 상차림으로서 낮것상(점심상)에 이용된다.
④ **죽상** : 죽을 주식으로 차린 상차림이며 맵지 않은 반찬을 올린다.

**초조반상**
새벽에 일어나 처음으로 먹는 음식으로서 응이, 미음, 죽 등을 중심으로 맵지 않은 반찬과 함께 먹는 음식

## 59 정답 ③

전처리 음식재료는 당일조리가 가능하므로 당일조리가 어렵다는 것은 전처리 음식재료의 단점으로 옳지 않다.

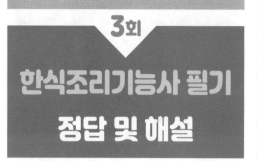

3회
한식조리기능사 필기
정답 및 해설

| 01 | ④ | 02 | ③ | 03 | ① | 04 | ② | 05 | ③ |
| 06 | ① | 07 | ④ | 08 | ① | 09 | ① | 10 | ③ |
| 11 | ① | 12 | ③ | 13 | ③ | 14 | ④ | 15 | ④ |
| 16 | ② | 17 | ③ | 18 | ② | 19 | ③ | 20 | ④ |
| 21 | ② | 22 | ② | 23 | ④ | 24 | ③ | 25 | ② |
| 26 | ④ | 27 | ② | 28 | ③ | 29 | ① | 30 | ② |
| 31 | ③ | 32 | ④ | 33 | ① | 34 | ④ | 35 | ④ |
| 36 | ② | 37 | ③ | 38 | ③ | 39 | ④ | 40 | ④ |
| 41 | ④ | 42 | ④ | 43 | ③ | 44 | ④ | 45 | ② |
| 46 | ③ | 47 | ③ | 48 | ④ | 49 | ① | 50 | ③ |
| 51 | ④ | 52 | ② | 53 | ③ | 54 | ② | 55 | ④ |
| 56 | ④ | 57 | ① | 58 | ③ | 59 | ③ | 60 | ① |

## 01 정답 ④

완전 포장된 식품 또는 식품첨가물을 운반하거나 판매하는 데 종사하는 사람은 건강진단 대상자에서 제외한다고 규정하고 있으므로 무료급식소의 자원봉사자는 건강진단 대상자에 해당하지 않는다.

### 건강진단 대상자
식품위생법 제40조에 '건강진단을 받아야 하는 사람은 식품 또는 식품첨가물(화학적 합성품 또는 기구 등의 살균·소독제는 제외)을 채취·제조·가공·조리·저장·운반 또는 판매하는 데 직접 종사하는 영업자 및 종업원으로 한다. 다만, 완전 포장된 식품 또는 식품첨가물을 운반하거나 판매하는 데 종사하는 사람은 제외한다.'고 규정하고 있다.

## 02 정답 ③

식품 100g당 초기부패로 판정되는 휘발성 염기질소의 값은 30~40mg이다.

### 초기부패 판정
- 일반 세균 수 : 식품 1g당 $10^7$~$10^8$일 때
- 휘발성 염기질소 : 식품 100g당 30~40mg일 때

## 03 정답 ①

무구조충(민촌충)의 중간숙주는 소고기이다.

### 육류를 통해 감염되는 기생충
- **무구조충(민촌충)** : 소
- **유구조충(갈고리촌충)** : 돼지
- **선모충** : 돼지
- **톡소플라스마** : 고양이, 쥐, 조류

## 04 정답 ②

① **난황** : 유화제에 속하며, 서로 혼합이 되지 않는 두 가지 성분의 물질을 균일하게 혼합하기 위해 사용되는 첨가물이다.
③ **멘톨** : 착향료에 속하며, 변색된 식품의 색을 복원하기 위해 사용되는 첨가물이다.
④ **안식향산** : 보존료에 속하며, 간장, 채소, 청량음료의 부패를 방지하고 신선도를 유지시키기 위해 사용되는 첨가물이다.

### 소포제
식품의 제조 및 가공 중에 생기는 거품을 제거하기 위해 사용되는 식품 첨가물이며 종류는 규소수지가 있다.

## 05 정답 ③

### 식품위생의 목적
- 식품영양의 질 향상

- 국민보건의 증진효과
- 식품위생상의 위험으로부터 방지

- 설사 환자의 경우 탈수 방지를 위해 수분을 충분히 섭취한다.
- 의료기관을 방문하여 의사의 진료를 받거나 보건소로 신고한다.

## 06
정답 ①

### 어패류를 통해 감염되는 기생충

| 종류 | 제1중간숙주 | 제2중간숙주 |
|---|---|---|
| 간디스토마<br>(간흡충) | 왜우렁이 | 붕어, 잉어<br>(피낭유충) |
| 폐디스토마<br>(폐흡충) | 다슬기 | 가재, 게 |
| 요꼬가와흡충<br>(횡천흡충) | 다슬기 | 담수어(은어) |
| 광열열두조충<br>(긴촌충) | 물벼룩 | 송어, 연어, 숭어 |
| 고래회충<br>(아니사키스) | 바다새우류 | 고등어, 오징어,<br>대구, 갈치 →<br>(돌)고래, 물개 |
| 유극악구충 | 물벼룩 | 가물치, 메기 |

## 07
정답 ④

### 교차오염이 발생하는 원인
- 손을 깨끗이 씻지 않았을 경우
- 식품 쪽에서 기침을 하였을 경우
- 맨손으로 식품을 취급하였을 경우
- 칼, 도마 등을 혼용하여 사용하였을 경우

## 08
정답 ①

### 식중독 발생 시의 대처요령
- 소화제나 지사제를 함부로 복용하지 않는다.
- 구토가 심할 경우 옆으로 눕혀 기도가 막히지 않도록 한다.

## 09
정답 ①

### 클로스트리디움 보툴리눔 식중독

| 원인균 | 보툴리눔균 |
|---|---|
| 원인독소 | 뉴로톡신(신경독소) |
| 원인식품 | 통조림, 햄, 소시지 |
| 잠복기 | 12~36시간(가장 긺) |
| 증상 | 사시, 동공확대, 언어장애, 운동장애 등의 신경증상을 보이며, 치사율이 가장 높다. |
| 예방법 | 통조림 제조 시 철저한 멸균, 섭취 전 가열 |

## 10
정답 ③

아우라민은 유해착색제에 해당된다. 그 밖에 로다민 B가 유해착색제에 해당된다.
① 롱가릿 : 유해표백제
② 둘신 : 유해감미료
④ 포름알데히드 : 유해보존료

### 유해첨가물
- **착색제** : 아우라민, 로다민 B
- **감미료** : 둘신, 사이클라메이트, 페릴라
- **표백제** : 롱가릿, 형광표백제
- **보존료** : 붕산, 포름알데히드, 불소화합물, 승홍

## 11
정답 ①

### 식품별 기생충의 종류

| 채소류<br>(중간숙주×) | 회충, 요충, 편충, 구충(십이지장충), 동양<br>모양선충 |
|---|---|

| 육류 | 무구조충(민촌충), 유구조충(갈고리촌충), 선모충, 톡소플라스마 |
|---|---|
| 어패류 | 간디스토마(간흡충), 페디스토마(폐흡충), 요꼬가와흡충(횡천흡충), 광열열두조충(긴촌충), 고래회충(아니사키스), 유극악구충 |

② 유극악구충 : 어패류를 통해 감염되는 기생충이다.
③ 요꼬가와흡충 : 어패류를 통해 감염되는 기생충이다.
④ 동양모양선충 : 채소를 통해 감염되는 기생충이다.

## 12 정답 ③

집단급식소
• 영리를 목적으로 하지 아니하면서 특정 다수인에게 계속하여 음식을 공급하는 급식시설로서 1회 50인 이상에게 식사를 제공하는 급식소
• 기숙사, 학교, 병원, 사회복지시설, 산업체, 공공기관, 그 밖의 후생기관 등

## 13 정답 ③

위생교육시간(6시간)
• 집단급식소를 설치·운영 하려는 자
• 식품접객업 영업을 하려는 자

## 14 정답 ④

식품 등의 표시기준상 나트륨 함량이 5mg 미만일 경우 '0'으로 표기될 수 있다.

함량을 '0'으로 표기할 수 있는 기준
• 열량(kcal) : 5kcal 미만
• 콜레스테롤(mg) : 2mg 미만
• 트랜스지방(g) : 0.2g 미만
• 나트륨(mg) : 5mg 미만

## 15 정답 ④

식품첨가물의 사용제한 기준
• 식품에 대한 사용량 제한
• 사용방법에 대한 제한
• 사용가능한 대상 식품 제한

## 16 정답 ②

살균력이 가장 강해 소독에 이용되는 파장의 범위는 2,500~2,800 Å 이다.
① 자외선의 파장 범위이다.
③ 가시광선의 파장 범위이다.
④ 적외선의 파장 범위이다.

자외선의 파장 범위(1,000~4,000 Å)
• 가장 강한 살균력을 가지는 파장 : 2,500~2,800 Å
• 도르노선(건강선) : 2,800~3,200 Å 일 때 사람에게 유익한 작용

## 17 정답 ③

강우, 강설, 우박에 의한 산화작용은 공기의 자정작용에 속한다.

물의 자정작용
• 지표수가 시간이 지나면서 자연적으로 정화되는 현상
• 물리적 작용 : 희석, 침전, 확산, 여과 등
• 화학적 작용 : 살균, 산화, 환원, 중화 등
• 생물학적 작용 : 물 속 생물에 의한 오염물질 분해(식균작용)

## 18 정답 ②

데시벨(dB)은 대표적인 소음의 측정단위로 음의 강도를 나타낸다.

## 19 정답 ③

소아마비(폴리오)는 바이러스성 감염병에 해당된다.
① 파라티푸스 : 세균성 감염병
② 발진티푸스 : 리케차성 감염병
④ 말라리아 : 원충성 감염병

### 병원체에 따른 감염병의 분류

- **세균성 감염병** : 콜레라, 장티푸스, 파라티푸스, 세균성 이질, 디프테리아, 폐렴, 결핵, 파상풍, 페스트 등
- **바이러스성 감염병** : 소아마비(폴리오), 홍역, 인플루엔자, 유행성간염, 일본뇌염 등
- **리케차성 감염병** : 발진티푸스, 발진열, 쯔쯔가무시증(양충병) 등
- **원충성 감염병** : 아메바성이질, 톡소플라즈마, 말라리아 등

## 20 정답 ④

페스트는 벼룩에 의한 감염병이며 개달물은 의복, 침구, 서적, 완구 등과 같은 비활성 매체를 의미한다.

### 개달물에 의한 감염

의복, 침구, 서적, 완구 등에 의한 감염으로 결핵, 트라코마, 천연두 등이 있다.

## 21 정답 ②

### DPT

- D : 디프테리아
- P : 백일해
- T : 파상풍

## 22 정답 ②

국민연금은 공공부조가 아닌 사회보험에 속한다.

### 사회보장

- **사회보험** : 4대보험(국민연금, 건강보험, 고용보험, 산재보험), 연금보험 등
- **공공부조** : 의료급여, 기초생활보장, 기초연금, 긴급복지지원제도, 장애인연금 등

## 23 정답 ④

규폐증은 규산(규소와 산소 및 수소가 혼합된 화합물)이 포함된 먼지를 마셔서 폐에 규산이 쌓여 생기는 만성질환이다.

### 쥐에 의한 감염병

- **세균성 질병** : 페스트, 와일씨병, 서교증, 살모넬라 등
- **리케차성 질병** : 발진열, 쯔쯔가무시병
- **바이러스 질병** : 유행성 출혈열

## 24 정답 ③

팽창질석은 D급 화재에 적합한 소화기이다.

### 화재의 종류

- **A급** : 목재, 종이, 섬유, 석탄 등의 가연성 물질에 발생하며 연소 후 재가 남는 화재로, 적합한 소화기는 물, 산알칼리소화기, 강화액소화기가 있음
- **B급** : 페인트, 알코올, 휘발유, 가스 등의 가연성 액체나 기체에 발생하며 연소 후 재가 남지 않는 화재
- **C급** : 전기기기, 선선, 기계 등에 발생하는 전기화재
- **D급** : 마그네슘 분말, 알루미늄 분말 등에 발생하며 적합한 소화기는 마른 모래, 팽창질석이 있음

## 25 정답 ②

식이섬유는 소화 효소로 분해되지 않아 열량을 내지 않는다.

### 식이섬유

- 채소 · 과일 · 해조류 등에 많이 들어 있는 섬유질 또는 셀룰로스
- 수용성 식이섬유와 불용성 식이섬유로 나뉨

- 소화 효소로 분해되지 않아 열량을 내지 않음
- 영양학적 가치는 없으나 인체에 유익한 가치를 많이 가지고 있음

## 26 정답 ④

야자유, 팜유 등은 식물성이지만 포화지방이 다량 함유되어 있다.

| 포화지방산 | 불포화지방산 |
|---|---|
| 지방산 사슬 내에 이중결합이 없음 | 지방산 사슬 내에 이중결합이 1개 이상 존재 |
| 융점이 높아 대부분 상온에서 고체상태 | 융점이 낮아 대부분 상온에서 액체상태 |
| 탄소수 증가에 따른 융점 증가 | 이중결합의 증가에 따른 융점 감소 |
| 라드, 우지 등의 동물성 기름과 야자유, 팜유 등의 식물성 기름 | 올리브유, 포도씨유 등의 식물성 기름 |

## 27 정답 ②

알칼리성 식품은 주로 나트륨(Na), 칼륨(K), 철(Fe), 마그네슘(Mg), 칼슘(Ca) 등의 원소를 함유한다.

| 산성 식품 | 알칼리성 식품 |
|---|---|
| 연소 후에 남아 있는 무기질이 산을 형성하는 물질이 많은 식품 | 연소 후에 남아 있는 무기질이 알칼리를 형성하는 물질이 많은 식품 |
| 인(P), 염소(Cl), 황(S) 등과 같은 음이온을 형성하는 원소를 함유 | 나트륨(Na), 칼륨(K), 철(Fe), 마그네슘(Mg), 칼슘(Ca) 등 양이온을 형성하는 원소를 함유 |
| 육류, 어류, 달걀, 곡류 등 | 우유, 과일류, 채소류, 해조류 등 |

## 28 정답 ③

헤모시아닌은 전복이나 문어 등에 포함된 푸른 계열의 색소로, 미오글로빈의 변화에 해당하지 않는다.

### 저장 및 가열에 의한 미오글로빈의 변화

- 미오글로빈(적자색) : 헴(Heme)에 철(Fe)을 함유한 구조로 신선한 생육상태
- 옥시미오글로빈(선홍색) : 미오글로빈과 산소가 결합했을 경우
- 메트미오글로빈(갈색/회색) : 옥시미오글로빈을 장기간 저장하거나 계속 가열했을 경우
- 헤마틴(회갈색) : 메트미오글로빈을 계속 가열했을 경우

## 29 정답 ①

탄수화물의 구성 원소는 탄소, 수소, 산소이다. 구성 원소가 탄소, 수소, 산소, 질소인 것은 단백질이다.

### 탄수화물의 특징

- 구성 원소 : 탄소(C), 수소(H), 산소(O)
- 하루 섭취 적정량 : 하루 총 열량의 65%
- 탄수화물의 대사 작용에는 비타민 $B_1$이 반드시 필요
- 소화되는 당질과 소화되지 않는 섬유소로 구분
- 동물의 경우 과잉 섭취 시 간이나 근육에 글리코겐으로 저장됨
- 식물은 광합성 작용을 통해 포도당, 녹말, 섬유소 등을 형성

## 30 정답 ②

버터는 기름 중에 물이 분산되어 있는 것으로 유중수적형(W/O)에 해당한다.

### 유화(에멀전화)

- 수중유적형(O/W) : 물 중에 기름이 분산되어 있는 것으로 우유, 생크림, 마요네즈, 아이스크림 등이 있다.
- 유중수적형(W/O) : 기름 중에 물이 분산되어 있는 것으로 버터, 마가린 등이 있다.

## 31 정답 ③

골격과 치아를 구성하며 결핍될 경우 골다공증이 생길 수 있다는 것은 칼슘에 대한 설명이다. 나트륨은 수분 균형과 산·

염기의 평형을 유지하며, 결핍될 경우 구토, 설사, 저혈압 등을 유발할 수 있다.

## 32
정답 ④

짠맛의 최적 온도는 30~40℃이다.

> **맛의 온도**
> - **혀의 미각이 가장 예민한 온도** : 약 30℃
> - **맛의 최적 온도** : 단맛 20~50℃, 짠맛 30~40℃, 쓴맛 40~50℃, 매운맛 50~60℃
> - 신맛은 온도변화에 거의 영향을 받지 않음

## 33
정답 ①

액체에 콜로이드 입자가 분산되어 있는 형태의 교질용액은 졸(Sol)이며, 화이트소스, 전분용액이 이에 해당한다.

| 졸(Sol) | • 분산매(액체)에 콜로이드 입자가 분산되어 있는 형태의 교질용액(액체상태)<br>• 화이트소스, 전분용액 |
|---|---|
| 젤(Gel) | • 졸 형태의 교질용액 속에 분자들이 굳어진 형태<br>• 가역적 젤 : 젤 형성 후 다시 졸로 돌아갈 수 있는 형태의 젤로 사골국 등이 있음<br>• 비가역적 젤 : 젤 형성 후 다시 졸로 돌아갈 수 없는 형태의 젤로 도토리묵, 청포묵, 푸딩 등이 있음 |

## 34
정답 ④

담즙은 간에서 생성되는 소화액으로 소화효소를 포함하고 있지 않다.

> **담즙**
> - 간에서 생성되어 이자에 저장되었다가 분비되는 소화액
> - 지방의 유화작용
> - 인체 내 해독작용
> - 산의 중화작용

## 35
정답 ④

> **영양섭취기준**
> - **평균 필요량(EAR)** : 건강한 인구집단의 평균 섭취량으로서 한 집단의 50%에 해당하는 사람들의 일일 영양 필요량을 충족시키는 섭취수준
> - **권장 섭취량(RNI)** : 대부분의 사람들의 영양 필요량을 충족시키는 섭취수준으로 평균필요량에 표준편차의 2배를 더하여 정함(평균섭취량 + 표준편차 × 2)
> - **충분 섭취량(AI)** : 영양소 필요량에 대한 자료가 부족하여 섭취량을 설정할 수 없을 때 제시되는 섭취수준
> - **상한 섭취량(UL)** : 인체에 유해영향이 나타나지 않는 최대영양소의 섭취수준
> - **1일 허용 섭취량(ADI)** : 일생 동안 매일 섭취하여도 아무 해가 없는 최대량으로 1일 체중 1kg당 mg 수로 표기

## 36
정답 ②

가식부율이 낮은 것은 그만큼 폐기율이 높다는 것을 의미한다.

> **폐기율이 낮은 순서(가식부율이 높은 순서)**
> - **0%** : 곡류 · 두류 · 해조류 · 유지류 등
> - **20%** : 달걀
> - **30%** : 서류(감자, 고구마 등)
> - **50%** : 채소류 · 과일류
> - **60%** : 육류
> - **85%** : 어패류

## 37
정답 ③

원가의 3요소는 재료비, 노무비, 경비이다.

> **원가의 3요소**
> - **재료비** : 제품 제조를 위해 투입된 재료의 원가로, 주요 식재료비, 소모품, 기구, 비품 등의 비용이다.
> - **노무비** : 제품 제조에 투입된 노동력의 원가로, 임금, 상여수당, 퇴직급여 충당금, 복리후생비 등이 포함된다.
> - **경비** : 운영비로, 제품 제조에 투입된 금액 중 재료비, 노무비를 제외한 금액이며, 난방비, 세금, 보험, 전기료 등이 있다.

정답 및 해설

## 38 정답 ③

전분은 아밀로펙틴의 성분이 많을수록 노화가 느리다.

> **멥쌀과 찹쌀**
> - 멥쌀 : 아밀로펙틴 80%, 아밀로오스 20%
> - 찹쌀 : 아밀로펙틴 100%

## 39 정답 ④

트리메틸아민(TMA)이 많이 생성된 것은 신선하지 않다.

> **어류 신선도 판정**
> - **아가미** : 선홍색이고 단단하며 꽉 닫혀있는 것
> - **눈** : 안구가 외부로 돌출되고 투명한 것
> - **복부** : 탄력성이 있는 것
> - **표면** : 비늘이 밀착되어 있고 광택이 나며 점액이 별로 없는 것
> - **근육** : 탄력성이 있고 살이 뼈에 밀착된 것
> - 휘발성염기질소(VBN), 트리메틸아민(TMA), 히스타민의 함량이 낮을수록 신선

## 40 정답 ④

어류의 사후변화

| 사후강직 | · 사후 1~4시간 동안 최대 강직현상을 보임<br>· 붉은 살 생선이 흰살 생선보다 강직이 빨리 시작됨<br>· 사후강직 전 또는 경직 중이 신선하며, 사후 경직 시에 가장 맛이 좋음 |
|---|---|
| 자기소화 | · 사후경직 후에 어패류에 존재하는 단백질 분해효소에 의해 일어남<br>· 어육이 연해짐<br>· 풍미 저하 |
| 부패 | · 세균에 의한 부패 시작<br>· 담수어는 자체 내 효소의 작용으로 해수어보다 부패속도가 빠름 |

어류의 사후강직은 보통 사후 1~4시간 동안 최고로 단단하게 된다.

## 41 정답 ③

레닌은 단백질 분해 효소로, 우유(카제인)을 응고시킨다.

> **단백질 분해효소에 의한 고기 연화법**
> 파파야(파파인, papain), 무화과(피신, ficin), 파인애플(브로멜린, bromelin), 배(프로테아제, protease), 키위(액티니딘, actinidin)

## 42 정답 ④

> **쌀의 조리**
> - 쌀을 너무 문질러 씻으면 수용성 비타민 B₁의 손실이 크다.
> - pH 7~8의 물을 사용해야 밥 맛이 좋다.
> - 수세한 쌀은 20~50분 물에 담가 놓아야 흡수량이 적당하다.
> - 묵은 쌀로 밥을 할 때는 햅쌀보다 밥 물량을 더 많이 한다.

## 43 정답 ③

녹색채소를 데칠 때 처음 2~3분간은 뚜껑을 열어 휘발성 산을 증발시키고 고온 단시간 가열하여 클로로필과 산이 접촉하는 시간을 줄이면 녹갈색으로 변색되는 것을 방지할 수 있다.

## 44 정답 ②

> **끓이기의 특징**
> - 100℃의 물속에서 재료를 가열하는 방법
> - 조미를 하는 것이 삶기와의 차이점
> - 영양분의 손실이 비교적 많고 식품의 모양이 변형되기 쉬움
> - 곰국, 찌개, 전골 등

## 45 정답 ②

> **달걀의 응고성(농후제)**
> • 응고 온도 : 난백 60~65℃, 난황 65~70℃
> • 설탕을 넣으면 응고 온도가 높아짐(응고 지연)
> • 식염(소금)이나 산(식초)를 첨가하면 응고온도가 낮아짐(응고 촉진)
> • 달걀을 물에 넣어 희석하면 응고 온도가 높아지고 응고물은 연해짐
> • 온도가 높을수록 가열시간이 단축되지만 응고물은 수축하여 단단하고 질겨짐
> • 응고성을 이용한 식품 : 달걀찜, 커스터드, 푸딩, 수란, 오믈렛 등

## 46 정답 ③

펙틴 물질의 불용성 강화와 중조는 관련이 없다.

## 47 정답 ③

> **달걀의 기능을 이용한 음식**
> • 응고성 : 달걀찜, 커스터드, 푸딩, 수란, 오믈렛 등
> • 유화성 : 마요네즈, 케이크 반죽, 크림수프 등
> • 기포성(팽창제) : 스펀지케이크, 시폰케이크, 머랭 등

## 48 정답 ④

> **비타민 A**
> • 시력 유지, 신체의 저항력 강화
> • 생체막 조직의 구조와 기능 조절
> • 동물성 식품과 식물성 식품에 함유
> • 녹황색의 식물성 식품에 비타민 A의 전구체인 카로티노이드가 함유됨
> • 당근, 단호박, 고추 등은 생식하는 것보다 기름에 볶는 것이 영양흡수에 도움이 됨

## 49 정답 ①

편육을 조리할 때에는 끓는 물에 고기를 덩어리째 넣고 삶는다. 이 경우 맛 성분이 적게 용출되어 편육의 맛이 좋아진다.

> **편육**
> • 소고기는 양지, 사태, 우설 등 활용
> • 돼지고기는 삼겹살, 돼지머리 등 활용
> • 끓는 물에 고기를 넣어 삶으면 고기의 맛 성분이 많이 용출되지 않아 맛이 좋음

## 50 정답 ③

찹쌀은 아밀로펙틴만(100%)으로 이루어져 있다.

## 51 정답 ④

많은 향신료와 다양한 양념을 사용하는 것은 한식조리법의 특징이다.

> **한식 조리의 특징**
> • 다양한 조리법, 조리에 많은 정성과 시간을 들임
> • 습열 조리법의 발달(국, 탕, 찜, 끓이기, 삶기 등)
> • 발효 및 저장법의 발달(간장, 된장, 김치, 젓갈 등)
> • 많은 향신료 사용(마늘, 파, 생강)
> • 다양한 양념 사용(간장, 고추장, 된장, 참기름, 들기름 등)
> • 오색, 오미가 조화되도록 고명이나 맛 사용

## 52 정답 ②

음식을 담는 사람의 편리성은 한식에서 음식을 담을 때 고려할 사항이 아니다.

> **음식을 담을 때의 고려사항**
> • 재료와 접시의 크기
> • 음식의 외관
> • 주재료와 곁들임 재료의 위치
> • 식사하는 사람의 편리성

## 53 　　　　　　　　　　정답 ②

① 쌀뜨물은 2~3번째 씻은 물을 사용한다.
③ 다시마는 오래 끓이면 국물이 탁하고 끈적하게 되므로 너무 오래 끓이지 않도록 한다.
④ 소뼈는 핏물을 오래 빼면 누린내가 나고 빼지 않으면 육수가 검어지며 누린내가 나므로 흐르는 물에 씻거나 찬물에 1~2시간 정도 담가 핏물을 뺀 후에 사용한다.

> **국에 사용되는 육수의 사용**
> • **쌀뜨물** : 쌀을 처음 씻은 물은 버리고 2~3번째 씻은 물을 사용
> • **멸치/조개 육수** : 끓으면 10~15분 정도 더 우린 후 사용, 조개는 육수를 끓이기 전에 반드시 해감하여 사용
> • **다시마 육수** : 다시마는 멸치나 표고버섯 등을 함께 사용하는 것이 좋음. 다시마를 오래 끓이면 국물이 탁하고 끈적하게 되어 주의해야 함
> • **소고기 육수** : 오랫동안 끓여야 하는 음식에는 사태나 양지가 적합, 육수가 끓기 전에는 간을 하지 않음
> • **사골 육수** : 콜라겐 함량이 높은 소뼈를 사용. 소뼈는 핏물을 오래 빼면 누린내가 나고 빼지 않으면 육수가 검어지며 누린내가 나므로 흐르는 물에 씻거나 찬물에 1~2시간 정도 담가 핏물을 뺀 후에 사용

## 54 　　　　　　　　　　정답 ②

재료에 달걀물을 입히고 손에 밀가루를 묻혀 반죽하는 것은 전을 반죽할 때 밀가루와 달걀 반죽의 혼합 방법으로 가장 거리가 멀다. 거의 모든 전은 재료에 밀가루, 달걀물 순서로 입힌다.

> **밀가루와 달걀 반죽의 혼합 방법**
> • 재료에 밀가루, 달걀물 순서로 입힘(거의 모든 전이 해당)
> • 다진 재료에 밀가루와 달걀물을 혼합
> • 밀가루나 곡물, 녹두 등을 갈아 만든 반죽 물에 재료를 썰어 넣고 섞음

## 55 　　　　　　　　　　정답 ④

① 재료의 크기와 모양에 따라 맛이 좌우되므로 일정한 크기를 유지하도록 한다.

② 양념을 적게 써야 식재료의 고유한 맛을 살릴 수 있다.
③ 센 불에서 조리하다가 양념이 배면 불을 줄이고 속까지 익도록 국물을 끼얹으며 조린다.

> **초 조리**
> • 재료의 크기와 모양에 따라 맛이 좌우되므로 일정한 크기를 유지한다.
> • 양념을 적게 써야 식재료의 고유한 맛을 살릴 수 있다.
> • 삶거나 데칠 때는 끓는 물에서 재빨리 찬물에 헹군다.
> • 센 불에서 조리하다가 양념이 배면 불을 줄이고 속까지 익도록 국물을 끼얹으며 조린다.
> • 남은 국물을 10% 이내로 하여 간이 세지 않도록 조리한다.

## 56 　　　　　　　　　　정답 ④

볶는 조리법은 지용성 비타민의 흡수를 돕고 수용성 영양소의 손실이 적은 조리법이다.

> **숙채 조리법에 따른 영양소**
> • **끓이기와 삶기** : 수용성 영양소 손실의 우려가 있다.
> • **데치기** : 채소를 찬물에 넣으면 비타민 C의 자가분해를 방지할 수 있다.
> • **찌기** : 끓이거나 삶는 것보다 수용성 영양소의 손실이 적다.
> • **볶기** : 지용성 비타민의 흡수를 돕고 수용성 영양소의 손실이 적다.

## 57 　　　　　　　　　　정답 ①

지짐은 재료들을 밀가루 푼 것에 섞어서 기름에 지진 음식으로 마른반찬에 해당되지 않는다.

> **마른반찬의 종류**
> • **포** : 고기나 생선을 얇게 저며 양념하여 말린 것
> • **부각** : 찹쌀 풀을 소금으로 간하여 잎이나 열매 등에 발라 기름에 튀긴 것
> • **튀각** : 다시마를 기름에 튀긴 것
> • **자반** : 생선 또는 해산물 등에 소금 간을 하여 말린 것
> • **무침** : 말린 생선이나 해조 등에 양념을 하여 국물 없이 무친 것

## 58 정답 ③

편육은 9첩과 12첩에 들어가는 음식이다.

> **반상의 첩수**
> • 밥, 국, 김치, 찌개, 찜, 전골, 장류 등을 제외한 반찬의 수
> • 기본 음식은 첩수에 포함되지 않으며, 반찬류는 첩수에 포함됨
>
> **5첩 반상**
> • **기본 음식** : 밥, 국, 김치, 장류
> • **반찬류** : 구이, 조림, 전, 생채/숙채, 장아찌/젓갈/마른 찬

## 59 정답 ③

한식에서 음식을 담을 때는 너무 획일적이지 않게 일정한 질서와 간격을 두어 담는다.

> **음식을 담을 때의 주의사항**
> • 고객의 편리성에 초점을 둠
> • 재료별 특성을 이해하고 일정한 공간을 둠
> • 간단하면서도 깔끔하게 담고 불필요한 고명은 피함
> • 접시의 내원을 벗어나지 않도록 함
> • 일정한 질서와 간격을 두어 담고 너무 획일적이지 않도록 함
> • 소스로 음식의 색과 모양이 망가지지 않도록 유의하여 담음

## 60 정답 ①

② **찜** : 육류, 어패류, 채소류를 국물과 함께 끓여서 익히거나 생선, 새우, 조개 등을 주재료로 하여 증기에 익히는 것
③ **산적** : 익히지 않은 재료를 꼬치에 꿰어 지지거나 구운 것
④ **편육** : 소고기나 돼지고기를 삶아 물기를 빼고 얇게 저민 음식

> **선**
> 호박, 오이, 가지 등 식물성 재료에 다진 소고기 등과 같은 부재료로 소를 채워 둥글게 말아 끓이거나 찌는 것

# 4회
# 한식조리기능사 필기
# 정답 및 해설

| | | | | | | | | | |
|---|---|---|---|---|---|---|---|---|---|
| 01 | ② | 02 | ③ | 03 | ③ | 04 | ③ | 05 | ① |
| 06 | ② | 07 | ③ | 08 | ① | 09 | ② | 10 | ③ |
| 11 | ① | 12 | ③ | 13 | ④ | 14 | ① | 15 | ② |
| 16 | ④ | 17 | ① | 18 | ① | 19 | ② | 20 | ① |
| 21 | ③ | 22 | ① | 23 | ③ | 24 | ② | 25 | ① |
| 26 | ④ | 27 | ④ | 28 | ② | 29 | ④ | 30 | ② |
| 31 | ④ | 32 | ① | 33 | ③ | 34 | ④ | 35 | ② |
| 36 | ④ | 37 | ④ | 38 | ③ | 39 | ② | 40 | ④ |
| 41 | ④ | 42 | ② | 43 | ④ | 44 | ④ | 45 | ③ |
| 46 | ① | 47 | ① | 48 | ① | 49 | ③ | 50 | ③ |
| 51 | ① | 52 | ④ | 53 | ④ | 54 | ④ | 55 | ② |
| 56 | ③ | 57 | ③ | 58 | ④ | 59 | ① | 60 | ④ |

## 01 　　　　　　　　　　　　　　　　정답 ②

비감염성 결핵은 식품위생법상 식품영업에 종사할 수 있는
질병이다.

### 식품영업에 종사하지 못하는 질병
- 콜레라, 장티푸스, 파라티푸스, 세균성이질, 장출혈대
장균감염증, A형간염
- 결핵(비감염성인 경우 제외)
- 피부병 및 기타 화농성 질환
- 후천성면역결핍증(성병에 관한 건강진단을 받아야 하
는 영업에 종사하는 자에 한함)

## 02 　　　　　　　　　　　　　　　　정답 ③

주로 우유나 통조림 등에 사용하며, 식품을 가열하여 미생물

을 제거하는 방법은 가열살균법이며, 가열살균법의 종류에는
저온살균법, 고온단시간살균법, 초고온순간살균법, 고온장시
간살균법이 있다.

### 가열살균법
- **저온살균법** : 우유를 61~65℃에서 30분간 가열살균
- **고온단시간살균법** : 우유를 70~75℃에서 15~30초간
가열살균
- **초고온순간살균법** : 우유를 130~140℃에서 1~2초간
가열살균
- **고온장시간살균법** : 통조림을 90~120℃에서 약 60분
간 가열살균

## 03 　　　　　　　　　　　　　　　　정답 ③

### 어패류를 통해 감염되는 기생충

| 종류 | 제1중간숙주 | 제2중간숙주 |
|---|---|---|
| 간디스토마<br>(간흡충) | 왜우렁이 | 붕어,<br>잉어(피낭유충) |
| 폐디스토마<br>(폐흡충) | 다슬기 | 가재, 게 |
| 요꼬가와흡충<br>(횡천흡충) | 다슬기 | 담수어(은어) |
| 광열열두조충<br>(긴촌충) | 물벼룩 | 송어, 연어, 숭어 |
| 고래회충<br>(아니사키스) | 바다새우류 | 고등어, 오징어,<br>대구, 갈치<br>→ (돌)고래, 물개 |
| 유극악구충 | 물벼룩 | 가물치, 메기 |

다슬기가 중간숙주인 기생충은 폐디스토마(폐흡충), 요꼬가와
흡충(횡천흡충)이다.

## 04 　　　　　　　　　　　　　　　　정답 ③

피막제는 식품의 변질이나 부패를 방지하는 식품첨가물이 아
니다. 식품의 변질이나 부패를 방지하는 식품첨가물은 보존
료, 살균제, 산화방지제가 있다.

**피막제**
- 식물성 식품의 표면에 피막을 만들어 호흡을 억제시켜 수분의 증발을 방지하는 첨가물
- 종류 : 초산비닐수지, 몰포린지방산염

## 05 정답 ①

② 글리신 : 조미료로 사용한다.
③ 표백분 : 소독제로 사용한다.
④ 레시틴 : 유화제로 사용한다.

**안식향산**
간장, 과일 및 채소류의 보존성을 향상시키기 위해 사용

## 06 정답 ②

| 방부 | 미생물의 생육을 억제 또는 정지시켜 부패를 방지 |
|---|---|
| 소독 | 병원미생물의 병원성을 약화시키거나 죽여서 감염력을 없앰 |
| 살균 | 미생물을 사멸 |
| 멸균 | 비병원균, 병원균 등 모든 미생물과 아포까지 완전히 사멸 |

## 07 정답 ③

**HACCP 제도의 위생관리**
보존식은 -18℃ 이하에서 144시간 이상 보관

## 08 정답 ①

**살모넬라 식중독**

| 감염원 | 쥐, 파리, 바퀴벌레, 닭 등 |
|---|---|

| 원인식품 | 육류 및 그 가공품, 어패류, 알류, 우유 등 |
|---|---|
| 잠복기 | 12~24시간(평균 18시간) |
| 증상 | 급성위장염 및 급격한 발열 |
| 예방 | 방충, 방서, 60℃에서 30분 이상 가열 |

② **병원성 대장균 식중독** : 우유, 채소, 샐러드 등의 식품으로 인해 발생
③ **웰치균 식중독** : 육류 및 가공품 등의 식품으로 인해 발생
④ **메틸알코올 식중독** : 주류 발효과정에서 펙틴이 존재할 경우 과실주에서 생성됨

## 09 정답 ②

베네루핀은 모시조개, 굴, 바지락의 자연독 성분으로 동물성 자연독이다.
① **솔라닌** : 싹난 감자의 자연독 성분
③ **무스카린** : 독버섯의 자연독 성분
④ **시큐톡신** : 독미나리의 자연독 성분

**자연독 식중독**
- 동물성 자연독 : 복어(테트로도톡신), 홍합, 대합(삭시톡신), 모시조개, 굴, 바지락(베네루핀)
- 식물성 자연독 : 독버섯(무스카린, 뉴린, 콜린, 아마니타톡신), 감자(솔라닌, 셉신), 독미나리(시큐톡신), 청매, 살구씨, 복숭아씨(아미그달린), 피마자(리신), 면실유(고시폴), 독보리(테무린), 미치광이풀(테트라민)

## 10 정답 ③

① 체내분포가 빨라 사망률이 높다.
② 체내에 흡수되는 속도가 빠르다.
④ 소량의 원인물질을 흡수하는 것만으로도 만성중독이 일어난다.

## 11 정답 ①

청매 중독은 식물성 자연독에 의한 식중독이다.

| 황변미 중독 (쌀) | • 페니실리움 속 푸른곰팡이에 의해 쌀에 번식<br>• 시트리닌(신장독), 시트레오비리딘(신경독), 아이슬란디톡신(간장독) |
|---|---|
| 맥각 중독 (보리, 호밀) | • 맥각균이 번식하여 독소 생성<br>• 에르고톡신(간장독) |
| 아플라톡신 중독 (곡류, 땅콩) | 아스퍼질러스 플라버스 곰팡이가 번식하여 독소(간장독) 생성 |

## 12               정답 ③

위생시설의 살균 및 소독은 식품위생 감시원의 직무로 적절하지 않다.

> **식품위생 감시원의 직무**
> • 식품 등의 위생적인 취급에 관한 기준의 이행 지도
> • 출입·검사 및 검사에 필요한 식품 등의 수거
> • 행정처분의 이행 여부 확인
> • 식품 등의 압류·폐기 등
> • 영업소의 폐쇄를 위한 간판 제거 등의 조치

## 13               정답 ④

| 조리사를 두어야 하는 곳 | 조리사를 두지 않아도 되는 곳 |
|---|---|
| • 집단급식소<br>• 식품접객업 중 복어를 조리·판매하는 곳 | • 집단급식소 운영자 또는 식품접객영업자 자신이 조리사인 경우<br>• 1회 급식인원 100명 미만의 산업체인 경우<br>• 영양사가 조리사의 면허를 받은 경우 |

## 14               정답 ①

집단급식소 운영자가 조리사로서 직접 음식물을 조리하는 경우는 조리사를 두지 않아도 되지만 영양사는 두어야 한다.

> **영양사를 두지 않아도 되는 곳**
> • 집단급식소 운영자가 영양사로 직접 영양 지도를 하는 경우
> • 1회 급식인원 100명 미만의 산업체인 경우
> • 조리사가 영양사의 면허를 받은 경우

## 15               정답 ②

적외선에 의한 교환작용이 아닌 자외선에 의한 살균작용이 공기의 자정작용에 해당된다.

> **공기의 자정작용**
> • 공기 자체의 희석작용
> • 자외선(일광)에 의한 살균작용
> • 강우, 강설 등에 의한 세정작용
> • 식물의 광합성으로 인한 산소와 이산화탄소 교환작용
> • 산소, 오존, 과산화수소 등에 의한 산화작용

## 16               정답 ④

과도할 경우 결막염, 설안염, 피부암 등을 유발하는 것은 자외선이다. 적외선은 과도할 경우 열사병, 피부온도상승, 피부홍반 등을 유발한다.

> **적외선의 특징**
> • 일광의 분류 중 파장이 가장 길다.
> • 지상에 복사열을 주어 온실효과를 유발한다.
> • 과도할 경우 열사병, 피부온도상승, 피부홍반 등을 유발한다.

## 17               정답 ①

> **상수도 정수과정**
> 침전 → 여과 → 소독

## 18 　　　　　정답 ①

빈영양호는 부영양호의 상대적인 용어로서 물속에 질소나 인과 같은 염류가 적은 호소를 말한다. 수질오염이 발생하면 질소나 인 등이 다량 유입되어 부영양화 현상으로 인해 부영양호가 생긴다.

## 19 　　　　　정답 ②

전도열은 열전도에 의해 전달되는 열에너지로 온열조건인자에 해당하지 않는다.

> **온열조건인자**
> 기온, 기습, 기류, 복사열

## 20 　　　　　정답 ①

> **감염병의 잠복기**
> • 1주일 이내 : 콜레라, 이질, 성홍열, 파라티푸스, 뇌염, 인플루엔자 등
> • 1~2주일 : 장티푸스, 홍역, 급성회백수염, 수두, 풍진 등
> • 잠복기가 긴 것 : 한센병, 결핵

## 21 　　　　　정답 ③

> **인수공통감염병**
> 결핵(소), 탄저병(소, 말, 양), 파상열(소, 돼지, 염소), 광견병(개), 야토병(토끼), 페스트(쥐), 조류인플루엔자(닭, 칠면조, 야생조류)

## 22 　　　　　정답 ①

오존은 2차 오염물질에 해당한다.

> **오염물질**
> • 1차 오염물질 : 직접 대기로 방출되는 오염물질로 매연, 분진, 검댕, 황산화물, 질소산화물 등이 있음
> • 2차 오염물질 : 1차 오염물질이 다른 1차 오염물질이나 다른 물질과 반응하여 생성되는 물질로 오존, 스모그, PAN, 알데히드, 케톤 등이 있음

## 23 　　　　　정답 ③

포름알데히드는 유해보존료(방부제)이며 강력한 살균소독제로서 주로 의료용으로 쓰인다. 열경화성 합성수지제의 기구, 용지, 포장제 등의 용출시험에서 검출될 수 있는 유독물질이다. 보통 기체로 존재하는데, 수용액으로 사용하는 것을 포르말린이라고 부른다.

## 24 　　　　　정답 ②

결합수는 0℃ 이하에서 동결되지 않는다.

| 유리수(자유수) | 결합수 |
|---|---|
| 일반적인 물, 식품 중 유리 상태인 물 | 식품 중 탄수화물, 단백질 분자의 일부를 형성하는 물 |
| 수용성 물질을 용해(용매) | 물질을 녹일 수 없음(용매 ×) |
| 화학 반응에 관여 | 화학 반응에 관여× |
| 0℃ 이하에서 동결 | 0℃ 이하에서 동결× |
| 100℃ 이상에서 쉽게 증발됨 | 100℃ 이상 가열해도 증발되지 않음 |
| 미생물 생육에 이용 | 미생물 생육 불가 |
| 건조 시 쉽게 분리되며 식품 건조 시 쉽게 제거됨 | 쉽게 건조되지 않고 식품 건조에도 제거되지 않음 |
| 4℃에서 가장 큰 비중 | 유리수보다 큰 밀도 |

## 25 　　　　　정답 ①

② 펙틴 : 식물의 줄기, 뿌리, 과일의 껍질과 세포벽 사이에 존재하며, 젤리나 잼을 만드는데 이용
③ 전분 : 식물에 존재하는 저장성 탄수화물로 곡류, 감자류

등에 많이 존재

④ **글리코겐** : 동물에 존재하는 저장성 탄수화물로 간과 근육에 많이 존재

> **한천**
> 우뭇가사리를 주원료로 점액을 얻어 굳힌 가공제품으로 유제품, 청량음료 등의 안정제와 푸딩, 양갱, 잼 등의 젤화제로 사용

## 26 정답 ①

비타민은 에너지를 생성하는 열량 영양소가 아니다.

> **비타민의 특징**
> • 에너지를 생성하는 열량 영양소는 아니지만 체내 대사조절에 관여함
> • 대부분 체내에서 합성되지 않아 음식으로 섭취
> • 체내 대사과정의 중요한 조효소 역할을 하며, 여러 질병(결핍증)을 예방함

## 27 정답 ④

비타민 C가 아닌 비타민 D의 결핍이 칼슘의 흡수를 방해하는 요소가 된다.

> **칼슘(Ca)의 흡수 방해 및 촉진 요인**
> • **방해요인** : 수산(시금치), 피틴산(현미), 탄닌, 알칼리성 환경, 비타민 D 결핍 등
> • **촉진요인** : 산성 환경(오렌지 주스와 섭취), 인과 칼슘을 1 : 1로 섭취, 비타민 D 섭취, 단백질 등

## 28 정답 ②

① **캐러멜화 반응** : 당류 고온 가열 시 캐러멜을 형성하며 갈변하는 반응이며 약식, 소스, 과자 및 기타 식품가공에 사용한다.
③ **티로시나아제 갈변 반응** : 감자 갈변의 원인이 되는 효소이다.
④ **아스코르빈산 산화 반응** : 비타민 C에 의해 발생하는 갈변

으로 감귤주스, 오렌지주스 등의 식품에서 많이 발생한다.

> **비효소적 갈변**
> • **캐러멜화 반응** : 당류를 고온 가열 시 캐러멜을 형성하며 갈변하는 반응으로 약식, 소스, 과자 및 기타 식품가공에 사용
> • **마이야르 반응(아미노-카르보닐 반응)** : 당류와 아미노산이 함께 존재 시 멜라노이딘을 형성하는 갈변 반응으로 간장, 된장, 누룽지, 커피 등에서 나타남
> • **아스코르빈산 산화 반응** : 비타민 C(아스코르빈산)에 의해 발생하는 갈변으로 감귤주스, 오렌지주스 등의 식품에서 많이 발생

## 29 정답 ④

필수지방산을 공급하는 역할을 하는 것은 지질의 기능이다.

> **탄수화물의 기능**
> • 1g당 4kcal의 에너지 발생
> • 혈당 유지
> • 단백질 절약
> • 식이섬유소 공급으로 혈당상승 및 변비 예방
> • 지방의 완전 연소 등 지방대사에 관여

## 30 정답 ②

요오드가는 불포화도를 뜻하므로 요오드가가 높다는 것은 불포화도가 높다는 것을 의미한다.

> **요오드가(불포화도)**
> • 유지 100g 중에 불포화 결합에 첨가되는 요오드의 g 수
> • 요오드가가 높다는 것은 불포화도가 높다는 것을 의미
> • **건성유(130 이상)** : 들기름, 동유, 해바라기유, 정어리유, 호두기름
> • **반건성유(100~130)** : 대두유(콩기름), 옥수수유, 참기름, 채종유, 면실유
> • **불건성유(100 이하)** : 피마자유, 올리브유, 야자유, 동백유, 땅콩유

## 31 정답 ④

① 비타민 $B_2$ – 구순염, 설염
② 비타민 $B_6$ – 피부염
③ 비타민 $B_9$ – 빈혈

### 수용성 비타민의 결핍증
- 비타민 $B_1$ : 각기병, 식욕감퇴
- 비타민 $B_2$ : 구순염, 설염
- 비타민 $B_3$ : 펠라그라
- 비타민 $B_6$ : 피부염
- 비타민 $B_9$ : 빈혈
- 비타민 $B_{12}$ : 악성빈혈
- 비타민 C : 괴혈병, 면역력 감소

## 32 정답 ①

서당(자당)은 포도당과 과당이 결합한 당이며 포도당과 포도당이 결합한 것은 맥아당이다.

### 서당(자당, 설탕)
포도당과 과당의 결합으로, 단맛의 수용성이 가장 높고 환원성이 없어 감미도의 기준이 된다.

## 33 정답 ③

염류는 치즈 및 두부제조의 물리적 작용이며, 건어물이 물리적 작용은 건조이다.

### 단백질 변성의 예와 물리적 작용
- 건어물 : 건조
- 삶은 달걀 : 열
- 치즈 제조 : 레닌, 염류
- 두부 제조 : 가열, 염류
- 동결두부 제조 : 동결
- 요구르트 제조 : 산

## 34 정답 ①

② 말타아제 : 맥아당을 2분자의 포도당으로 가수 분해
③ 락타아제 : 젖당을 포도당과 갈락토오스로 가수 분해
④ 리파아제 : 지방을 지방산과 글리세롤로 가수 분해

### 장의 소화작용
- 수크라아제 : 자당 → 포도당 + 과당
- 말타아제 : 맥아당 → 포도당 + 포도당
- 락타아제 : 젖당 → 포도당 + 갈락토오스
- 리파아제 : 지방 → 지방산 + 글리세롤

## 35 정답 ②

단백질은 1g당 4kcal의 열량을 낸다.

### 열량 영양소
주로 에너지를 내는 영양소로 탄수화물(4kcal/g), 지질(9kcal/g), 단백질(4kcal/g)이 있다.

### 알코올
7kcal/g의 열량을 내며 소화기관 중 위에서부터 흡수된다.

## 36 정답 ④

### 식품이 검수 방법
- 물리적 방법 : 식품의 비중, 경도, 점도, 빙점 등을 측정
- 화학적 방법 : 영양소 분석, 첨가물, 유해 성분 등을 검출
- 생화학적 방법 : 효소 반응, 효소 활성도, 수소이온농도 등을 측정
- 검경적 방법 : 현미경을 이용하여 식품의 불순물, 세포나 조직의 모양, 기생충의 유무 등을 판정

## 37 정답 ④

식재료비는 변동비에 해당한다.

생산량과 비용의 관계에 따른 원가의 분류

- **고정비** : 생산량의 증가와 관계없이 고정적으로 발생하는 비용으로 임대료, 노무비 중 정규직원 급료, 세금, 보험료, 감가상각비, 광고 등이 있다.
- **변동비** : 생산량의 증가에 따라 비례하여 함께 증가하는 비용으로 식재료비, 노무비 중 시간제 아르바이트 임금 등이 있다.

## 38      정답 ③

밀가루의 종류와 용도

| 종류 | 글루텐 함량(%) | 용도 |
|------|------|------|
| 강력분 | 13 이상 | 식빵, 마카로니, 파스타 등 |
| 중력분 | 10 이상 13 미만 | 국수류(면류), 만두피 등 |
| 박력분 | 10 미만 | 튀김옷, 케이크, 파이, 비스킷 등 |

## 39      정답 ②

유청 단백질

- 카제인이 응고된 후에도 남아있는 단백질
- 우유 단백질의 약 20%
- 열에 의해 응고
- 산과 효소(레닌)에 의해서는 응고×
- α−락토알부민, β−락토글로불린 등이 있음
- 우유 가열 시 유청 단백질은 피막을 형성하고 냄비 밑바닥에 침전물이 생기게 하는데 이 피막은 저으며 끓이거나 뚜껑을 닫고 약한 불에서 은근히 끓이면 억제 가능

## 40      정답 ④

노화(β화)를 억제하는 방법

- 수분 함량을 15% 이하로 유지
- 환원제, 유화제 첨가

- 설탕 다량 첨가
- 0℃ 이하로 급속냉동(냉동법)시키거나 80℃ 이상으로 급속히 건조

## 41      정답 ④

아이스크림

크림에 설탕, 유화제, 안정제(젤라틴), 지방 등을 첨가하여 공기를 불어 넣은 후 동결

## 42      정답 ②

합리적인 조미료의 사용 순서

설탕 → 소금 → 식초 → 간장 → 된장 → 고추장

## 43      정답 ④

작업대의 종류

- **ㄴ자형** : 동선이 짧은 좁은 조리장에 사용
- **ㄷ자형** : 면적이 같은 경우 가장 동선이 짧으며 넓은 조리장에 사용
- **일렬형** : 작업동선이 길어 비능률적이지만 조리장이 굽은 경우 사용
- **병렬형** : 180도 회전을 요하므로 피로가 빨리 옴
- **아일랜드형** : 동선이 많이 단축되며, 공간 활용이 자유롭고 환풍기와 후드의 수 최소화 가능

## 44      정답 ④

육류 조리

- 육류를 오래 끓이면 질긴 지방조직인 콜라겐이 젤라틴화되어 고기가 맛있게 된다.

- 목심, 양지, 사태는 습열조리에 적당하다.
- 편육은 고기를 끓는 물에 삶기 시작한다.
- 육류는 찬물에 넣어 끓이면 맛 성분 용출이 용이해져 국물맛이 좋아진다.

## 45 정답 ③

비타민 E는 항산화제이다.

### 유지의 산패에 영향을 미치는 요인
- 온도가 높을수록 유지의 산패 촉진
- 광선 및 자외선은 유지의 산패 촉진
- 금속(구리, 철, 납, 알루미늄 등)은 유지의 산패 촉진
- 유지의 불포화도가 높을수록 산패 촉진

## 46 정답 ①

펜토산으로 구성된 석세포가 들어 있으며, 즙을 갈아 넣으면 고기가 연해지는 식품은 배이다.

### 단백질 분해효소에 의한 고기 연화법
파파야(파파인, papain), 무화과(피신, ficin), 파인애플(브로멜린, bromelin), 배(프로테아제, protease), 키위(액티니딘, actinidin)

## 47 정답 ①

### 육류의 사후강직
- 글리코겐으로부터 형성된 젖산이 축적되어 산성으로 변하면서 액틴(근단백질)과 미오신(근섬유)이 결합되면서 액토미오신이 생성 되어 근육이 경직되는 현상
- 도살 후 글리코겐이 혐기적 상태에서 젖산을 생성하여 pH가 저하

## 48 정답 ①

물에서 먼저 삶은 후 양념간장을 넣어 약한 불로 서서히 조리는 것은 장조림을 만드는 알맞은 방법이다.

## 49 정답 ③

식혜는 온도 50~60℃에서 아밀라아제의 작용이 가장 활발하여 식혜를 만들 때 엿기름을 당화시키는 데 가장 적합하다.

### 식혜
- 엿기름 중의 효소 성분에 의하여 전분이 당화를 일으키게 되어 만들어진 식품
- 엿기름을 당화시키는 데 가장 적합한 온도는 50~60℃(아밀라아제 작용 가장 활발)
- 식혜 물에 뜬 밥알은 건져내어 냉수에 헹군 후 찬 식혜에 띄움
- 엿기름의 농도가 높을수록 당화 속도 촉진

## 50 정답 ③

신김치는 김치에 존재하는 산에 의해 섬유소가 단단해져 오래 끓여도 쉽게 연해지지 않는다.

## 51 정답 ①

전은 5첩~12첩 반상에 포함되며 3첩 반상에 포함되지 않는다.

### 반상의 첩수
- 밥, 국, 김치, 찌개, 찜, 전골, 장류 등을 제외한 반찬의 수
- 기본 음식은 첩수에 포함되지 않으며, 반찬류는 첩수에 포함됨

### 3첩 반상
- 기본 음식 : 밥, 국, 김치, 장류
- 반찬류 : 구이/조림, 생채/숙채, 장아찌/젓갈/마른 찬

## 52                                            정답 ④

전라도 음식의 주요 음식은 전주비빔밥, 홍어회, 장어구이, 추어탕, 두루치기 등이 있다. 감자떡, 오징어순대, 동태구이 등은 강원도의 주요 음식이다.

### 전라도 음식의 특징
- 다른 지방에 비해 식재료가 풍부함
- 음식이 다양하고 가짓수가 많으며 사치스러움
- 간이 센 편이며 고춧가루와 젓갈을 많이 사용함
- 전주비빔밥, 홍어회, 장어구이, 추어탕, 두루치기 등

### 강원도 음식의 특징
- 옥수수, 메밀, 감자 등이 많음
- 황태, 오징어, 미역 등을 이용한 음식이 많음
- 사치스럽지 않고 소박하며 먹음직스러움
- 감자떡, 오징어순대, 도토리묵 무침, 동태구이 등

## 53                                            정답 ④

응이는 죽에 분류에 속하며 곡식을 고아 체에 걸러 죽보다 많은 양의 물을 넣어 끓인 것이다.

### 찌개의 분류
- **찌개** : 국과는 달리 건더기가 더 많은 음식. 국물의 양이 조림보다 조금 많은 찌개를 '지짐이'라고 함
- **조치** : 찌개를 뜻하는 궁중용어
- **전골** : 재료를 즉석에서 끓이는 음식
- **감정** : 고추장으로만 조미한 찌개

## 54                                            정답 ④

① 반죽을 체에 걸러 수분기를 제거하면 반죽의 모양이 망가지거나 불에 제대로 지져지지 않는다.
② 전을 도톰하게 만들 때나 딱딱하지 않고 부드러운 전을 만들고 싶을 때, 흰색을 유지할 때 달걀 흰자와 전분을 사용한다.
③ 속재료를 추가하면 전이 딱딱해지지 않으면서 점성을 높일 수 있다.

### 반죽의 상태에 따른 재료 이용 방법
- 반죽이 너무 묽어 전의 모양을 만들거나 뒤집기 어려울 때 밀가루나 멥쌀가루, 찹쌀가루 등을 추가함
- 전을 도톰하게 만들 때나 딱딱하지 않고 부드러운 전을 만들고 싶을 때, 흰색을 유지할 때 달걀 흰자와 전분을 사용한다.
- 속재료를 추가하면 전이 딱딱해지지 않으면서 점성을 높일 수 있다.

## 55                                            정답 ②

구이 조리 시 양념 후 재우는 시간은 30분이 적당하며, 그 이상으로 재우면 육즙이 빠져 질겨진다.

### 구이 조리
- 가장 오래된 조리법으로 재료에 소금을 치거나 양념을 하여 굽거나 구워서 익힌 음식이다.
- 양념 후 재우는 시간은 30분이 적당하며, 그 이상으로 재우면 육즙이 빠져 질겨진다.
- 팬이 충분히 달궈진 후 식재료를 놓아야 육즙이 빠져 나가지 않아 맛이 좋다.
- 식재료와 양념에 따라 구이 방법이 다르다.

## 56                                            정답 ③

볶음 조리를 할 때 팬의 바닥이 얇은 것보다는 두꺼운 것을 사용하여야 열이 고르게 전달된다.

### 볶음 조리 시의 주의사항
- 소량의 기름을 두르고 높은 온도에서 단시간에 볶는다.(낮은 온도에 볶을 경우 재료에 기름이 많이 흡수됨)
- 양념이 고루 배도록 바닥 면적이 넓은 팬을 사용한다.
- 열이 고르게 전달되도록 팬의 바닥이 두꺼운 것을 사용한다.
- 완성된 볶음 요리는 재빨리 팬에서 내린 후 식혀야 갈변을 방지할 수 있다.

## 57 정답 ③

① 조림 : 고기나 생선, 채소 따위를 양념하여 국물이 거의 없
게 바짝 끓여서 만든 음식
② 장아찌 : 무, 고추, 오이 등의 재료를 소금이나 간장, 된장,
고추장 등에 절인 음식
④ 무침 : 말린 생선이나 해조 등에 양념을 하여 국물 없이 무
친 것

### 김치
• 남쪽지방으로 갈수록 젓갈과 소금, 고춧가루를 많이
사용하여 간이 세고 맛이 진하다.
• 북쪽지방에서는 간이 세지 않고 젓갈을 많이 쓰지 않
아 국물이 시원하다.

## 58 정답 ④

① 경기도 : 소박하면서 다양하며 음식의 간은 세지도 약하지
도 않다.
② 강원도 : 옥수수, 감자, 메밀 등을 이용한 음식이 많으며
소박하고 먹음직하다.
③ 경상도 : 음식이 맵고 간이 센 편으로 투박하지만 칼칼하
고 감칠맛이 있다.

### 제주도 음식의 특징
• 쌀의 생산이 적으며 콩, 보리, 고구마 등의 생산이 많다.
• 음식에 주로 해초를 많이 사용하며 된장을 이용하여
간을 하는 경우가 많다.
• 전복죽, 생선국수, 오메기떡, 고사리전 등

## 59 정답 ①

소금첨가는 0.02~0.03% 정도 하여야 밥맛이 좋다.

### 밥맛을 좋게 하는 요인
• 밥의 수분 함량 : 60~65%
• 물의 pH : pH 7~8
• 소금첨가 : 0.02~0.03%
• 조리기구 : 열전도가 작고 열용량이 큰 무쇠나 곱돌

## 60 정답 ④

한식에서 젓갈을 담는 양은 식기의 50%이다.

### 음식을 담는 양
• 식기의 50% : 젓갈, 장아찌
• 식기의 70% : 탕, 찌개, 전골, 볶음
• 식기의 70~80% : 국, 찜, 생채, 나물, 조림, 구이, 회,
편육, 튀각, 김치 등

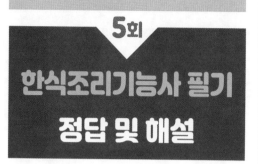

5회
한식조리기능사 필기
정답 및 해설

| 01 | ① | 02 | ② | 03 | ② | 04 | ② | 05 | ④ |
|----|---|----|---|----|---|----|---|----|---|
| 06 | ④ | 07 | ③ | 08 | ③ | 09 | ④ | 10 | ① |
| 11 | ③ | 12 | ① | 13 | ③ | 14 | ① | 15 | ① |
| 16 | ② | 17 | ① | 18 | ④ | 19 | ④ | 20 | ③ |
| 21 | ① | 22 | ① | 23 | ① | 24 | ① | 25 | ④ |
| 26 | ③ | 27 | ② | 28 | ② | 29 | ③ | 30 | ② |
| 31 | ② | 32 | ③ | 33 | ③ | 34 | ③ | 35 | ② |
| 36 | ① | 37 | ② | 38 | ④ | 39 | ④ | 40 | ① |
| 41 | ② | 42 | ③ | 43 | ④ | 44 | ③ | 45 | ④ |
| 46 | ② | 47 | ③ | 48 | ③ | 49 | ④ | 50 | ③ |
| 51 | ③ | 52 | ② | 53 | ① | 54 | ③ | 55 | ① |
| 56 | ① | 57 | ④ | 58 | ② | 59 | ③ | 60 | ④ |

## 01 　　　　　　　　　　　　　　정답 ①

### 미생물의 크기
곰팡이 〉 효모 〉 스피로헤타 〉 세균 〉 리케차 〉 바이러스

## 02 　　　　　　　　　　　　　　정답 ②

① **움저장법** : 냉각법에 속하며 10℃에서 저장하는 방법
③ **가열살균법** : 주로 우유나 통조림 등에 사용하며, 식품을 가열하여 미생물을 제거하는 방법
④ **조사살균법** : 자외선 및 방사선을 이용하여 미생물을 제거하는 방법

### CA저장법
산소 및 이산화탄소 등의 기체의 농도를 조절하여 미생물의 증식을 억제시켜 과일, 채소의 숙성을 방지하는 방법

## 03 　　　　　　　　　　　　　　정답 ②

생석회는 소독제 중 가장 경제적이며 변소, 하수도 등 오물소독의 사용에 가장 적합하다.
① **석탄산(3%)** : 오물소독에 사용하며 소독제의 살균력을 나타내는 기준이다.
③ **역성비누(양성비누)** : 손 소독, 야채·과일·식기 세척에 사용한다.
④ **과산화수소(3%)** : 피부에 자극이 적어 상처, 피부소독에 사용한다.

### 화학적인 소독방법의 종류
염소, 표백분, 역성비누(양성비누), 석탄산(3%), 크레졸(3%), 생석회, 포르말린, 과산화수소(3%), 승홍수(0.1%), 에틸알코올(70%)

## 04 　　　　　　　　　　　　　　정답 ②

### 감미료
• **유해감미료** : 둘신, 페릴라틴, 시클라메이트, 에틸렌글리콜
• **무해감미료** : 아스파탐, 자일리톨, 만니톨 등

## 05 　　　　　　　　　　　　　　정답 ④

### 가열살균법
• **저온살균법** : 우유를 61~65℃에서 30분간 가열살균
• **고온단시간살균법** : 우유를 70~75℃에서 15~30초간 가열살균
• **초고온순간살균법** : 우유를 130~140℃에서 1~2초간 가열살균
• **고온장시간살균법** : 통조림을 90~120℃에서 약 60분간 가열살균

## 06 정답 ④

주방에 가습기를 설치하면 습도가 높아지게 되어 미생물이 번식할 확률이 높으므로 주방의 방충, 방서 및 소독을 꾸준히 하여 해충 위해요소를 제거하여야 한다.

## 07 정답 ③

육류의 경우 해동 중에 핏물이 떨어질 수 있으며 그 밖의 식재료의 경우에도 해동이 되면서 물기가 생겨 다른 식품에 오염이 될 수 있기 때문에 해동 중의 식재료는 냉장고의 맨 아래칸에 보관하여야 한다.

| 냉장고 | 냉동고 |
|---|---|
| 소스류/완제품(소독 후 야채) (맨 윗칸) | 완제품(맨 윗칸) |
| 소독 전 야채류 | 가공품 |
| 육류, 어패류 | 어패류 |
| 해동 중 식재료(맨 아래칸) | 육류(맨 아래칸) |

## 08 정답 ③

**장염비브리오 식중독**

| 감염원 | 어패류 |
|---|---|
| 원인식품 | 어패류 생식 |
| 잠복기 | 10~18시간(평균 12시간) |
| 증상 | 급성위장염 |
| 예방 | 가열 섭취, 여름철 생식 금지 |

닭, 쥐, 파리, 바퀴벌레 등은 살모넬라 식중독의 감염원에 해당한다.

## 09 정답 ④

소금에 절이거나, 건조, 가열에도 무독화 되지 않으므로 독성이 있는 부분을 제거하고 섭취하여야 한다.

## 10 정답 ①

말토리진은 신경독을 유발하는 곰팡이 독소 성분이다.

| 간장독 | 아플라톡신, 루브라톡신, 에르고톡신, 오크라톡신, 아이슬란디톡신, 사이클로클로로틴 등 |
|---|---|
| 신장독 | 시트리닌 등 |
| 신경독 | 말토리진, 파툴린, 시트레오비리딘 등 |

## 11 정답 ③

**세균 발육 조건**
- 최적 pH 6.5~7.5, 중성이나 약알칼리성에서 생육 활발
- **영양소** : 탄소원(당질), 질소원(아미노산, 무기질소), 무기염류, 비타민 등이 필요
- **수분** : 보통 40% 이상 필요하며 15% 이하로 하면 발육을 억제할 수 있음
- **온도** : 0℃ 이하와 80℃ 이상에서는 발육하지 못함

## 12 정답 ①

**영업을 허가하는 자**
- **식품조사처리업** : 식품의약품안전처장
- **단란주점영업, 유흥주점영업** : 특별자치시장·특별자치도지사 또는 시·군·구청장

## 13 정답 ③

조리사 면허의 취소처분을 받고 취소된 날부터 1년이 지나지 않는 자는 조리사의 결격사유에 해당된다.

**조리사의 결격사유**
- 정신질환자(전문의가 조리사로서 적합하다고 인정하는 자는 제외)
- 감염병환자(B형간염 환자는 제외)
- 마약이나 그 밖의 약물 중독자

• 조리사 면허의 취소처분을 받고 취소된 날부터 1년이 지나지 않는 자

## 14 　정답 ①

②, ③, ④ 식품위생 감시원의 직무이다.

**소비자식품위생 감시원의 직무**
• 식품위생 감시원이 하는 수거 및 검사의 지원
• 식품위생 감시원의 직무 중 행정처분의 이행 여부 확인을 지원하는 업무

## 15 　정답 ①

공중보건의 대상은 개인이 아니라 지역사회(시·군·구)가 최소단위이다.
④ 윈슬로우가 공중보건을 정의한 내용이다.

## 16 　정답 ③

**본처리**
• **호기성처리** : 활성오니법, 살수여과법, 산화지법, 여과법, 관개법
• **혐기성처리** : 부패조법, 임호프조법

## 17 　정답 ①

용존산소량(DO)은 물에 녹아있는 산소량으로 용존산소량이 낮은 것은 오염도가 높다는 것을 의미하며, 수치가 4~5ppm 이상이여야 하수 오염에 해당하지 않는다.

**하수 오염도가 높을 때**
• 수중에 유기물량이 많다.
• 용존산소량(DO)이 낮다.
• 생화학적 산소요구량(BOD)이 높다.
• 화학적 산소요구량(COD)이 높다.

## 18 　정답 ④

수인성 감염병은 음용수 지역과 감염병 환자 지역이 일치하기 때문에 오염원의 제거로 일시에 종식이 가능하다.

**수인성 감염병의 특징**
• 대량 감염의 위험이 있다.
• 음용수 지역과 감염병 환자 지역이 일치하므로 오염원의 제거로 일시에 종식이 가능하다.
• 치명률이 낮고 잠복기가 짧다.
• 2차 감염이 거의 없다.
• 계절, 성별, 나이, 생활수준에 관계 없이 발생한다.

## 19 　정답 ④

**염소소독**
• **장점** : 소독력이 강하며 잔류효과가 크고 조작이 간편하며 가격이 쌈
• **단점** : 냄새가 나며 염소의 독성이 있음

## 20 　정답 ③

일본뇌염은 약 3~4년 주기로 유행하는 순환변화에 해당한다.

**감염병 유행의 시간적 현상**
• **순환변화(단기변화)** : 2~5년 단위로 유행하며 백일해, 홍역, 일본뇌염 등이 해당한다.
• **추세변화(장기변화)** : 10~40년 단위로 유행하며 디프테리아, 성홍열, 장티푸스 등이 해당한다.
• **계절적 변화** : 하계는 소화기계 감염병, 동계는 호흡기계 감염병이 많이 발생한다.
• **불규칙 변화** : 외래 감염병과 같이 질병 발생 양상이 돌발적으로 발생하는 경우를 말한다.

## 21 　정답 ①

쓰레기를 땅속에 묻고 흙으로 덮는 방법은 매립법에 해당한다.

진개(쓰레기) 처리 종류
- **매립법** : 쓰레기를 땅속에 묻고 흙으로 덮는 방법으로 도시에서 많이 사용
- **소각법** : 세균 사멸, 가장 위생적, 대기오염 발생우려 (다이옥신 발생)
- **비료화법(퇴비화법)** : 유기물이 많은 쓰레기를 발효시켜 비료로 이용

## 22 정답 ①

자외선의 특징(1,000~4000 Å)
- 일광의 분류 중 파장이 가장 짧다.
- 비타민 D를 형성하여 구루병 예방과 관절염 치료 효과가 있다.
- 적혈구의 생성을 촉진하며 혈압강하의 효과가 있다.
- 살균작용을 하여 소독에 이용한다.
- 피부색소침착을 유발하며 심할 경우 결막염, 설안염, 피부암 등을 유발한다.

## 23 정답 ①

다른 사람에게 사전에 사고가 발생하지 않도록 위험요소를 제거하는 것은 응급처치의 목적으로 적절하지 않다.

응급처치의 목적
- 다른 사람이나 급성질환자에게 사고현장에서 즉시 취하는 조치
- 부상이나 질병을 의학적 처치 없이도 회복될 수 있도록 도울 수 있도록 함
- 위독한 환자에게 전문적인 의료가 실시되기 전 긴급히 실시할 수 있도록 함
- 생명 유지, 상태악화 방지 및 지연

## 24 정답 ①

일반식품 대부분의 수분활성도는 항상 1보다 낮다.

수분활성도(Aw)
- 물의 수분활성도(Aw) = 1
- 일반식품 대부분의 수분활성도는 항상 1보다 낮다.
- 수분활성도 0.6 이하에서는 미생물의 생육 및 번식이 어렵다.
- 세균(0.91 이상) 〉 효모(0.88 이상) 〉 곰팡이(0.65 이상)

## 25 정답 ④

① **유당** : 포도당과 갈락토오스의 결합으로, 칼슘과 단백질의 흡수를 도와 장 기능을 원활하게 해줌
② **맥아당** : 포도당과 포도당의 결합으로, 발아 곡식, 발아 보리, 식혜 등이 있음
③ **당알코올** : 단당류 또는 이당류와 알코올의 결합으로 충치 예방에 좋음

전화당
서당이 효소에 의해 포도당과 과당이 각각 1분자씩 동량으로 가수분해된 당으로, 서당보다 감미도가 높음

당류의 감미도
과당 〉 전화당 〉 서당(자당) 〉 포도당 〉 맥아당 〉 갈락토오스 〉 유당(젖당)

## 26 정답 ③

① **비타민 B$_{12}$** : 세포 분열과 성장에 관여하며 RNA, DNA 대사의 보조효소이다.
② **비타민 H** : 황을 함유하고 있으며 탄수화물, 지질, 아미노산 대사에 관여한다.
④ **비타민 K** : 혈액을 응고시키며 단백질을 형성하고 장내 세균에 의해 합성된다.

비타민 C
- 항산화 작용
- 콜라겐 합성
- 철, 칼슘의 흡수
- 피로회복
- 조리과정 중 열에 의해 손실되기 쉬움

## 27 정답 ②

> **식물성 색소**
> 클로로필, 카로티노이드, 플라보노이드(안토시아닌, 안토잔틴)
>
> **동물성 색소**
> 미오글로빈, 헤모글로빈, 아스타잔틴, 멜라닌, 헤모시아닌

## 28 정답 ②

① 요구르트의 신맛 성분은 젖산이다.
③ 포도의 신맛 성분은 주석산이다.
④ 복숭아의 신맛 성분은 사과산, 말산이다.

> **신맛 성분**
> • 포도 : 주석산
> • 사과, 복숭아 : 사과산, 말산
> • 감귤류 : 구연산, 아스코르브산, 시트르산
> • 요구르트, 김치 : 젖산
> • 조개류, 김치류 : 호박산

## 29 정답 ③

동물체에 글리코겐 형태로 저장하는 것은 포도당이다.

> **과당(fructose)**
> • 꿀, 과일 등에 함유
> • 당류 중 가장 단맛이 강함
> • 체내에서 포도당으로 쉽게 전환
> • 자당의 구성 성분
>
> **당류의 감미도**
> 과당 〉 전화당 〉 서당(자당) 〉 포도당 〉 맥아당 〉 갈락토오스 〉 유당(젖당)

## 30 정답 ②

혈당을 유지하는 역할을 하는 것은 탄수화물의 기능이다.

> **단백질의 기능**
> • 1g당 4kcal의 에너지 발생
> • 성장 및 체조직의 구성 성분
> • 효소, 호르몬, 항체 등을 구성
> • 삼투압력 유지를 통한 체내의 수분함량을 조절
> • 체내의 pH 조절

## 31 정답 ②

① 헤모글로빈 : 동물의 혈액을 붉게 보이게 하는 색소 단백질
③ 미오글로빈 : 적색의 동물성 색소 단백질
④ 멜라닌 : 어류의 표피나 오징어의 먹물에 존재하는 색소

> **헤모시아닌**
> 전복이나 문어 등에 포함된 푸른 계열의 색소로, 익으면 적자색으로 변하는 동물성 색소

## 32 정답 ②

> **칼슘(Ca)의 흡수 방해 및 촉진 요인**
> • 방해요인 : 수산(시금치), 피틴산(현미), 탄닌, 알칼리성 환경, 비타민 D 결핍 등
> • 촉진요인 : 산성 환경(오렌지 주스와 섭취), 인과 칼슘을 1 : 1로 섭취, 비타민 D 섭취, 단백질 등

## 33 정답 ③

> **효소적 갈변**
> • 티로시나아제 : 감자 갈변의 원인이 되는 효소
> • 폴리페놀 옥시다아제 : 홍차의 갈변 현상 또는 과일이나 채소의 갈변 현상의 원인이 되는 효소

**비효소적 갈변**

- 캐러멜화 반응 : 당류를 고온 가열 시 캐러멜을 형성하며 갈변하는 반응으로 약식, 소스, 과자 및 기타 식품가공에 사용
- 마이야르 반응(아미노-카르보닐 반응) : 당류와 아미노산이 함께 존재 시 멜라노이딘을 형성하는 갈변 반응으로 간장, 된장, 누룽지, 커피 등에서 나타남
- 아스코르빈산 산화 반응 : 비타민 C(아스코르빈산)에 의해 발생하는 갈변으로 감귤주스, 오렌지주스 등의 식품에서 많이 발생

## 34 정답 ③

**장의 소화작용**

- 수크라아제 : 자당 → 포도당 + 과당
- 말타아제 : 맥아당 → 포도당 + 포도당
- 락타아제 : 젖당 → 포도당 + 갈락토오스
- 리파아제 : 지방 → 지방산 + 글리세롤

## 35 정답 ②

**시장조사의 원칙**

- 비용 경제성의 원칙 : 시장조사에 사용된 비용과 조사로 얻는 이익이 조화가 이루어지도록 해야 한다.
- 조사 적시성의 원칙 : 시장조사는 구매업무가 이루어지는 기간 내에 끝내야 한다.
- 조사 탄력성의 원칙 : 시장의 가격변동 등에 탄력적으로 대처할 수 있는 조사가 이루어져야 한다.
- 조사 계획성의 원칙 : 정확한 시장조사를 위해 계획을 철저히 세워 준비한다.
- 조사 정확성의 원칙 : 조사하는 내용은 정확해야 한다.

## 36 정답 ①

② 쌀 : 잘 건조된 것으로 알맹이가 투명하고 고르며 타원형인 것
③ 어류 : 물에 가라앉는 것으로 광택이 나고 아가미가 선홍색인 것
④ 육류 : 결이 곱고 선명한 색을 가진 것

**식품 감별법**

- 쌀 : 잘 건조된 것, 알맹이가 투명하고 고르며 타원형인 것, 광택이 있는 것
- 어류 : 물에 가라앉는 것, 광택이 나는 것, 비늘이 고르게 밀착된 것, 살에 탄력성이 있는 것, 눈이 투명하고 돌출된 것, 아가미가 선홍색인 것
- 육류 : 선명한 색을 가진 것, 결이 고운 것, 소고기는 적색, 돼지고기는 연분홍색
- 달걀 : 껍질이 까칠한 것, 광택이 없는 것, 흔들었을 때 소리가 안 나는 것, 6% 소금물에 담갔을 때 가라앉는 것, 빛을 비췄을 때 난황이 중심에 위치하고 윤곽이 뚜렷하며 기실의 크기가 작은 것
- 소맥분(밀가루) : 백색이며 잘 건조된 것, 가루가 미세하고 뭉쳐지지 않으며 감촉이 부드러운 것
- 우유 : 물속에 한 방울 떨어뜨렸을 때 구름같이 퍼져 가며 내려가는 것

## 37 정답 ②

발생기준의 원칙은 모든 비용과 수익은 그 발생시점을 기준으로 계산하는 것이다.

**원가계산의 원칙**

- 진실성의 원칙 : 제품의 제조에 발생한 원가를 사실 그대로 계산
- 발생기준의 원칙 : 모든 비용과 수익은 그 발생시점을 기준으로 계산
- 계산경제성의 원칙 : 원가의 계산 시 경제성을 고려하여 계산
- 확실성의 원칙 : 여러 방법 중 가장 확실한 방법을 선택
- 정상성의 원칙 : 정상적으로 발생한 원가만을 계산
- 상호관리의 원칙 : 원가계산과 일반회계, 각 요소별·제품별 계산과 상호관리가 되어야 함
- 비교성의 원칙 : 다른 기간이나 다른 부분의 원가와 비교가 가능해야 함

## 38 정답 ④

토코페롤은 비타민 E 항산화제이다.

> **유지의 산패**
> 유지나 유지를 포함한 식품을 오랫동안 저장하여 산소, 광선, 온도, 효소, 미생물, 금속, 수분 등에 노출되었을 때 색깔, 맛, 냄새 등이 변하게 되는 현상

## 39 　　　　　　　정답 ④

> **전분의 당화**
> • 전분에 산이나 효소를 작용시키면 가수분해되어 단맛이 증가하는 과정
> • 식혜, 조청, 물엿, 고추장 등

## 40 　　　　　　　정답 ①

> **어류 감별법**
> 물에 가라앉은 것, 광택이 나는 것, 비늘이 고르게 밀착된 것, 살에 탄력성이 있는 것, 눈이 투명하고 돌출된 것, 아가미가 선홍색인 것

히스타민의 함량이 높으면 신선도가 저하된 생선으로 알레르기성 식중독을 일으킬 수 있다.

## 41 　　　　　　　정답 ②

흑설탕을 계량할 때는 계량컵에 꾹꾹 눌러 담아 컵의 위를 수평으로 깎아 측정한다.

> **농도가 큰 식품 계량방법**
> 고추장, 된장, 황설탕, 흑설탕 등은 서로 달라붙는 성질이 있어 컵에서 꺼냈을 때 모양이 유지되도록 계량컵이나 계량스푼에 꾹꾹 눌러 담아 평평한 것으로 고르게 밀어 표면이 평면이 되도록 깎아서 계량한다.

## 42 　　　　　　　정답 ③

> **신선한 우유**
> • 이물질이 없는 것
> • 냄새가 없는 것
> • 색이 이상하지 않은 것
> • 물속에 한 방울 떨어뜨렸을 때 구름같이 퍼져가며 내려가는 것
> • pH 6.6

## 43 　　　　　　　정답 ④

> **버터**
> • 우유의 유지방을 응고시켜 만든 유중수적형의 유가공식품
> • 80% 이상의 지방을 함유

## 44 　　　　　　　정답 ③

육류, 어류는 냉장고나 냉장온도(5~10℃)에서 자연 해동시켜야 위생적이며 영양 손실이 가장 적다.

| 종류 | 해동법 |
| --- | --- |
| 육류·어류 | • 고온에서 급속 해동하면 단백질 변성으로 드립 발생<br>• 냉장고나 냉장온도(5~10℃)에서 자연해동 |
| 채소류 | • 삶을 때는 해동과 조리를 동시에 진행<br>• 찌거나 볶을 때는 냉동된 상태 그대로 조리 |
| 과일류 | • 먹기 직전에 냉장고나 흐르는 물에서 해동<br>• 주스를 만들 때는 냉동된 상태 그대로 믹서 |
| 반조리식품 | 오븐이나 전자레인지를 사용하여 직접가열 |
| 과자류 | 상온에서 자연해동 또는 오븐에 데움 |
| 기타 | 필요한 만큼만 해동하여 사용 |

## 45　정답 ④

> **단백질 성분**
> • 글리시닌 : 콩 단백질인 글로불린이 가장 많이 함유하고 있는 성분
> • 글루텐 : 밀가루의 단백질로 탄성이 높은 글루테닌과 점성이 높은 글리아딘이 물과 결합하여 점탄성 성질을 가짐

## 46　정답 ②

우유의 카제인은 산(식초, 레몬즙), 효소(레닌), 페놀화합물(탄닌), 염류 등에 의해 응고된다.
① 레티놀 : 비타민 A의 한 종류
③ 레시틴 : 달걀, 대두 등 특정 식품에 존재하는 인지질
④ 레오비리딘 : 신경독의 한 종류

## 47　정답 ③

글루텐 함량이 높은 밀가루는 강력분으로 식빵, 마카로니, 파스타가 이에 해당되며, 글루텐 함량이 낮은 밀가루인 박력분을 사용하면 바삭한 상태를 유지할 수 있다.

## 48　정답 ③

조리장을 신축할 때에는 위생성, 능률성, 경제성의 3요소를 차례대로 고려하여야 한다.

> **조리장의 3원칙 및 우선적 고려사항**
> 위생 〉 능률 〉 경제

## 49　정답 ④

> **급식소의 배수시설**
> • S트랩은 곡선형에 속한다.
> • 배수를 위한 물매는 1/100 이상으로 한다.

> • 찌꺼기가 많은 경우는 수조형 트랩이 적합하다.
> • 트랩을 설치하면 하수도로부터의 악취를 방지할 수 있다.

## 50　정답 ③

유지를 가열하면 요오드값이 낮아진다.

## 51　정답 ③

동지에 먹는 대표적인 음식으로는 팥죽, 식혜, 수정과, 동치미 등이 있다.
① 송편 : 추석에 먹는 대표적인 음식이다.
② 떡국 : 설날에 먹는 대표적인 음식이다.
④ 밀전병 : 칠석에 먹는 대표적인 음식이다.

> **절식(명절 음식)**
> • 정월대보름 : 오곡밥, 묵은 나물, 귀밝이술, 부럼
> • 단오 : 수리떡, 증편, 앵두화채 등
> • 칠석 : 밀전병, 육개장 등
> • 한가위 : 토란탕, 송편, 갈비찜 등
> • 동지 : 팥죽, 식혜, 수정과, 동치미 등
> • 그믐 : 비빔밥, 완자탕 등

## 52　정답 ③

쌀의 생산이 적고 음식에 주로 해초와 된장을 이용하는 경우가 많은 것은 제주도 음식의 특징이다.

> **충청도 음식의 특징**
> • 산채, 버섯, 해산물의 생산이 많다.
> • 담백한 맛이 특징이며 소박하고 꾸밈이 없다.
> • 콩나물밥, 호박지찌개, 어리굴젓, 청국장찌개 등
>
> **제주도 음식의 특징**
> • 쌀의 생산이 적으며 콩, 보리, 고구마 등의 생산이 많다.
> • 음식에 주로 해초를 많이 사용하며 된장을 이용하여 간을 하는 경우가 많다.
> • 전복죽, 생선국수, 오메기떡, 고사리전 등

## 53          정답 ①

② 조치 : 찌개를 뜻하는 궁중용어
③ 지짐이 : 국물이 찌개보다 적고 조림보다는 많은 음식
④ 전골 : 재료를 즉석에서 끓이는 음식

> **찌개의 분류**
> - **찌개** : 국과는 달리 건더기가 더 많은 음식, 국물의 양이 조림보다 조금 많은 찌개를 '지짐이'라고 함
> - **조치** : 찌개를 뜻하는 궁중용어
> - **전골** : 재료를 즉석에서 끓이는 음식
> - **감정** : 고추장으로만 조미한 찌개

## 54          정답 ③

생채 조리는 파, 마늘, 기름을 많이 쓰지 않고 진한 맛보다 산뜻한 맛을 내는 것이 좋다.

> **생채 조리**
> - 날로 먹는 음식이므로 신선한 재료를 사용한다.
> - 조직은 연해야 하며 위생적으로 다루어야 한다.
> - 파, 마늘, 기름을 많이 쓰지 않아 산뜻한 맛을 내는 것이 좋다.
> - 재료를 너무 많이 섞어 물이 생기지 않도록 주의한다.
> - 고추장이나 고춧가루로 미리 버무리면 양념이 잘 배인다.
> - 가열 조리에 비해 영양소의 손실이 적어 비타민을 풍부하게 섭취할 수 있다.

## 55          정답 ①

② 지방 함량이 높은 고기일 경우 저열에서 구우면 지방이 흘러내리며 맛과 색이 향상된다.
③ 고기 종류는 화력이 너무 약할 경우 육즙이 흘러나올 수 있으므로 중불 이상에서 굽는다.
④ 너비아니구이의 경우 고기를 결대로 썰면 질기므로 결 반대 방향으로 썰어 굽는다.

> **식재료에 따른 구이 방법**
> - **수분이 많은 식품** : 화력이 강하면 겉만 타고 속이 안 익을 수 있으므로 앞면을 갈색이 되도록 구운 후에 약한 불로 뒷면을 천천히 굽는다.
> - **지방이 많은 식품** : 직화구이 시 기름이 불 위에 떨어져 쉽게 탄다. 저열에서 구우면 지방이 흘러내리며 맛과 색이 향상된다.
> - **고기 종류** : 화력이 너무 약할 경우 육즙이 흘러나올 수 있으므로 중불 이상에서 구우며, 너비아니구이의 경우 고기를 결대로 썰면 질기므로 결 반대 방향으로 썰어 굽는다.

## 56          정답 ①

색깔이 있는 채소류는 미리 소금에 절이지 않고 볶을 때 소금을 넣는다.

> **채소류의 볶음 조리법**
> - 색깔이 있는 채소류는 미리 소금에 절이지 않고 볶을 때 소금을 넣는다.
> - 기름을 많이 넣으면 채소의 색이 누래진다.
> - 마른 표고버섯과 같은 마른 식재료는 볶을 때 수분을 조금 첨가한다.
> - 일반 버섯은 물기가 많이 나오므로 센 불에 재빨리 볶거나 소금에 살짝 절인 후에 볶는다.
> - 부재료로 쓰이는 야채는 연기가 날 정도의 센 불에 볶은 후 주재료를 넣고 양념한다.

## 57          정답 ④

> **젓갈**
> - 어패류의 살, 내장, 알 등에 20% 정도의 소금으로 간을 하여 발효시킨 것이다.
> - 발효과정에서 생성된 아미노산 성분들이 독특한 감칠맛을 낸다.

## 58          정답 ②

> **고명의 종류**
> - **달걀지단** : 달걀을 흰자와 노른자로 나누어 양면을 지져 사용

- **미나리초대** : 줄기부분만 꼬지에 끼워 밀가루와 달걀을 묻혀 양면을 지져 사용
- **버섯류** : 말린 표고버섯, 목이버섯, 석이버섯, 느타리버섯 등을 불려 손질하여 소금, 참기름 등으로 양념하여 볶아서 사용
- **홍고추** : 씨를 제거하고 채를 썰거나 익힌 음식에 사용할 때는 데쳐서 사용

## 59　　　　　　　　　　　　　　　정답 ③

**장아찌**
- 무, 고추, 오이 등의 재료를 소금이나 간장, 된장, 고추장 등에 절인 음식이다.
- 삼투압 현상으로 수분이 빠지면서 조직이 단단해지며 속까지 간이 배어 오랫동안 먹을 수 있다.

## 60　　　　　　　　　　　　　　　정답 ④

한식의 담음새는 그릇에 음식이 담겨져 있는 모양, 상태, 정도를 말한다. 담는 시간은 한식의 담음새에서 조화를 이루는 요소에 해당되지 않는다.

**한식 담음새의 조화요소**
형태, 색감, 담는 방법, 담는 양

정답 및 해설

# 한식·양식조리기능사

## 1000제

기능사 필기 대비

# 한식조리기능사
# 예상문제
# 200제

## 001 식품첨가물과 사용 목적의 연결이 틀린 것은?

① 조미료 – 식품의 맛 향상
② 감미료 – 식품에 단맛 부여
③ 발색제 – 변색된 식품의 색 복원
④ 산화방지제 – 유지 성분에 의한 산패 방지

정답 ③

변색된 식품의 색 복원은 착색료에 대한 설명이다. 발색제는 색을 함유하고 있지 않지만 식품 중의 성분과 결합하여 색을 나타내거나 고정하는 데 사용되는 식품첨가물이다.

## 002 식품영업자 및 종업원의 건강진단 의무화에 대한 내용을 정하는 법령은?

① 환경부령
② 국토부령
③ 총리령
④ 행정안전부령

정답 ③

식품영업자 및 종업원의 건강진단 의무화에 대한 내용을 정하는 법령은 총리령이다.

## 003 자외선에 의한 인체 건강장애가 아닌 것은?

① 설안염
② 결막염
③ 군집독
④ 피부 홍반

정답 ③

군집독은 다수인이 밀폐된 공간에 있을 때 실내의 산소 감소와 이산화탄소 증가, 습도 및 온도의 상승이 원인이 되어 발생하는 질병이다.

**004** 식품(분변)의 오염 여부를 판단하는 지표가 되는 균은?

① 초산균

② 결핵균

③ 대장균

④ 포도상구균

정답 ③

대장균은 식품(분변)의 오염 지표균이며, 장구균은 분변 오염과 냉동식품의 오염 지표균이다.

**005** 어류 비린내의 원인 성분으로 선도 평가에 이용되는 지표 성분은?

① 진저론

② 커큐민

③ 차비신

④ 트리메틸아민

정답 ④

생선이 세균에 의해 부패되기 시작하면 트리메틸아민의 생성량이 많아지고 비린내가 강해져 생선의 선도 평가에 이용된다.
① 생강의 냄새 성분. ② 강황의 냄새 성분. ③ 후추의 냄새 성분이다.

예상
문제
200제

**006** 식품이 부패할 때 생성되는 물질로 적절하지 않은 것은?

① 인돌

② 멜라민

③ 황화수소

④ 암모니아

정답 ②

식품이 부패할 때 생성되는 물질
황화수소, 암모니아, 아민, 인돌 등

**007** 국이나 탕을 담는 그릇으로 잘못된 것은?

① 탕기
② 대접
③ 뚝배기
④ 합

작은 합은 밥그릇으로 쓰이고 큰 합은 떡, 약식, 면, 찜 등을 담는데 쓰인다.

**008** 중간숙주 없이 채소를 섭취하여 감염되는 기생충이 아닌 것은?

① 회충
② 요충
③ 편충
④ 무구조충

무구조충은 육류를 통해 감염되는 기생충이다.

> 채소를 통해 감염되는 기생충
> 회충, 요충, 편충, 구충(십이지장충), 동양모양선충

**009** 황색포도상구균의 특징이 아닌 것은?

① 잠복기가 길다.
② 독소형 식중독을 유발한다.
③ 설사, 복통 등의 증상이 나타난다.
④ 엔테로톡신(Enterotoxin)을 생성한다.

황색포도상구균은 잠복기가 짧고, 열에 강하여 가열로 예방이 불가능하다는 특징이 있다.

**010 소독약의 구비조건으로 적절하지 않은 것은?**

① 쉽게 용해되지 않아야 한다.
② 경제적이고 사용하기 편해야 한다.
③ 금속부식성과 표백성이 없어야 한다.
④ 강한 살균력과 침투력이 있어야 한다.

정답 ①

소독약은 용해성이 높고 안전해야 하므로 쉽게 용해되어야 한다.

소독약의 구비조건
• 강한 살균력과 침투력이 있어야 한다.
• 경제적이고 사용하기 편해야 한다.
• 금속부식성과 표백성이 없어야 한다.
• 용해성이 높고 안전해야 한다.

**011 탄수화물의 분류 중 오탄당에 해당되지 않는 것은?**

① 리보오스(Ribose)
② 자일로스(Xylose)
③ 갈락토오스(Galactose)
④ 아라비노스(Arabinose)

정답 ③

탄수화물을 결합한 당의 수에 따라 단당류, 이당류, 다당류로 분류한다. 이 중 단당류는 탄소 수에 따라 오탄당(탄소 5개)과 육탄당(탄소 6개)으로 분류한다. 오탄당에는 리보오스, 디옥시리보오스, 자일로스, 아라비노스 등이 있고, 육탄당에는 포도당, 과당, 갈락토오스 등이 있다.

예상
문제
200제

**012 식품첨가물의 사용 목적으로 옳지 않은 것은?**

① 질병 치료
② 변질 방지
③ 기호성 증진
④ 품질 유지 및 향상

정답 ①

식품첨가물의 사용 목적
• 변질, 변패 방지
• 품질 유지, 품질 향상
• 관능 만족 및 기호성 증진
• 영양 강화

**013** 사람이 질병 감염 후 형성되는 면역은?

① 선천적 면역
② 인공능동면역
③ 자연능동면역
④ 자연수동면역

**014** 다음 중 조미료의 종류로 적절하지 않은 것은?

① 이노신산나트륨
② 글루타민산나트륨
③ 아질산나트륨
④ 호박산나트륨

**015** 다음 설명에 해당하는 감염형 식중독의 원인이 되는 균은?

> ㉠ 달걀, 우유 등의 섭취로 감염될 수 있다.
> ㉡ 가열 섭취 시 예방 가능하다.
> ㉢ 주요 증상에는 발열이 있다.

① 살모넬라균
② 병원성 대장균
③ 장염비브리오균
④ 클로스트리디움 퍼프리젠스균

**016** 다음 중 기호성 향상과 관능 만족을 위한 식품첨가물의 종류가 아닌 것은?

① 피막제
② 조미료
③ 감미료
④ 발색제

정답 ①

피막제는 품질 유지 및 개량을 위한 식품첨가물에 속한다.

> 기호성 향상과 관능 만족을 위한 식품첨가물의 종류
> 조미료, 감미료, 착색료, 산미료, 착향료, 발색제, 표백제

**017** 끓이기의 특징이 아닌 것은?

① 영양소의 손실이 크다.
② 단백질이 응고된다.
③ 콜라겐이 젤라틴화 된다.
④ 전분의 경우 호화가 일어난다.

정답 ①

> 끓이기의 장점
> • 영양소 손실이 적음
> • 조직의 연화
> • 전분의 호화
> • 단백질의 응고
> • 콜라겐의 젤라틴화
> • 소화흡수를 도움

예상
문제
200제

**018** 금속의 한 종류로, 화학공장에서 많이 발생하며 장기간 노출 시 피부궤양 및 비중격천공을 유발하는 중금속은?

① 주석
② 카드뮴
③ 수은
④ 크롬

정답 ④

> 크롬(Cr)
> 금속의 한 종류로, 화학공장의 폐기물로 많이 발생한다. 장기간 노출되면 피부궤양, 비중격천공을 유발한다.

**019** 전분이 함유된 식품의 노화를 억제하는 방법으로 옳지 않은 것은?

① 설탕을 첨가한다.

② 유화제를 사용한다.

③ 식품을 냉장보관한다.

④ 식품의 수분 함량을 15% 이하로 한다.

**정답 ③**

전분의 노화를 방지하기 위해서는 온도를 0℃ 이하 또는 60℃ 이상으로 유지해야 한다.

① 설탕은 수분과의 친화력(흡습성)이 크므로 수분을 뺏어가기 때문에 수분 함량을 낮춘다.

② 지방이나 유화제를 첨가하여 노화를 방지할 수 있다.

④ 수분 함량은 15% 이하 또는 60% 이상으로 해주어야 한다.

**020** 다음 미생물의 종류 중 크기가 가장 작으며 조직의 세포 안에 기생하여 다양한 질환의 원인이 되기도 하는 것은?

① 효모

② 바이러스

③ 리케차

④ 곰팡이

**정답 ②**

바이러스는 미생물의 종류 중 크기가 가장 작으며 조직의 세포 안에 기생하여 다양한 질환의 원인이 된다.

**021** 요구르트는 우유단백질의 어떤 성질을 이용하여 제조하는가?

기출
유사

① 팽윤

② 수화

③ 응고성

④ 용해성

**정답 ③**

요구르트는 우유나 탈지우유에 함유되어 있는 유당의 응고성을 이용한 유제품이다. 유당을 이용하는 유산균을 넣어 발효시키면 유기산이 발생되고, 우유단백질인 카제인과 만나 응고된다.

**022** 다음 중 식품의 산패를 방지하기 위해 사용하는 첨가물은?

① 항산화제

② 살균제

③ 표백제

④ 보존료

항산화제(산화방지제)는 식품의 산패를 방지하기 위해 사용하는 첨가물이다.

② **살균제** : 식품부패균이나 병원균을 사멸시키기 위해 사용하는 첨가물

③ **표백제** : 식품의 색소가 변색되는 것을 방지하기 위해 사용하는 첨가물

④ **보존료** : 식품의 변질 및 부패를 막고 신선도를 유지시키기 위해 사용하는 첨가물

**023** 소화 시 담즙의 작용으로 옳지 않은 것은?

① 지방을 유화시킨다.

② 비타민 K를 흡수한다.

③ 단백질을 가수분해한다.

④ 지용성 비타민의 흡수를 돕는다.

담즙은 지질의 소화를 돕는다.

**024** 기존의 위생관리방법과 비교하여 HACCP의 특징에 대한 설명으로 옳지 않은 것은?

① 가능성 있는 모든 위해요소를 예측하고 대응할 수 있다.

② 시험분석방법에 장시간 소요되지 않는다.

③ 안전하고 위생적인 제품을 공급하기 위한 사전 예방적 식품안전 관리시스템이다.

④ 주로 식품의 제조과정 위주의 관리시스템이다.

식품안전관리인증기준(HACCP)은 식품의 제조과정 위주가 아닌 식품의 원료, 제조, 가공 및 유통의 모든 과정을 관리하는 시스템이다.

**025** 전류 조리의 특징으로 바르지 않은 것은?

① 재료의 제약을 받지 않고 다양하게 만들 수 있다.

② 영양소 상호보완 작용을 한다.

③ 전류는 기름에 부쳐서만 사용하여 다른 요리와의 접목이 어렵다.

④ 생선조리 시 어취 해소에 좋은 조리법이다.

**정답 ③**

전류를 전골이나 신선로에 넣어서 다양하게 즐길 수 있다.

**026** 식품의 위생과 관련된 곰팡이의 특징이 아닌 것은?

① 건조식품을 잘 변질시킨다.

② 대부분 생육에 산소를 요구하는 절대 호기성 미생물이다.

③ 곰팡이독을 생성하는 것도 있다.

④ 일반적으로 생육 속도가 세균에 비하여 빠르다.

**정답 ④**

일반적으로 곰팡이의 생육 속도는 세균에 비하여 느리다.

**027** 미생물이 번식할 수 있는 최저 수분활성도(Aw)를 순서대로 나열한 것은?

① 세균 〉 효모 〉 곰팡이

② 세균 〉 곰팡이 〉 효모

③ 곰팡이 〉 세균 〉 효모

④ 효모 〉 곰팡이 〉 세균

**정답 ①**

미생물이 번식할 수 있는 최저 수분활성도(Aw)는 '(보통)세균 0.91 〉 효모 0.88 〉 곰팡이 0.80' 순이다.

**028** 회충의 생활사 중 부화되어 성충이 되기까지 거치는 장기가 아닌 것은?

① 심장
② 폐
③ 식도
④ 신장

회충이 부화되어 성충이 되기까지 거치는 장기는 식도, 폐, 심장, 소장이다.

**029** 편육을 할 때 가장 적합한 삶기 방법은?

① 찬물에서부터 고기를 넣고 삶는다.
② 끓는 물에 고기를 덩어리째 넣고 삶는다.
③ 끓는 물에 고기를 잘게 썰어 넣고 삶는다.
④ 찬물에서부터 고기와 생강을 넣고 삶는다.

편육은 고기를 덩어리째 삶아내는 음식으로, 끓는 물에 고기를 덩어리째 넣고 삶아야 맛 성분이 많이 용출되지 않아 고기의 맛이 좋다.

**030** 장염비브리오 식중독의 원인으로 옳은 것은?

① 상한 우유 섭취
② 여름철 육류 생식
③ 여름철 어패류 생식
④ 유통기한이 지난 달걀 섭취

장염비브리오 식중독

| | |
|---|---|
| 감염원 | 어패류 |
| 원인 식품 | 어패류 생식 |
| 잠복기 | 10~18시간(평균 12시간) |
| 증상 | 급성위장염 |
| 예방 | 가열 섭취, 여름철 생식 금지 |

예상 문제 200제

**031** 신선한 달걀이 아닌 것은?

① 흔들 때 내용물이 잘 흔들린다.
② 6% 소금물에 넣으면 잘 가라앉는다.
③ 햇빛(전등)에 비출 때 공기집의 크기가 작다.
④ 깨뜨려 접시에 놓으면 노른자가 볼록하고 흰자의 점도가 높다.

정답 ①

달걀을 흔들어 보아 내용물이 잘 흔들리고 소리가 나면 기실이 커진 것으로 오래된 것이다.

**032** 다음 중 세균성 식중독에 해당하는 것은?

① 독소형 식중독
② 화학적 식중독
③ 자연독 식중독
④ 알레르기성 식중독

정답 ①

세균성 식중독에 해당하는 것은 감염형 식중독과 독소형 식중독이 있다.

**033** 어류의 사후강직에 대한 설명으로 옳지 않은 것은?

① 육류와 다르게 사후강직 후 숙성의 기간이 없다.
② 단백질 분해 효소의 작용에 의해 자가소화가 된다.
③ 생선은 사후강직 시기 후에 섭취하는 것이 가장 맛이 좋다.
④ 붉은살 생선의 사후강직이 흰살 생선보다 빠르게 시작된다.

정답 ③

어류의 자가소화 시 글루탐산 등이 생성되어 맛이 좋아지나 근육이 물러지고 신선도도 떨어지므로 생선은 사후강직 시기에 섭취하는 것이 가장 맛이 좋다.

**034** 웰치균 식중독의 예방법으로 옳지 않은 것은?

① 분변오염이 되지 않도록 주의한다.
② 60℃에서 30분 이상 가열한다.
③ 조리 후에는 저온·냉동 보관한다.
④ 재가열한 것의 섭취를 금하여야 한다.

60℃에서 30분 이상 가열하는 것은 살모넬라 식중독의 예방법이다. 웰치균의 아포는 내열성이 커서 가열해도 쉽게 사멸하지 않고 냉장온도에서는 잘 발육하지 못한다.

**035** 1g당 발생하는 열량이 가장 큰 것은?

① 지방
② 알코올
③ 단백질
④ 탄수화물

정답 ①

지방은 1g당 9kal의 열량이 발생된다.
② 알코올은 7kal의 열량이 발생된다.
③ 단백질은 4kal의 열량이 발생된다.
④ 탄수화물은 4kal의 열량이 발생된다.

**036** 자연독 식중독을 예방하는 방법으로 가장 적절하지 않은 것은?

① 자연독이 있는 부위를 제거
② 해당 식품의 가열 섭취
③ 작업자의 청결유지
④ 조리기구의 소독

정답 ②

자연독 식중독은 식품을 가열하더라도 파괴되지 않는 독성이 있기 때문에 가열 섭취를 할 경우 자연독에 의한 식중독이 발생할 수 있다. 그러므로 유독한 부위를 제거한 후 섭취하여야 한다.

**037** 과일잼을 만들 때 젤리화 요건과 관련 없는 것은?

① 산
② 당
③ 펙틴
④ 젤라틴

과일은 펙틴 1~1.5%, 산 pH 2.8~3.4, 당(설탕) 60~65%의 조건에서 최적의 젤 형성이 가능하며, 이는 과일의 젤리화 요건에 해당한다.

**038** 다음 중 독성과 곰팡이 독소를 연결한 것이 잘못된 것은?

① 간장독 – 아플라톡신
② 신경독 – 시트리닌
③ 신경독 – 말토리진
④ 간장독 – 에르고톡신

정답 ②

시트리닌은 신장독에 속하는 곰팡이 독소이다.

| 간장독 | 아플라톡신, 루브라톡신, 에르고톡신, 오크라톡신, 아이슬란디톡신, 사이클로클로로틴 등 |
| --- | --- |
| 신장독 | 시트리닌 등 |
| 신경독 | 말토리진, 파툴린, 시트레오비리딘 등 |

**039** 닭고기 10kg으로 닭강정을 만들어 총 400,000원에 판매하였다. 닭고기를 1kg당 12,000원에 구입하였고 총 양념비용으로 40,000원이 들었다면 식재료의 원가비율은?

① 25%
② 30%
③ 35%
④ 40%

정답 ④

식재료비
= 닭고기 구입비(12,000원 × 10kg) + 총 양념비용 40,000원
= 120,000원 + 40,000원
= 160,000원
식재료 원가비율(%)
= (식재료비 ÷ 총매출액) × 100
= (160,000원 ÷ 400,000원) × 100
= 0.4 × 100
= 40%
즉, 식재료비의 원가비율은 40%이다.

**040** 다음 중 화학물질에 의한 식중독의 원인이 될 수 없는 것은?

① 제조과정 중에 넣은 유해착색제

② 제조과정 중에 혼합된 유해중금속

③ 화농성 질환이 있는 사람이 조리한 식품

④ 수확 3일 전 농약을 살포한 과일

**041** 공기의 자정작용에 해당되지 않는 것은?

① 바람에 의한 희석작용

② 중력에 의한 침강작용

③ 바다에 의한 여과작용

④ 자외선에 의한 살균작용

**042** 다음 중 노로바이러스에 대한 설명으로 옳지 않은 것은?

① 크기가 매우 작고 구형이며 단일가닥 RNA를 가지고 있다.

② 감염되면 급성위장염, 설사, 복통, 구토 등의 증상이 나타난다.

③ 예방을 위해 어패류 등은 85℃에서 1분 이상 가열 조리한다.

④ 다량의 바이러스로 발병되며 시간이 지나도 자연치유되지 않는다.

**043** 우유의 균질화(Homogenization)에 대한 설명이 아닌 것은?

① 지방의 소화를 용이하게 한다.

② 큰 지방구의 크림층 형성을 방지한다.

③ 탈지유를 첨가하여 지방의 함량을 맞춘다.

④ 지방구의 크기를 0.1~2.2㎛ 정도로 균일하게 만들 수 있다.

정답 ③

원유에 있는 지방구는 크기가 커서 유화상태가 불안정하므로 쉽게 위로 떠올라 크리밍 상태가 된다. 이를 방지하기 위해 우유를 높은 압력에서 극히 작은 구멍으로 통과시켜 우유 지방구의 크기를 0.1~2.2㎛ 정도로 작고 균일하게 만드는 과정을 균질화라고 한다.

**044** 천연 산화방지제가 아닌 것은?

① 세사몰

② 티아민

③ 토코페롤

④ 고시폴

정답 ②

티아민은 비타민 B₁으로 천연 산화방지제가 아니다.

천연항산화제
비타민 E(DL-α-토코페롤),
비타민 C(L-아스코르빈산
나트륨), 세사몰, 고시폴, 플
라본 유도체

**045** 다음 중 사용이 금지된 유해표백제는?

① 둘신

② 페닐라틴

③ 롱갈리트

④ 아우라민

정답 ③

① 둘신, ② 페닐라틴은 유해감미료이다.
④ 아우라민은 유해착색료이다.

**046** 훈연 시 육류의 보전성과 풍미 향상에 가장 많이 관여하는 것은?

① 유기산

② 숯성분

③ 탄소

④ 페놀류

**정답 ④**

훈연 시 육류의 보전성과 풍미 향상에 가장 많이 관여하는 연기성분은 페놀류이다.

> 훈연 시 발생하는 연기성분
> 페놀, 포름알데히드, 개미산, 숯성분 등

**047** 공중보건사업과 거리가 먼 것은?

① 보건교육

② 인구보건

③ 보건행정

④ 감염병 치료

**정답 ④**

공중보건사업은 지역사회에서 사회적 노력을 통하여 질병을 예방하고 주민 모두의 건강을 유지하고 증진시키기 위한 기술이다.

예상 문제 200제

**048** 일산화탄소(CO)에 대한 설명으로 틀린 것은?

① 무색, 무취이다.

② 물체의 불완전 연소 시 발생한다.

③ 자극성이 없는 기체이다.

④ 이상 고기압에서 발생하는 잠함병과 관련이 있다.

**정답 ④**

이상 고기압에서 발생하는 잠함병과 관련이 있는 것은 질소($N_2$)에 관한 내용이다.

> 일산화탄소(CO)
> • 무색, 무취
> • 물체의 불완전 연소 시 발생
> • 자극성이 없는 기체

**049** 다음에서 설명하는 맛의 현상은?

> 국을 끓일 때 국간장과 소금으로 간을 하는데, 맛을 여러 번 보면 짠맛에 둔해져 간이 짜게 될 수 있다.

① 피로 현상
② 상쇄 현상
③ 변조 현상
④ 상승 현상

**정답 ①**

같은 맛을 계속 섭취하면 그 맛을 알 수 없게 되거나 다르게 느끼는 피로 현상에 대한 설명이다.

**050** 다음 중 식품위생법상에 정의된 식품위생법의 목적으로 거리가 먼 것은?

① 식품으로 인하여 생기는 위생상의 위해 방지
② 다양한 식품의 제조·판매 장려
③ 식품에 관한 올바른 정보 제공
④ 국민보건의 증진에 이바지

**정답 ②**

다양한 식품의 제조와 판매를 장려하는 것은 식품위생법의 목적으로 거리가 멀다.

> 식품위생법의 목적
> • 식품으로 인하여 생기는 위생상의 위해 방지
> • 식품영양의 질적 향상 도모
> • 식품에 관한 올바른 정보 제공
> • 국민보건의 증진에 이바지

**051** CA저장에 가장 적합한 식품은?

① 육류
② 우유
③ 과일류
④ 생선류

**정답 ③**

CA저장은 산소 농도는 낮추고 이산화탄소 농도는 높여 채소나 과일의 호흡을 억제하는 저장법이다. CA저장법은 노화현상이 지연되며 미생물의 생장과 번식이 억제되는 효과가 있다.

**052** **식품위생법상 식품에 해당되지 않는 것은?**

① 후추
② 추잉껌
③ 올리브유
④ 소염진통제

식품위생법상 식품은 의약품을 제외한 모든 음식물을 말한다. 소염진통제는 의약품에 포함되므로 식품에 해당되지 않는다.

식품
모든 음식물(의약품 제외)

**053** **필수아미노산이 아닌 것은?**

① 리신
② 트레오닌
③ 아라키돈산
④ 페닐알라닌

필수아미노산은 체내에서 합성되지 않아 반드시 음식으로 섭취해야 하는 아미노산으로 루신, 이소루신, 리신, 발린, 메티오닌, 페닐알라닌, 트레오닌, 트립토판, 히스티딘, 아르기닌이 해당된다. 아라키돈산은 필수지방산이다.

예상
문제
200제

**054** **식품공전상 온도의 기준에서 표준온도로 옳은 것은?**

① 0℃
② 10℃
③ 20℃
④ 30℃

식품공전상 온도
• **표준온도** : 20℃
• **실온** : 1~35℃
• **상온** : 15~25℃
• **미온** : 30~40℃

**055** 광택이 조금 떨어지나 손질이 간편하고 값이 싸서 최근 일반 가정에서 가장 많이 사용하는 그릇의 재질은?

기출
유사

① 도기
② 자기
③ 은식기
④ 스테인리스 스틸

정답 ④

① 도기(질그릇) : 빛깔은 백색이며, 온도가 자기보다 낮아서 제품제작이 쉬운 편이다.
② 자기 : 경질자기, 연질자기로 구분한다.
③ 은식기 : 변색과 변질이 쉬우며, 한번 부식되면 복원이 안 된다.

**056** 식품 등의 표시기준상 '유통기한'의 정의로 알맞은 것은?

① 제품의 제조일로부터 소비자에게 판매가 허용되는 기한
② 제품의 가공일로부터 소비자에게 판매가 허용되는 기한
③ 제품의 출고일로부터 소비자에게 판매가 허용되는 기한
④ 제품의 개봉일로부터 식품의 섭취가 허용되는 기한

정답 ①

유통기한
제품의 제조일로부터 소비자에게 판매가 허용되는 기한

**057** 화학적 소독을 위한 소독제로 적합하지 않은 것은?

① 경제적이어야 한다.
② 표백성이 강해야 한다.
③ 인체에 무독, 무해해야 한다.
④ 살균력 및 침투력이 강해야 한다.

정답 ②

소독제는 표백성이 없어야 한다.

**058** **식품 등의 표시기준상 영양성분에 대한 설명으로 틀린 것은?**

① 한 번에 먹을 수 있도록 포장 판매되는 제품은 총 내용량을 1회
제공량으로 한다.

② 영양성분함량은 식물의 씨앗, 동물의 뼈와 같은 비가식 부위도
포함하여 산출한다.

③ 열량의 단위는 킬로칼로리(kcal)로 표시한다.

④ 탄수화물에는 당류를 구분하여 표시하여야 한다.

정답 ②

영양성분함량은 식물의 씨앗,
동물의 뼈와 같은 비가식 부위
는 포함하지 않고 산출한다.

**059** **손이나 입, 호흡기 등을 통해 감염되는 경구감염병에 해당되는 것은?**

① 돈단독

② 탄저병

③ 콜레라

④ 렙토스피라증

정답 ③

콜레라는 세균이 병원체인 소
화기계 감염병(경구감염병)으
로, 쌀뜨물 같은 수양성 설사를
일으킨다.

① **돈단독** : 돼지와 사람간에
서로 전파되는 병원체에 의
하여 발생되는 인수공통감
염병

② **탄저병** : 소, 말, 등과 사람
간에 서로 전파되는 병원체
에 의하여 발생되는 인수공
통감염병

④ **렙토스피라증** : 쥐와 사람간
에 서로 전파되는 병원체에
의하여 발생되는 인수공통
감염병

**060** **식품위생법상 영업신고를 하여야 하는 업종이 아닌 것은?**

① 식품운반업

② 식품냉동 · 냉장업

③ 용기 · 포장류제조업

④ 양곡가공업 중 도정업을 하는 경우

정답 ④

양곡가공업 중 도정업을 하는
경우는 영업신고를 하지 않아
도 된다.

예상
문제
200제

**061** 다음에서 설명하는 구매한 식품의 재고관리 시 적용되는 방법은?

> 최근에 구입한 식품부터 사용하는 것으로 가장 오래된 물품이 재고로 남는다.

① 총평균법
② 후입선출법
③ 선입선출법
④ 최소 – 최대관리법

**정답 ②**

후입선출법은 최근에 구입한 재료부터 먼저 사용하는 방법으로, 선입선출법과 반대의 개념이다.

**062** 식품위생법상 집단급식소에 종사하는 조리사와 영양사가 교육을 받아야 하는 주기는?

① 6개월
② 1년
③ 2년
④ 3년

**정답 ③**

식품위생법상 집단급식소에 종사하는 조리사와 영양사가 교육을 받아야 하는 주기는 2년이다.

**063** 요오드가에 따라 유지를 분류할 때 불건성유에 해당하는 것은?

① 들기름
② 대두유
③ 땅콩기름
④ 옥수수기름

**정답 ③**

불건성유는 요오드가 100 이하인 유지로, 올리브유, 동백유, 땅콩기름이 속한다.

**064** 식품위생법상 식품접객업의 종류에 해당되지 않는 것은?

① 식품조사처리업

② 위탁급식영업

③ 제과점영업

④ 휴게음식점영업

**065** 알칼리성 식품에 해당하는 것은?

① 육류

② 곡류

③ 어류

④ 해조류

**066** 다음 중 공중보건의 대상에서 최소단위로 옳은 것은?

① 개인

② 한 가구

③ 지역사회

④ 국민 전체

**067** 한식에 재료를 각각 익힌 후 꼬치에 끼운 음식은?

① 생채
② 산적
③ 누름적
④ 지짐누름적

**정답 ③**

① **생채** : 재료를 익히지 않고 바로 무친 나물
② **산적** : 익히지 않은 재료를 양념하여 꼬치에 끼운 후 익힌 것
④ **지짐누름적** : 재료를 각각 익힌 후 꼬치에 끼워 밀가루와 달걀물을 씌워 지진 것

**068** 다음 중 실내공기의 오염 지표로 사용되는 것은?

① 산소($O_2$)
② 이산화탄소($CO_2$)
③ 일산화탄소($CO$)
④ 아황산가스($SO_2$)

**정답 ②**

이산화탄소($CO_2$)
• 실내공기의 오염 지표
• 위생학적 허용한계 : 0.1%(1,000ppm) 이하

**069** 멥쌀떡이 찹쌀떡보다 빨리 굳는 이유는?

① pH가 높기 때문에
② 수분 함량이 많기 때문에
③ 아밀로오스의 함량이 높기 때문에
④ 아밀로펙틴의 함량이 높기 때문에

**정답 ③**

멥쌀은 아밀로오스와 아밀로펙틴의 함량 비율이 20 : 80인 반면, 찹쌀은 대부분 아밀로펙틴으로 구성되어 있다. 전분의 노화는 아밀로오스의 함량이 높을수록 빨리 일어나므로 멥쌀떡이 더 빨리 굳는다.

**070** 다음 중 눈에 가장 좋은 조명으로 적절한 것은?

① 가시광선
② 간접조명
③ 직접조명
④ 반직접조명

정답 ②

간접조명은 눈에 가장 좋은 조명이며, 온화한 분위기를 줄 수 있다. 그러나 직접조명에 비해 효율이 낮아 비경제적이다.

**071** 식품 구매 시 폐기율을 고려하여 총 발주량을 계산하는 식은?

① (100 − 폐기율)×100×인원수
② (1인당 사용량 − 폐기율)×인원수
③ 정미중량÷(100 − 폐기율)×100×인원수
④ (정미중량 − 폐기율)÷(100 − 가식률)×100

정답 ③

총 발주량
= 정미중량 ÷ (100 − 폐기율)
  × 100 × 인원수

**072** 다음 중 감염병 발생의 3대 요소가 아닌 것은?

① 온 · 습도
② 감염원
③ 감염경로
④ 숙주의 감수성

정답 ①

감염병 발생의 3대 요소
감염원(병원체), 감염경로, 숙주의 감수성

**073** 한국 식기의 명칭과 사용 용도가 잘못 연결된 것은?

① 쟁첩 – 남성용 밥그릇

② 바리 – 여성용 밥그릇

③ 조치보 – 찌개, 찜 등을 담는 그릇

④ 합 – 밥그릇 또는 떡, 약식, 면 그릇

정답 ①

쟁첩은 작고 납작하며 뚜껑이 있어 전, 구이, 나물 등을 담는 그릇이다. 남성용 밥그릇은 주발이라고 한다.

**074** 다음 중 감수성 지수가 가장 낮은 감염병은?

① 홍역

② 성홍열

③ 폴리오

④ 백일해

정답 ③

감수성 지수의 비교
홍역, 천연두(두창) 95% 〉 백일해 60~80% 〉 성홍열 40% 〉 디프테리아 10% 〉 소아마비(폴리오) 0.1%

**075** 다음 중 식품영업에 종사할 수 있는 질병은?

① 콜레라

② 화농성 질환

③ 비감염성 결핵

④ 후천성면역결핍증

정답 ③

결핵의 경우 비감염성 결핵은 식품영업에 종사할 수 있다.

**076** 다음 감염원 중 병원소에 해당하지 않는 것은?

① 식품
② 기생충
③ 공기
④ 보균자

**077** 돼지, 개, 고양이 등을 중간숙주로 감염되며, 임산부가 감염될 경우 유산 또는 기형아 출산의 위험이 있는 기생충은?

기출유사

① 유구조충
② 무구조충
③ 광절열두조충
④ 톡소플라즈마

예상 문제 200제

**078** 다음 중 신체접촉을 통해서 감염되는 병이 아닌 것은?

① 매독
② 홍역
③ 성병
④ 임질

**079** 물에 녹는 비타민은?

① 레티놀(Retinol)
② 티아민(Thiamin)
③ 칼시페롤(Calciferol)
④ 토코페롤(Tocopherol)

수용성 비타민에는 비타민 B₁, B₂, B₃, B₆, B₉, B₁₂, 비타민 C, 비타민 H가 있다.
①, ③, ④는 지용성(기름에 녹는) 비타민이다.

---

**080** 주방 내 미끄럼 사고를 방지하기 위한 것으로 적절한 것은?

① 바닥이 젖은 상태를 유지한다.
② 조도를 낮게 하여 어둡게 한다.
③ 매트를 주름지게 한다.
④ 전선이 노출되지 않도록 한다.

정답 ④

주방 내 미끄럼 사고 원인
• 바닥에 물기나 기름이 있는 경우
• 낮은 조도로 인해 어두운 경우
• 시야가 차단된 경우
• 매트가 주름진 경우
• 전선이 노출된 경우

---

**081** 전파 가능성을 고려하여 발생 또는 유행 시 24시간 이내에 신고해야 하고 격리가 필요한 감염병은?

① 제1급 감염병
② 제2급 감염병
③ 제3급 감염병
④ 제4급 감염병

정답 ②

① 제1급 감염병 : 생물테러감염병 또는 치명률이 높거나 집단 발생의 우려가 커서 발생 또는 유행 즉시 신고해야 하는 감염병으로 음압격리와 같은 높은 수준의 격리가 필요한 감염병
③ 제3급 감염병 : 발생을 계속 감시할 필요가 있어 발생 또는 유행 시 24시간 이내에 신고하여야 하는 감염병
④ 제4급 감염병 : 제1급 감염병부터 제3급 감염병 외에 유행 여부를 조사하기 위하여 표본감시 활동이 필요한 감염병

**082** 튀김기를 사용할 때 위험요소를 예방하는 방법으로 적절하지 않은 것은?

① 기름을 최대한 많이 사용한다.
② 기름탱크에 물기접촉 방지막을 부착한다.
③ 세척 시에는 물기를 완전히 제거한다.
④ 기름 교환 시 기름온도를 체크한다.

정답 ①

기름을 과도하게 많이 사용하면 기름이 튈 우려가 있으므로 재료에 맞는 적절한 양을 사용한다.

**083** 탄수화물의 조리가공 중 변화되는 현상과 가장 관계 깊은 것은?

① 호화
② 산화
③ 유화
④ 거품 생성

정답 ①

호화란 전분에 물을 넣고 가열하면 점성이 생기고 부풀어 오르는 현상을 말한다.

**084** 필수지방산에 속하지 않는 것은?

① 팔미트산
② 리놀레산
③ 리놀렌산
④ 아라키돈산

정답 ①

팔미트산은 필수지방산이 아닌 포화지방산에 속한다.

필수지방산
• 리놀레산, 리놀렌산, 아라키돈산
• 성장 및 신체기능에 필요한 지방산
• 체내합성이 불가능하여 반드시 식사로 섭취
• 식물성 기름에 다량 함유

예상
문제
200제

**085** 식혜를 만들 때 엿기름을 당화시킬 때의 온도로 가장 적합한 것은?

① 10~20℃

② 30~40℃

③ 50~60℃

④ 70~80℃

정답 ③

β-아밀라아제의 최적 활성온도는 55~60℃로, 전기밥솥의 보온상태를 이용하여 식혜를 만들 수 있다.

**086** 다음 중 비환원당에 해당하지 않는 것은?

① 서당

② 라피노오스

③ 맥아당

④ 스타키오스

정답 ③

환원당과 비환원당
• **환원당** : 비환원당을 제외한 대부분의 당류
• **비환원당** : 서당(설탕), 라피노오스, 트레할로오스, 스타키오스 등

**087** 생선 및 육류의 초기부패 판정 시 지표가 되는 물질에 해당되지 않는 것은?

기출
유사

① 암모니아(Ammonia)

② 아크롤레인(Acrolein)

③ 휘발성 염기질소(VBN)

④ 트리메틸아민(Trimethylamine)

정답 ②

아크롤레인은 유지가 과열되어 발생하는 연기의 성분이다.

**088** 다음 중 함황아미노산이 아닌 것은?

① 메티오닌
② 시스테인
③ 아르기닌
④ 시스틴

함황아미노산
아미노산의 화학구조에 황 (S)을 함유하는 아미노산이며, 메티오닌, 시스테인, 시스틴 등이 있다.

**089** 우유 100mL에 들어있는 칼슘이 180mg 정도라면 우유 250mL에 들어있는 칼슘은 몇 mg 정도인가?

🔺기출유사

① 450mg
② 540mg
③ 595mg
④ 650mg

$100 : 180 = 250 : x$
$100x = 180 \times 250$
$x = 45,000 \div 100 = 450$
즉, 우유 250mL에는 450mg의 칼슘이 들어 있다.

예상
문제
200제

**090** 변성 단백질의 특징으로 옳지 않은 것은?

① 용해도가 증가한다.
② 점도가 증가한다.
③ 소화율이 증가한다.
④ 반응성이 증가한다.

변성 단백질의 특징
• 용해도 감소
• 점도 증가
• 소화율 증가
• 반응성 증가

**091** 다음 중 병원체가 바이러스인 인수공통감염병은?

① 광견병
② 탄저병
③ 돈단독
④ 브루셀라증

정답 ①

바이러스가 병원체인 인수공통 감염병에는 일본뇌염, 광견병, 동물인플루엔자, 후천성면역결핍증(AIDS)이 있다.
② 탄저병, ③ 돈단독, ④ 브루셀라증의 병원체는 세균이다.

**092** 불포화지방산에 첨가하여 포화지방산으로 만드는 물질은?

① 탄소
② 수소
③ 산소
④ 질소

정답 ②

불포화지방산에 첨가하여 포화지방산으로 만드는 물질은 수소이다.

**093** 강남에 갔던 제비가 돌아온다고 전해지는 세시풍속으로 음력 3월 3일에 화전, 탕평채, 개피떡 등을 먹는 절식은?

① 동지
② 한가위
③ 초파일
④ 삼짇날

정답 ④

① 동지 : 팥죽, 동치미, 곶감, 식혜 등
② 한가위 : 햅쌀밥, 송편, 배숙, 햇과일 등
③ 초파일 : 쑥떡, 증편, 어채, 느티떡 등

**094** 다음 중 곡류의 영양을 강화할 때 첨가하는 비타민이 아닌 것은?

① 비타민 $B_1$

② 비타민 $B_2$

③ 비타민 $B_3$

④ 비타민 $B_6$

정답 ④

비타민 $B_6$은 아미노산 대사의 보조효소로 신경전달 물질을 합성하고 적혈구의 합성에 관여하는 비타민이다.

> 곡류 영양 강화 시 첨가하는 비타민
> 비타민 $B_1$, 비타민 $B_2$, 비타민 $B_3$

**095** 알레르기성 식중독을 유발하는 세균은?

① 병원성 대장균

② 비브리오 콜레라

③ 프로테우스 모르가니

④ 엔테로박터 사카자키

정답 ③

알레르기성 식중독의 원인균은 프로테우스 모르가니로, 붉은 산 어류(고등어, 가다랑어, 꽁치 등)에 부착, 증식하여 히스타민과 유해 아민계 물질을 생성하여 몸에 두드러기가 나고 열이 나는 증상을 일으킨다.

**096** 철(Fe)의 흡수를 촉진하는 요인이 아닌 것은?

① 옥살산

② 위산

③ 육류단백질

④ 비타민 C

정답 ①

옥살산은 철의 흡수를 방해한다.

> 철(Fe)의 흡수 방해 및 촉진 요인
> • **방해요인** : 수산(시금치), 피틴산(현미), 옥살산(현미, 채소), 탄닌 등
> • **촉진요인** : 비타민 C, 위산, 육류단백질 등

**097** 미생물이 증식하는 조건으로 적절하지 않은 것은?

① 일광
② 수분
③ 온도
④ 영양소

일광은 미생물이 증식하는 조건에 해당되지 않는다.

> 미생물의 생육조건
> 온도, 수분, 영양소, 산소, 수소이온농도(pH)

**098** 녹색 채소에 있는 클로로필의 색을 유지하는 조리법이 아닌 것은?

① 충분한 물을 사용한다.
② 알칼리를 첨가한다.
③ 뚜껑을 닫고 조리한다.
④ 소금을 첨가한다.

> 클로로필의 색을 유지하는 조리법
> • 채소의 5배 이상의 물을 사용
> • 알칼리 첨가(영양소 파괴, 질감의 변화)
> • 뚜껑을 열고 조리
> • 소금 첨가
> • 조리시간 단축

**099** 한식에서 사용하는 고명의 색을 대표하는 식품이 잘못 연결된 것은?

① 흰색 – 밤
② 노란색 – 달걀 노른자
③ 초록색 – 미나리, 실파
④ 붉은색 – 소고기, 표고버섯

소고기와 표고버섯은 검은색 고명이다.

**100** 다음 중 단맛을 내는 감미료 중 천연감미료인 것은?

① 사카린
② 아스파탐
③ 당알코올
④ 스테비오사이드

정답 ③

감미료
• **천연감미료** : 당류, 당알
  코올, 아미노산, 펩티드
• **인공감미료** : 사카린, 아
  스파탐, 만니톨, 스테비
  오사이드

**101** 궁중에서 찌개를 일컫는 말은?

① 조치
② 감정
③ 전골
④ 지짐이

정답 ①

② **감정** : 국물이 적고 고추장
   으로 간을 한 찌개
③ **전골** : 찌개와 국물 양은 같
   으나, 재료를 가지런히 놓고
   화로 등을 준비하여 즉석에
   서 끓인 것
④ **지짐이** : 국보다 국물을 조
   금 넣어 짜게 끓인 것

**102** 최적의 맛을 느낄 수 있는 식품의 온도로 적절하지 않은 것은?

① 밥 : 40~45℃
② 국 : 55~60℃
③ 커피 : 70~75℃
④ 전골 : 95~98℃

정답 ②

최적의 맛을 위한 식품의
온도
• **밥** : 40~45℃
• **식혜 당화** : 55~60℃
• **국, 커피** : 70~75℃
• **전골** : 95~98℃

## 103 과일 향기의 주성분을 이루는 냄새 성분은?

① 테르펜류
② 황화합물
③ 에스테르류
④ 알데히드류

정답 ③

과일 향기의 주성분은 휘발성인 유기산과 에스테르류이다.
① **테르펜류** : 미나리, 박하, 레몬, 오렌지 등
② **황화합물** : 무, 양파, 부추, 겨자 등
④ **알데히드류** : 차잎, 아몬드향, 바닐라 등

## 104 가식부율이 40%인 식품의 출고계수는?

① 1.25
② 1.5
③ 2.25
④ 2.5

정답 ④

출고계수
= 100 ÷ 가식부율
= 100 ÷ 40
= 2.5

출고계수
100 ÷ 가식부율
= 100 ÷ (100 − 폐기율)

## 105 유지의 발연점이 낮아지는 요인으로 옳지 않은 것은?

① 튀김기의 표면적이 넓은 경우
② 유리지방산의 함량이 낮은 경우
③ 기름에 이물질이 많이 들어 있는 경우
④ 오래 사용하여 기름이 지나치게 산패된 경우

정답 ②

유리지방산의 함량이 높을수록 유지의 발연점이 낮아진다.

**106** 인원이 50명인 업체에서 정미중량이 60g인 감자로 조리를 할 때 발주량은?(단, 감자의 폐기율은 20%이다.)

① 2.25kg

② 3.75kg

③ 5.25kg

④ 7.25kg

**정답 ②**

총 발주량
= 정미중량 ÷ (100 − 폐기율)
　　× 100 × 인원수
= 60g ÷ (100 − 20)
　　× 100 × 50명
= 3,750g
= 3.75kg

> 총 발주량
> 정미중량 ÷ (100 − 폐기율)
> × 100 × 인원수

**107** 손에 화농성 염증이 있는 자가 만든 도시락을 섭취하고 감염될 수 있는 식중독은?

[기출유사]

① 비브리오 패혈증

② 살모넬라균 식중독

③ 보툴리누스균 식중독

④ 황색포도상구균 식중독

**정답 ④**

황색포도상구균은 인체의 상처 등에 침입하여 염증을 일으키는 화농성 질환의 원인균으로, 인후염 또는 상처가 있는 사람이 조리한 음식의 섭취로 인해 감염될 수 있다.

예상
문제
200제

**108** 다음 중 직접원가에 포함되지 않는 것은?

① 제조원가

② 직접재료비

③ 직접노무비

④ 직접경비

**정답 ①**

> 원가의 구성
> • **직접원가** : 직접재료비 +
> 　직접노무비 + 직접경비
> • **제조간접비** : 간접재료비
> 　+ 간접노무비 + 간접경비
> • **제조원가** :
> 　직접원가 + 제조간접비
> • **총원가** :
> 　판매관리비 + 제조원가
> • **판매가격** : 총원가 + 이익

**109** 쇠머리나 쇠족 등을 장시간 고아서 응고시켜 썬 음식은?

① 편육

② 족편

③ 회

④ 전유어

① **편육** : 고깃덩어리를 잘 삶아서 눌러두었다가 얇게 썬 음식이다.

④ **전유어** : 전유화, 전유아, 전냐, 전야, 전 등으로 불리며, 기름을 두르고 지지는 조리법이다.

**110** 돼지고기 30kg으로 돼지갈비 100인분을 판매하여 매출액이 1,000,000원이다. 돼지고기 단가는 1kg당 15,000원, 총 양념비용은 60,000원이었다면 식재료의 원가비율은?

① 38%

② 51%

③ 65%

④ 78%

식재료비
= 30kg × 15,000원 + 60,000원
= 510,000원
총매출액 = 1,000,000원
원가비율
= 식재료비 ÷ 총매출액 × 100
= 510,000원 ÷ 1,000,000원 × 100
= 51%

> 원가(식재료)비율
> 식재료비 ÷ 총매출액 × 100

**111** 중금속에 대한 설명으로 옳은 것은?

① 생체와의 친화성이 거의 없다.

② 비중이 4.0 이하의 금속을 말한다.

③ 생체기능 유지에 전혀 필요하지 않다.

④ 다량이 축적될 때 건강장애가 일어난다.

① 중금속은 생체 내 효소와 작용하여 독성작용을 나타낸다.

② 중금속은 비중이 4.0 이상인 금속을 말한다.

③ 아연, 철, 구리, 코발트 등은 정상 생리기능을 유지하는 데 필수적인 금속이다.

**112** 구이에 의한 식품의 변화 중 틀린 것은?

① 살이 단단해진다.
② 기름이 녹아 나온다.
③ 수용성 성분의 유출이 매우 크다.
④ 식욕을 돋우는 맛있는 냄새가 난다.

정답 ③

구이는 수용성 성분의 유출이 작다.

**113** 돼지고기를 이용하여 조리할 때, 부위별 조리방법이 적절하게 연결된 것은?

① 뒷다리 – 구이, 수육
② 갈비 – 주물럭, 수육
③ 안심 – 구이, 탕수육
④ 삼겹살 – 장조림, 불고기

정답 ③

① 뒷다리는 지방이 적고 살이 많아 장조림, 불고기, 주물럭, 찌개 등의 조리에 적합하다.
② 갈비는 근육 내에 지방이 잘 분포되어 있고 풍미가 좋아 바비큐나 양념갈비, 찌개, 찜 등의 조리에 적합하다.
④ 삼겹살은 지방의 함유량이 높고 지방이 삼겹으로 이루어져 있어 구이나 수육, 찜의 조리에 적합하다.

**114** 마요네즈를 만들 때 유화제 역할을 하는 것은?

① 식초
② 샐러드유
③ 설탕
④ 난황

정답 ④

마요네즈를 만들 때는 난황의 레시틴 성분이 유화제 역할을 해 기름의 분리를 막아준다.

> 난황의 유화성
> • 난황의 인지질인 레시틴이 유화제로 작용
> • 유화성을 이용한 식품 : 마요네즈, 케이크 반죽, 크림스프 등

## 115 다음 괄호에 들어갈 원가 관련 용어는?

기출
유사

$$총원가 = 제조원가 + (\qquad)$$

① 이익
② 판매가격
③ 판매관리비
④ 제조간접비

## 116 튀김옷에 대한 설명 중 잘못된 것은?

① 중력분에 10~30% 전분을 혼합하면 박력분과 비슷한 효과를 얻을 수 있다.
② 계란을 넣으면 글루텐 형성을 돕고 수분 방출을 막아주므로 장시간 두고 먹을 수 있다.
③ 튀김옷에 0.2% 정도의 중조를 혼입하면 오랫동안 바삭한 상태를 유지할 수 있다.
④ 튀김옷을 반죽할 때 적게 저으면 글루텐 형성을 방지할 수 있다.

## 117 구이를 할 때 재료를 부드럽게 하는 방법으로 잘못된 것은?

① 설탕을 첨가하여 단백질의 열 응고를 지연시킨다.
② 고기의 경우 만육기로 두드리거나 고기결의 직각 방향으로 한다.
③ 양념은 만들어 묻히고 바로 굽는다.
④ 단백질 분해 효소가 있는 파인애플이나 배 등을 첨가한다.

**118** 유지의 산패도를 나타내는 값으로 짝지어진 것은?

① 비누화가, 요오드가

② 요오드가, 아세틸가

③ 과산화물가, 비누화가

④ 산가, 과산화물가

**119** 제조과정 중 단백질 변성에 의한 응고작용이 일어나지 않는 것은?

① 치즈 가공

② 두부 제조

③ 달걀 삶기

④ 딸기잼 제조

**120** 달걀에서 시간이 지남에 따라 나타나는 변화가 아닌 것은?

① 호흡작용을 통해 알칼리성으로 된다.

② 흰자의 점성이 커져 끈적끈적해진다.

③ 흰자에서 황화수소가 검출된다.

④ 주위의 냄새를 흡수한다.

**121** 감염병 중에서 비말감염과 관계가 먼 것은?

① 결핵
② 백일해
③ 발진열
④ 디프테리아

**정답 ③**

발진열은 벼룩에 의하여 감염되는 절족동물 매개 감염병이다. 비말감염은 환자 및 보균자의 객담, 재채기, 콧물 등으로 병원체가 감염되는 호흡기계 감염병으로 디프테리아, 백일해, 인플루엔자, 홍역, 결핵 등이 이에 해당한다.

**122** 탈수가 일어나지 않으면서 간이 맞도록 생선을 구우려면 일반적으로 생선 중량 대비 소금의 양은 얼마가 가장 적당한가?

① 1.2%
② 2%
③ 6%
④ 10%

**정답 ②**

생선 중량 대비 소금을 2~3%를 넣으면 탈수가 일어나지 않으면서 간이 알맞다.

**123** 한식에서 재료에 맛을 들게 하는 조리방법으로, 다른 조리법보다 간이 세기 때문에 저장성이 높은 조리방법은?

① 생채
② 조림
③ 숙채
④ 볶음

**정답 ②**

① 생채 : 식재료 본연의 맛을 살려 초장, 식초 등을 이용하여 익히지 않은 재료를 바로 무친 것
③ 숙채 : 물에 삶기, 찌기, 볶기 등의 조리방법으로 재료를 익힌 후 양념한 것
④ 볶음 : 소량의 기름을 이용하여 팬에서 익히는 조리방법

**124** **달걀에 관한 설명으로 틀린 것은?**

① 흰자의 단백질은 대부분이 오보뮤신(ovomuchin)으로 기포성에 영향을 준다.

② 난황의 인지질은 레시틴(lecithin), 세팔린(cephalin)을 많이 함유한다.

③ 신선도가 떨어지면 흰자의 점성이 감소한다.

④ 신선도가 떨어지면 달걀흰자는 알칼리성이 된다.

**정답 ①**

흰자의 단백질은 대부분이 오브알부민으로 기포성에 영향을 준다.

**125** **일반음식점의 모범업소 지정기준이 아닌 것은?**

① 1회용 물컵을 사용하여야 한다.

② 종업원은 청결한 위생복을 입고 있어야 한다.

③ 주방에는 입식조리대가 설치되어 있어야 한다.

④ 화장실에 1회용 위생종이 또는 에어타월이 비치되어 있어야 한다.

**정답 ①**

일반음식점이 모범업소로 지정받기 위해서는 1회용 물컵, 1회용 숟가락, 1회용 젓가락 등을 사용하지 않아야 한다.

**126** **두류 조리 시 두류를 연화시키는 방법으로 틀린 것은?**

① 2% 정도의 식염용액에 담갔다가 그 용액으로 가열한다.

② 초산용액에 담근 후 칼슘, 마그네슘이온을 첨가한다.

③ 약알칼리성의 중조수에 담갔다가 그 용액으로 가열한다.

④ 습열조리 시 연수를 사용한다.

**정답 ②**

칼슘이온을 첨가하여 콩 단백질과 결합을 촉진시키면 두부가 단단해진다.

**127** 한식에서 김치나 국물이 있는 반찬을 담을 때 사용하는 그릇은?

① 종지

② 조반기

③ 보시기

④ 밥소라

정답 ③

① **종지** : 간장, 초장, 꿀 등을 담는 그릇

② **조반기** : 대접처럼 운두가 낮고 뚜껑이 있어 죽, 미음 등을 담는 그릇

④ **밥소라** : 유기 재질로 뚜껑이 없으며, 떡국, 밥, 국수 등을 담는 그릇

**128** 식품의 갈변에 대한 설명 중 잘못된 것은?

① 감자는 물에 담가 갈변을 억제할 수 있다.

② 사과는 설탕물에 담가 갈변을 억제할 수 있다.

③ 냉동 채소의 전처리로 블렌칭을 하여 갈변을 억제할 수 있다.

④ 복숭아, 오렌지 등은 갈변 원인물질이 없기 때문에 미리 껍질을 벗겨 두어도 변색하지 않는다.

정답 ④

복숭아의 껍질을 벗겨 공기 중에 놓으면 폴리페놀옥시다아제에 의해 산화되어 갈색의 멜라닌으로 전환된다.

**129** 음식을 담을 때 고려해야 할 사항으로 부적합한 것은?

① 접시의 색

② 재료의 크기

③ 식사하는 사람의 편리성

④ 주재료와 부재료의 위치

정답 ①

음식을 담을 때는 주재료와 부재료의 위치, 재료의 크기, 접시의 크기, 음식의 외관, 식사하는 사람의 편리성을 고려해야 한다.

**130** 생선의 신선도가 저하되었을 때의 변화로 틀린 것은?

① 살이 물러지고 뼈와 쉽게 분리된다.

② 표피의 비늘이 떨어지거나 잘 벗겨진다.

③ 아가미의 빛깔이 선홍색으로 단단하며 꽉 닫혀있다.

④ 휘발성 염기 물질이 생성된다.

정답 ③

생선은 아가미의 빛깔이 선홍색이고 단단하며 꽉 닫혀있는 것이 신선하다.

**131** 맥아당은 어떤 성분으로 구성되어 있는가?

① 과당 2분자가 결합된 것

② 포도당 2분자가 결합된 것

③ 포도당과 전분이 결합된 것

④ 과당과 포도당 각 1분자가 결합된 것

정답 ②

맥아당은 포도당 + 포도당으로 구성되어 있다. 자당(서당, 설탕)은 포도당 + 과당으로, 젖당(유당)은 포도당 + 갈락토오스로 구성되어 있다.

예상문제 200제

**132** 해조류에서 추출한 성분으로 식품에 점성을 주고 안정제, 유화제로서 널리 이용되는 것은?

① 알긴산(alginic acid)

② 펙틴(pectin)

③ 젤라틴(gelatin)

④ 이눌린(inulin)

정답 ①

해조류에서 추출한 점액질 물질인 알긴산은 식품에 점성을 주고 안정제, 유화제로서 이용된다.

**133** 근채류 중 생식하는 것보다 기름에 볶는 조리법을 적용하는 것이 좋은 식품은?

① 무

② 당근

③ 토란

④ 고구마

**134** 대두에 관한 설명으로 틀린 것은?

① 콩 단백질의 주요 성분인 글리시닌은 글로불린에 속한다.

② 아미노산의 조성은 메티오닌, 시스테인이 많고 리신, 트립토판이 적다.

③ 날콩에는 트립신 저해제가 함유되어 생식할 경우 단백질 효율을 저하시킨다.

④ 두유에 염화마그네슘이나 탄산칼슘을 첨가하여 단백질을 응고시킨 것이 두부이다.

**135** 다음 사례의 원인이 된 중금속은?

> 1952년 일본의 화학공장에서 사용한 중금속이 공장폐수에 혼입되어 바다로 유입되고 어패류에 축적이 되었다. 이 어패류를 장기간 다량 섭취한 주민들에게 미나마타병이 발생하였다.

① 납(Pb)

② 비소(As)

③ 수은(Hg)

④ 카드뮴(Cd)

**136** 조리장의 설비 및 관리에 대한 설명 중 틀린 것은?

① 조리장 내에는 배수시설이 잘되어야 한다.
② 하수구에는 덮개를 설치한다.
③ 폐기물 용기는 목재 재질을 사용한다.
④ 폐기물 용기는 덮개가 있어야 한다.

정답 ③
폐기물 용기는 내수성 재질을 사용한다.

**137** 다음 요리 중 조리과정에서 비타민 C의 파괴율이 가장 적은 것은?

① 오이지
② 무생채
③ 시금칫국
④ 고사리무침

정답 ②
비타민 C는 물에 잘 녹는 수용성 비타민이며 열, 알칼리, 산화에 불안정하므로 열을 가하지 않는 조리법이 파괴율이 가장 적다.

**138** 우유를 응고시키는 요인과 거리가 먼 것은?

① 가열
② 레닌(rennin)
③ 산
④ 당류

정답 ④
**우유를 응고시키는 요인**
산(식초, 레몬즙), 효소(레닌), 페놀화합물(탄닌), 염류 등

**139** 다음 중 미생물에 의한 식품의 부패 원인과 가장 관계가 깊은 것은?

① 습도
② 냄새
③ 색도
④ 광택

정답 ①

미생물 증식 5대 조건
영양소, 수분, 온도, pH, 산소

**140** 소금의 용도가 아닌 것은?

① 채소 절임 시 수분 제거
② 효소 작용 억제
③ 아이스크림 제조 시 빙점 강하
④ 생선구이 시 석쇠 금속의 부착 방지

정답 ④

생선구이 시 석쇠 금속의 부착을 방지하기 위해서는 기름을 바른다.

**141** 소고기를 간장에 조림하는 이유로 틀린 것은?

① 염절임 효과
② 수분활성도 저하
③ 당도 상승
④ 냉장 시 한 달간의 안전성

정답 ④

**소고기를 간장에 조림하는 이유**
염절임 효과, 수분활성도 저하 및 당도 상승으로 냉장보관 시 10일 정도의 안전성을 가짐

**142** 다음 중 두부의 응고제가 아닌 것은?

① 염화마그네슘($MgCl_2$)

② 황산칼슘($CaSO_4$)

③ 염화칼슘($CaCl_2$)

④ 탄산칼륨($K_2CO_3$)

정답 ④

두부응고제
염화칼슘($CaCl_2$), 황산칼슘($CaSO_4$), 황산마그네슘($MgSO_4$), 염화마그네슘($MgCl_2$)

---

**143** 쇠고기를 가열하지 않고 회로 먹을 때 생길 수 있는 가능성이 가장 큰 기생충은?

기출유사

① 민촌충

② 선모충

③ 유구조충

④ 회충

정답 ①

육류를 통해 감염되는 기생충
• 무구조충(민촌충) : 소
• 유구조충(갈고리촌충) : 돼지
• 선모충 : 돼지
• 톡소플라스마 : 고양이, 쥐, 조류

---

**144** 곡류의 특성에 관한 설명으로 틀린 것은?

① 곡류의 호분층에는 단백질, 지질, 비타민, 무기질, 효소 등이 풍부하다.

② 멥쌀의 아밀로오스와 아밀로펙틴의 비율은 보통 80 : 20이다.

③ 밀가루로 면을 만들었을 때 잘 늘어나는 이유는 글루텐 성분의 특성 때문이다.

④ 맥아는 보리의 싹을 틔운 것으로 맥주 제조에 이용된다.

정답 ②

멥쌀의 아밀로오스와 아밀로펙틴의 비율은 보통 20 : 80이다.

예상문제 200제

**145** 4대 온열요소에 속하지 않는 것은?

① 기류
② 기압
③ 기습
④ 복사열

**4대 온열요소**
기온, 기습(습도), 기류(바람), 복사열

**146** 곡물의 저장 과정에서의 변화에 대한 설명으로 옳은 것은?

① 곡류는 저장 시 호흡 작용을 하지 않는다.
② 곡물 저장 시 벌레에 의한 피해는 거의 없다.
③ 쌀의 변질에 가장 관계가 깊은 것은 곰팡이다.
④ 수분과 온도는 저장에 큰 영향을 주지 못한다.

쌀의 변질에 가장 관계가 깊은 것은 곰팡이다.

**147** 소음으로 인한 피해와 거리가 먼 것은?

① 불쾌감 및 수면장애
② 작업능률 저하
③ 위장기능 저하
④ 맥박과 혈압의 저하

**소음에 의한 피해**
수면장애, 두통, 위장기능 저하, 작업능률 저하, 정신적 불안정, 불쾌감, 신경쇠약 등

**148** 발연점을 고려했을 때 튀김용으로 가장 적합한 기름은?

① 쇼트닝(유화제 첨가)
② 참기름
③ 대두유
④ 피마자유

발연점이 높은 식물성 기름일
수록 튀김에 적당하며, 콩기름,
포도씨유, 대두유, 옥수수유 등
이 발연점이 높다.

**149** 황변미 중독은 14~15% 이상의 수분을 함유하는 저장미에서 발생하기 쉬운데 그 원인 미생물은?

① 곰팡이
② 세균
③ 효모
④ 바이러스

황변미 중독은 페니실리움 속
푸른곰팡이에 의해 저장 중인
쌀에 번식한다.

**150** 다음 중 식육의 동결과 해동 시 조직 손상을 최소화 할 수 있는 방법은?

① 급속 동결, 급속 해동
② 급속 동결, 완만 해동
③ 완만 동결, 급속 해동
④ 완만 동결, 완만 해동

식육의 동결과 해동 시 조직 손
상을 최소화 할 수 있는 방법은
급속 동결, 완만 해동이다.

예상
문제
200제

**151** 초 조리 맛을 좌우하는 조리원칙으로 바른 것은?

① 재료의 크기와 써는 모양을 다양하게 한다.

② 조미료를 넣는 순서는 소금 – 설탕 – 간장 – 식초 순이다.

③ 남은 국물의 양이 20% 이상이어야 한다.

④ 생선요리는 국물이 끓을 때 넣어야 부서지지 않는다.

정답 ④

① 재료의 크기와 써는 모양에 따라 맛이 좌우되므로 일정하게 썰어야 한다.

② 조미료를 넣는 순서는 설탕 – 소금 – 간장 – 식초 순이다.

③ 남은 국물의 양이 10% 이내여야 한다.

**152** 연제품 제조에서 어육단백질을 용해하며 탄력성을 주기 위해 꼭 첨가해야 하는 물질은?

① 소금

② 설탕

③ 전분

④ 글루타민산소다

정답 ①

연제품 제조 시 어육단백질을 용해하며 탄력성을 주기 위해서 소금을 반드시 첨가한다.

**153** 다음 중 치사율이 가장 높은 독소는?

① 삭시톡신

② 베네루핀

③ 테트로도톡신

④ 엔테로톡신

정답 ③

자연독 치사율

• 섭조개(삭시톡신) : 10%

• 모시조개, 굴, 바지락(베네루핀) : 45~50%

• 테트로도톡신 : 50~60%

• 엔테로톡신 : 높지 않음

**154** 냉동어의 해동법으로 가장 좋은 방법은?

① 저온에서 서서히 해동시킨다.

② 얼린 상태로 조리한다.

③ 실온에서 해동시킨다.

④ 뜨거운 물속에 담가 빨리 해동시킨다.

**정답 ①**

식육의 동결과 해동 시 조직 손상을 최소화 할 수 있는 방법은 급속 동결, 완만 해동으로 저온(냉장)에서 서서히 해동시키는 것이 바람직하다.

**155** 다음 중 일반적으로 뿌리 부분을 주요 식용부위로 하는 근채류가 아닌 것은?

기출유사

① 무

② 당근

③ 죽순

④ 도라지

**정답 ③**

죽순은 줄기를 주요 식용부위로 하는 경채류에 해당된다.

**156** 두부를 만드는 과정은 콩 단백질의 어떠한 성질을 이용한 것인가?

① 건조에 의한 변성

② 동결에 의한 변성

③ 효소에 의한 변성

④ 무기염류에 의한 변성

**정답 ④**

두부는 콩 단백질이 무기염류에 의해 변성(응고)되는 성질을 이용하여 만든다.

예상
문제
200제

**157** 황색포도상구균에 의한 식중독 예방대책으로 적합한 것은?

① 토양의 오염을 방지하고 특히 통조림의 살균을 철저히 해야 한다.
② 쥐나 곤충 및 조류의 접근을 막아야 한다.
③ 어패류를 저온에서 보존하여 생식하지 않는다.
④ 화농성 질환자의 식품취급을 금지한다.

**158** 달걀흰자로 거품을 낼 때 식초를 약간 첨가하는 것은 다음 중 어떤 것과 가장 관계가 깊은가?

① 난백의 등전점
② 용해도 증가
③ 향 형성
④ 표백 증가

**159** 소독약과 유효한 농도의 연결이 적합하지 않은 것은?

① 알코올 – 5%
② 과산화수소 – 3%
③ 석탄산 – 3%
④ 승홍수 – 0.1%

**160** 색소를 보존하기 위한 방법 중 틀린 것은?

① 녹색채소를 데칠 때 식초를 넣는다.
② 매실지를 담글 때 소엽(차조기잎)을 넣는다.
③ 연근을 조릴 때 식초를 넣는다.
④ 햄 제조 시 질산칼륨을 넣는다.

정답 ①

녹색 채소는 다량의 물에 소금을 넣고 데쳐야 색이 유지된다. 녹색채소에는 클로로필이라는 색소가 있는데 산성(식초물)에 페오피틴으로 변해 녹황색을 나타낸다.

**161** 병원체가 바이러스(virus)인 질병은?

① 장티푸스
② 결핵
③ 유행성 간염
④ 발진열

정답 ③

**질병의 원인 물질**
• **장티푸스** : 세균
• **결핵** : 세균
• **유행성 간염** : 바이러스
• **발진열** : 리케차

**162** 다음 중 무화과의 단백질 분해효소는?

① 셉신
② 피신
③ 아밀롭신
④ 스테압신

정답 ②

**단백질 분해효소에 의한 고기 연화법**
파파야(파파인, papain), 무화과(피신, ficin), 파인애플(브로멜린, bromelin), 배(프로테아제, protease), 키위(액티니딘, actinidin)

185

**163** 찌개를 끓일 때 국물과 건더기의 비율은?

① 1 : 2

② 3 : 4

③ 4 : 6

④ 7 : 3

국물과 건더기의 비율
국은 6 : 4 또는 7 : 3이고
찌개는 4 : 6이다.

**164** 다음 중 밥과 죽의 큰 차이점으로 알맞은 것은?

① 쌀의 종류

② 물의 성분

③ 물의 함량

④ 잡곡의 종류

밥과 죽의 큰 차이점은 물의 함량이며 죽의 조리시간을 조절하는 중요한 요소이다.

**165** 인수공통감염병으로 그 병원체가 세균인 것은?

① 일본뇌염

② 공수병

③ 광견병

④ 결핵

인수공통감염병의 병원체
• **세균** : 결핵
• **바이러스** : 일본뇌염, 공수병(광견병)

**166** 다음 중 술을 대접하기 위해 술과 함께 안주를 차린 상은?

① 교자상
② 주안상
③ 초조반상
④ 다과상

① **교자상** : 경사스러운 일이나 명절에 많은 사람들이 모여 식사하는 큰 상이다.
③ **초조반상** : 궁중의 일상식이며, 이른 아침에 차리는 간단한 죽상이다.
④ **다과상** : 식사시간이 아닐 때 손님에게 차와 함께 곁들여 차리는 상이다.

**167** 판매를 목적으로 하는 식품에 사용하는 기구, 용기, 포장의 기준과 규격을 정하는 기관은?

① 농림축산식품부
② 산업통상자원부
③ 보건소
④ 식품의약품안전처

정답 ④
식품의약품안전처장은 국민보건을 위하여 필요한 경우에는 판매나 영업에 사용하는 기구 및 용기·포장에 관하여 제조방법에 관한 기준, 기구 및 용기·포장과 그 원재료에 관한 규격을 정하여 고시한다.

**168** 다음 중 오방색에 따른 검은색 고명이 아닌 것은?

① 대추
② 소고기
③ 석이버섯
④ 표고버섯

정답 ①
대추는 붉은색 고명이다.

오방색에 따른 고명
• **흰색** : 달걀 흰자, 밤, 잣
• **노란색** : 달걀 노른자
• **녹색** : 호박, 오이, 실파, 미나리
• **붉은색** : 대추, 실고추, 붉은 고추, 당근
• **검은색** : 소고기, 석이버섯, 표고버섯

187

**169** 중금속에 의한 중독과 증상을 바르게 연결한 것은?

① 납 중독 – 빈혈 등의 조혈장애
② 수은 중독 – 골연화증
③ 카드뮴 중독 – 흑피증, 각화증
④ 비소 중독 – 사지마비, 보행장애

정답 ①

**중금속에 의한 중독과 증상**
• **납 중독** : 빈혈 등의 조혈장애
• **수은 중독** : 홍독성 흥분
• **카드뮴 중독** : 골연화증
• **비소 중독** : 구토, 위통

**170** 죽의 종류 중 쌀알 그대로 끓이는 죽은?

① 옹근죽
② 원미죽
③ 무리죽
④ 암죽

정답 ①

**죽의 종류**
• **원미죽** : 쌀알을 반 정도 갈아서 만든 죽
• **무리죽** : 쌀을 완전히 갈아서 만든 죽
• **암죽** : 곡식이나 밤 등의 가루를 밥물에 타서 끓인 죽

**171** 영양소에 대한 설명 중 틀린 것은?

① 영양소는 식품의 성분으로 생명현상과 건강을 유지하는데 필요한 요소이다.
② 건강이라 함은 신체적, 정신적, 사회적으로 건전한 상태를 말한다.
③ 물은 체조직 구성 요소로서 보통 성인 체중의 2/3을 차지하고 있다.
④ 조절소란 열량을 내는 무기질과 비타민을 말한다.

정답 ④

열량영양소는 탄수화물, 지방, 단백질이다.

**조절소**
• 체내의 생리작용(소화, 호흡, 배설 등)을 조절하는 영양소
• **종류** : 무기질, 비타민, 물

**172** 밥의 수분 함량 중 취반한 밥이 가장 맛있는 수분 함량은?

① 60~65%

② 70~75%

③ 80~85%

④ 90~95%

**밥맛을 좋게 하는 요인**
- 밥의 수분 함량 : 60~65%
- 물의 pH : pH 7~8
- 소금첨가 : 0.02~0.03%
- 조리기구 : 열전도가 작고 열용량이 큰 무쇠나 곱돌

**173** 효소적 갈변 반응을 방지하기 위한 방법이 아닌 것은?

① 가열하여 효소를 불활성화 시킨다.

② 효소의 최적조건을 변화시키기 위해 pH를 낮춘다.

③ 아황산가스 처리를 한다.

④ 산화제를 첨가한다.

효소적 갈변 반응을 방지하기 위해서는 산화제가 아니라 환원제를 첨가한다.

**174** 다음 중 국에 사용되는 육수가 아닌 것은?

① 쌀뜨물

② 조개 육수

③ 양파 육수

④ 다시마 육수

**국에 사용되는 육수**
쌀뜨물, 멸치/조개 육수, 다시마 육수, 소고기 육수, 사골 육수

예상
문제
200제

**175** 참기름과 들기름은 이 물질의 함유 여부에 따라 보관 방법이 달라진다. 참기름의 산패를 막는 기능을 하는 이 물질은 무엇인가?

기출
유사

① 토코페롤
② 리그난
③ 비타민 C
④ 칼슘

**176** 찌개와 비슷하며, 재료를 화로나 불에 즉석에서 끓이는 음식을 이르는 말은?

① 전골
② 감정
③ 조치
④ 지짐이

**177** 알칼로이드성 물질로 커피의 자극성을 나타내고 쓴맛에도 영향을 미치는 성분은?

기출
유사

① 주석산(tartaric acid)
② 카페인(caffein)
③ 탄닌(tannin)
④ 개미산(formic acid)

**178** 다음 찌개의 종류 중 맑은 찌개에 해당하는 것은?

① 순두부찌개

② 명란젓국찌개

③ 호박감정

④ 청국장찌개

정답 ②

**찌개의 종류**

• **맑은 찌개** : 두부젓국찌개, 명란젓국찌개 등 소금이나 새우젓으로 간을 맞춘 찌개

• **탁한 찌개** : 된장찌개, 생선찌개, 순두부찌개, 호박감정, 청국장찌개 등 된장이나 고추장으로 간을 맞춘 찌개

**179** 다음 중 비타민 D의 전구물질로 프로비타민 D로 불리는 것은?

① 프로게스테론(progesterone)

② 에르고스테롤(ergosterol)

③ 시토스테롤(sitosterol)

④ 스티그마스테롤(stigmasterol)

정답 ②

비타민 $D_2$의 전구체인 에르고스테롤은 자외선을 조사하면 비타민 $D_2$(에르고칼시페롤)가 되며, '프로비타민 D'로 불린다.

**180** 전 조리의 특징으로 적절하지 않은 것은?

① 재료의 제약이 없이 여러 가지 재료를 사용하여 만들 수 있다.

② 육류, 어패류, 채소류를 끓는 물에 삶거나 데쳐서 익힌 후 썰어 양념에 찍어먹는 조리법이다.

③ 여러 종류의 전을 모듬전 형태로 만들거나 전을 이용하여 신선로나 전골을 만들 수 있다.

④ 식물성 기름을 사용하며, 재료에 따라 기본 영양소 외에 비타민, 무기질과 같은 영양소까지 보유할 수 있다.

정답 ②

전 조리는 재료에 달걀, 곡물을 기름에 부치는 방식의 조리법으로, 조리방법이 상호 보완 작용을 한다. 육류, 어패류, 채소류를 끓는 물에 삶거나 데쳐서 익힌 후 썰어 양념에 찍어먹는 조리법은 숙회이다.

예상 문제 200제

**181** 식품에 존재하는 물의 형태 중 자유수에 대한 설명으로 틀린 것은?

① 식품에서 미생물의 번식에 이용된다.

② −20℃에서도 얼지 않는다.

③ 100℃에서 증발하여 수증기가 된다.

④ 식품을 건조시킬 때 쉽게 제거된다.

정답 ②

자유수는 0℃ 이하에서 동결되므로 −20℃에서 동결된다.

**182** 싱싱한 재료를 익히지 않고 날로 무친 나물로, 계절 채소들을 이용하여 초장, 고추장, 겨자장으로 무친 반찬은?

① 생채

② 숙채

③ 회

④ 숙회

정답 ①

② 숙채 : 물에 데치거나 기름에 볶은 나물

③ 회 : 육류, 어패류, 채소류를 날로 썰어서 초간장, 초고추장, 소금, 기름 등에 찍어 먹는 조리법

④ 숙회 : 육류, 어패류, 채소류를 끓는 물에 삶거나 데쳐서 익힌 후 썰어서 초고추장 등에 찍어 먹는 조리법

**183**  인체 내에서 소화가 잘 안되며, 장내 가스 발생인자로 잘 알려진 대두에 존재하는 소당류는?

① 스타키오스(stachyose)

② 과당(fructose)

③ 포도당(glucose)

④ 유당(lactose)

정답 ①

**스타키오스**

• 라피노오스에 갈락토오스가 결합된 4당류

• 대두에 많이 들어 있으며 인체 내에서 소화가 잘 안되고 장내에 가스 발생

**184** 숙채 조리법 중 찌기의 특징이 아닌 것은?

① 가열된 수증기로 식품을 익힌다.

② 식품 모양의 유지가 쉽다.

③ 끓이거나 삶는 것보다 수용성 영양소의 손실이 적다.

④ 녹색 채소의 조리법으로 적당하다.

**숙채 조리법 – 찌기**
• 가열된 수증기로 식품을 익힌다.
• 식품 모양의 유지가 쉽다.
• 끓이거나 삶는 것보다 수용성 영양소의 손실이 적다.
• 녹색 채소의 조리법으로 적당하지 않다.

**185** 다음 중 신선한 우유의 특징은?

① 투명한 백색으로 약간의 감미를 가지고 있다.

② 물이 담긴 컵 속에 한 방울 떨어뜨렸을 때 구름 같이 퍼져가며 내려간다.

③ 진한 황색이며 특유한 냄새를 가지고 있다.

④ 알코올과 우유를 동량으로 섞었을 때 백색의 응고가 일어난다.

**신선한 우유**
• 이물질이 없고, 냄새가 없으며, 색이 이상하지 않은 것
• 물속에 한 방울 떨어뜨렸을 때 구름같이 퍼져가며 내려가는 것
• pH 6.6

**186** 다음 중 백일상의 의례음식으로 가장 적절한 것은?

① 국수

② 육포

③ 백설기

④ 나물

① 국수는 돌상의 의례음식 중의 하나이다.
② 육포는 폐백상의 의례음식 중의 하나이다.
④ 나물은 제상의 의례음식 중의 하나이다.

**백일상의 의례음식**
백설기, 미역국, 흰밥, 수수경단

예상
문제
200제

**187** 쑥갓과 함께 먹으면 좋은 식재료로 바르지 않은 것은?

① 쑥갓과 두부

② 쑥갓과 표고버섯

③ 쑥갓과 셀러리

④ 쑥갓과 씀바귀

정답 ②

쑥갓과 두부, 쑥갓과 씀바귀, 쑥갓과 셀러리, 쑥갓과 솔잎 등은 함께 먹으면 좋은 식재료이다.

**188** 다음 중 대기오염의 피해로 가장 거리가 먼 것은?

① 호흡기 질병유발

② 물질의 부식

③ 자연환경 악화

④ 위장기능 저하

정답 ④

위장기능 저하는 소음으로 인한 피해 중의 하나이며, 대기오염의 피해로 가장 거리가 멀다.

**189** 다음 중 식단 작성 시 고려해야 할 사항으로 옳지 않은 것은?

① 급식대상자의 영양 필요량

② 급식대상자의 기호성

③ 식단에 따른 종업원 및 필요기기의 활용

④ 한식의 경우 국(찌개), 주찬, 부찬, 주식, 김치류 순으로 기재

정답 ④

메뉴가 한식인 경우 주식, 국(찌개), 주찬, 부찬, 김치류의 순으로 식단표에 기재하여야 한다.

**190** 쌀의 호화를 돕기 위해 밥을 짓기 전에 침수시키는데 이때 최대 수분 흡수량은?

① 5~10%
② 20~30%
③ 55~65%
④ 75~85%

쌀의 호화를 돕기 위해 밥을 짓기 전에 쌀 불리기(수침)을 하는데, 이때 최대 수분흡수량은 20~30%이다.

**191** 채소를 냉동하기 전 블랜칭(blanching)하는 이유로 틀린 것은?

① 효소의 불활성화
② 미생물 번식의 억제
③ 산화반응 억제
④ 수분감소 방지

**채소류 블랜칭의 장점**
- 수분을 감소시켜 효소의 불활성화
- 산화반응의 억제
- 미생물 번식의 억제

**192** 한식의 갈비찜 조리 시 첨가되는 감자와 당근에 적합한 썰기 방법은?

① 반달 썰기
② 깍둑 썰기
③ 막대 썰기
④ 둥글려 깎기

둥글려 깎기는 식재료의 모서리를 둥글게 다듬는 방법으로 오래 끓여도 식재료 모양이 뭉그러지지 않기 때문에 갈비찜과 같이 장시간 끓여야 하는 식품에 적합하다.

예상
문제
200제

**193** 점성이 없고 보슬보슬한 매쉬드 포테이토(mashed potato)용 감자로 가장 알맞은 것은?

① 충분히 숙성한 분질의 감자
② 전분의 숙성이 불충분한 수확 직후의 햇감자
③ 소금 1컵 : 물 11컵의 소금물에서 표면에 뜨는 감자
④ 10℃ 이하의 찬 곳에 저장한 감자

정답 ①

매쉬드 포테이토는 점성이 없고 보슬보슬한 충분히 숙성된 분질의 감자를 사용하여 만든다.

**194** 일반적인 칼갈이에 이용되는 숫돌의 입도는?

① 400#
② 1000#
③ 4000#
④ 6000#

정답 ②

1000# 숫돌은 일반적인 칼갈이에 이용된다. 400# 숫돌은 이가 빠지거나 깨진 칼끝을 수정하는 데 사용되며 4000~6000# 숫돌은 마무리용으로 칼을 간 후 윤이나 광을 내는 데 사용된다.

**195** 어류의 부패 속도에 대하여 가장 올바르게 설명한 것은?

① 해수어가 담수어보다 쉽게 부패한다.
② 얼음물에 보관하는 것보다 냉장고에 보관하는 것이 더 쉽게 부패한다.
③ 토막을 친 것이 통째로 보관하는 것보다 쉽게 부패한다.
④ 어류는 비늘이 있어서 미생물의 침투가 육류에 비해 늦다.

정답 ③

어류는 토막을 친 것이 통째인 것보다 공기와 접촉하는 표면적이 크기 때문에 더 쉽게 부패한다.

**196** 조리장에서 면적을 산출할 때 식당의 면적은 취식자 1인당 몇 m²로 계산해야 하는가?

① 1m²

② 2m²

③ 3m²

④ 4m²

정답 ①

식당의 면적은 취식자 1인당 1m²로 계산하여 산출한다.

**197** 우유의 카제인을 응고시킬 수 있는 것으로 되어있는 것은?

① 탄닌 – 레닌 – 설탕

② 식초 – 레닌 – 탄닌

③ 레닌 – 설탕 – 소금

④ 소금 – 설탕 – 식초

정답 ②

우유의 카제인은 산(식초, 레몬즙), 효소(레닌), 페놀화합물(탄닌), 염류 등에 의해 응고된다.

예상
문제
200제

**198** 냉동된 육류를 해동하는 방법으로 가장 적합한 것은?

① 실온에 꺼내어 둔다.

② 냉장고에 넣고 서서히 해동한다.

③ 전자렌지의 해동 기능을 이용한다.

④ 뜨거운 물에 담가 급속히 해동한다.

정답 ②

냉동식품의 경우 냉장고에 꺼내두고 저온으로 서서히 해동하는 것이 품질의 변화가 가장 적고 위생적이다.

**199** 아이스크림을 만들 때 굵은 얼음 결정이 형성되는 것을 막아 부드러운 질감을 갖게 하는 것은?

① 설탕
② 달걀
③ 젤라틴
④ 지방

정답 ③

아이스크림
크림에 설탕, 유화제, 안정제(젤라틴), 지방 등을 첨가하여 공기를 불어 넣은 후 동결

**200** 고추장에 대한 설명으로 적합하지 않은 것은?

① 메주를 이용하여 만든 식품이다.
② 콩 단백질에 의해 감칠맛이 난다.
③ 된장보다 매운맛은 더 강하고 단맛은 약하다.
④ 전분원료로는 찹쌀가루나 밀가루를 사용한다.

정답 ③

고추장은 엿기름의 β−아밀라아제(당화효소)에 의해 단맛이 증가하여 된장보다 더 단맛이 강하다.

# II

# 양식조리기능사

# 한식·양식조리기능사

# 1000제

기능사 필기 대비

# II

# 1회 양식조리기능사 필기

**01** 개인 위생관리 중 용모에 대한 설명으로 옳지 않은 것은?

① 짙은 화장이나 향수 사용을 삼간다.
② 수염은 매일 면도하여 짧게 자른다.
③ 손톱은 짧게 깎기만 하면 매니큐어 사용을 할 수 있다.
④ 모발이 위생모 바깥으로 나오지 않도록 위생모를 착용한다.

**02** 다음 변질의 종류 중 비단백질성 식품이 미생물에 의해 변질되는 현상으로 알맞은 것은?

① 변패
② 발효
③ 산패
④ 부패

**03** 간흡충의 제1, 2중간숙주가 순서대로 나열된 것으로 적절한 것은?

① 다슬기, 가재
② 물벼룩, 뱀장어
③ 왜우렁이, 붕어
④ 바다새우, 고등어

**04** 미생물의 발육을 억제하여 식품의 부패를 막고 신선도를 유지시키기 위해서 사용되는 첨가물은?

① 살균제
② 보존료
③ 조미료
④ 산화방지제

**05** 다음 중 식품첨가물과 용도를 연결한 것으로 옳지 않은 것은?

① 카제인나트륨 – 조미료
② 아질산나트륨 – 발색제
③ 토코페롤 – 산화방지제
④ 안식향산 – 보존료

**06** 소독 방법 중 소독력이 가장 작으며 미생물의 생육을 억제 또는 정지시켜 부패를 방지하는 방법은?

① 멸균
② 살균
③ 소독
④ 방부

**07** 황색포도상구균 식중독에 대한 설명으로 옳지 않은 것은?

① 원인독소는 엔테로톡신이다.
② 잠복기는 평균 3시간으로 잠복기가 가장 짧다.
③ 원인식품은 통조림, 햄, 소시지이다.
④ 식품취급자의 화농성 질환에 의해 감염된다.

**08** 다음 중 꽁치, 고등어나 그 가공품에 의한 알레르기성 식중독의 원인성분은?

① 아미그달린
② 삭시톡신
③ 뉴로톡신
④ 히스타민

**09** 포도상구균의 특징이 아닌 것은?

① 감염형 식중독을 일으킨다.
② 내열성 독소를 생성한다.
③ 손에 상처가 있을 경우 식품 오염 확률이 높다.
④ 주 증상은 급성위장염이다.

**10** 식품 등의 표시기준에 따라 표시해야 할 영양표시에 해당되지 않는 것은?

① 나트륨
② 카페인
③ 콜레스테롤
④ 트랜스지방

**11** 식품위생법상 영업신고를 하여야 하는 업종이 영업신고를 하는 대상은?

① 보건복지부장관
② 시장·군수·구청장
③ 환경부장관
④ 식품의약품안전처장

**12** 식품위생법상 면허를 타인에게 대여해 준 경우의 1, 2차 위반 시 행정처분을 나열한 것으로 알맞은 것은?

① 시정명령, 업무정지 15일
② 업무정지 1개월, 업무정지 2개월
③ 업무정지 2개월, 업무정지 3개월
④ 업무정지 3개월, 면허취소

**13** 식품 및 식품첨가물 및 기구, 용기, 포장의 수출기준에 대한 것으로 옳은 것은?

① 수입자가 요구하는 기준과 규격을 따를 수 있다.

② 수출자가 요구하는 기준과 규격을 따를 수 있다.

③ 수입자가 요구하는 기준과 규격을 따라야만 한다.

④ 수출자가 요구하는 기준과 규격을 따라야만 한다.

**14** 다음 중 조리사의 위반사항에 해당하는 것은?

① 업무정지 기간 중 조리사의 업무를 하지 않은 경우

② 교육을 받은 날로부터 1년 이상 보수교육을 받지 않은 경우

③ 식중독이나 위생과 관련된 중대한 사고 발생에 직무상 책임이 없는 경우

④ 면허를 타인에게 대여해 준 사실이 없는 경우

**15** 이산화탄소($CO_2$)에 대한 설명으로 옳지 않은 것은?

① 실내공기의 오염 지표이다.

② 위생학적 허용한계는 0.1%(1,000ppm) 이하이다.

③ 실내 공기조성의 전반적인 상태를 알 수 있다.

④ 물체의 불완전 연소 시에 발생한다.

**16** 다음 중 하수의 오염을 측정하는 지표가 아닌 것은?

① 생화학적 산소요구량(BOD)

② 일산화탄소(CO)

③ 수소이온농도(pH)

④ 부유물질(SS)

**17** 다음 중 역학의 목적으로 적절하지 않은 것은?

① 질병의 예방을 위하여 질병 발생의 요인 규명

② 질병의 측정과 유행 발생의 감시

③ 질병의 자연사 연구

④ 사회복지의 기획과 평가를 위한 자료 제공

**18** 경구감염병을 세균성 식중독과 비교한 것으로 옳지 않은 것은?

① 세균성 식중독에 비해 잠복기가 길다.

② 세균성 식중독과 달리 2차 감염이 있다.

③ 세균성 식중독과 달리 면역성이 있다.

④ 식품 중 균의 증식을 억제하여 예방할 수 있다.

**19** 다음 중 감염병의 잠복기가 가장 긴 것은?

① 이질
② 수두
③ 결핵
④ 풍진

**20** 다음 중 생후 4주 이내에 하는 예방접종은?

① BCG
② DPT
③ 홍역
④ 볼거리

**21** 모성사망률에 대한 공식이 알맞은 것은?

① 연간 출생아 수÷연간 모성 사망자 수×
  1,000
② 연간 모성 사망자 수÷연간 출생아 수×
  1,000
③ 연간 모성 사망자 수÷연간 총사망자 수
  ×1,000
④ 연간 총사망자 수÷연간 모성 사망자 수
  ×1,000

**22** 60℃에서 30분간 가열하면 식품 안전에 위해가 되지 않는 세균은?

① 살모넬라균
② 클로스트리디움 보툴리눔균
③ 황색포도상구균
④ 장구균

**23** 화재 시 대처요령에 대한 설명이 옳지 않은 것은?

① 화재 발생 시 경보를 울리거나 큰소리로
  주위에 먼저 알린다.
② 가스 누출 시 밸브를 잠그는 등 신속히 원
  인을 제거한다.
③ 몸에 불이 붙었을 경우 제자리 뛰기를 한다.
④ 평소 소화기 사용방법 및 장소를 숙지하고
  소화기나 소화전을 사용하여 불을 끈다.

**24** 불용성 식이섬유의 특징이 아닌 것은?

① 식이섬유의 대부분을 차지한다.
② 물과 친화력이 적다.
③ 대장의 연동운동을 증가시켜 배변량을 증
  가시킨다.
④ 펙틴, 글루코만난, 검, 알긴산, 한천, 키
  토산 등이 있다.

**25** 탄수화물 대사의 중요한 보조효소로, 곡류에 다량 함유되어 있으나 쌀을 씻는 과정에서 손실이 많은 것은?

① 비타민 $B_1$
② 비타민 $B_9$
③ 비타민 A
④ 비타민 E

**26** 다음 중 무기질에 대한 특징으로 적절하지 않은 것은?

① 에너지를 내는 열량 영양소는 아니지만 몸의 구성 물질이 된다.
② 신체의 여러 화학 반응을 조절하는 영양소이다.
③ 식품으로 섭취하지 않아도 부족 시 체내에서 합성이 가능하다.
④ 인체의 골격 등을 구성하며 호르몬을 생성한다.

**27** 홍차의 갈변 현상 또는 과일이나 채소의 갈변 현상의 원인이 되는 효소는?

① 프티알린
② 말타아제
③ 티로시나아제
④ 폴리페놀 옥시다아제

**28** 찻잎, 아몬드, 바닐라 등과 같은 식물성 식품의 냄새 성분은?

① 알데히드류
② 알코올류
③ 테르펜류
④ 에스테르류

**29** 마가린, 쇼트닝과 같이 액체상태의 기름에 수소를 첨가하고 니켈과 백금을 넣어 고체형의 기름을 만든 것은?

① 유화
② 경화
③ 연화
④ 검화

**30** 미오글로빈의 변화와 그 색의 연결이 옳지 않은 것은?

① 미오글로빈 – 적자색
② 옥시미오글로빈 – 선홍색
③ 메트미오글로빈 – 주황색
④ 헤마틴 – 회갈색

**31** 혈색소의 성분으로 산소를 운반하며 근육색소 및 호흡 효소의 구성 성분인 것은?

① 철(Fe)
② 불소(F)
③ 칼륨(K)
④ 나트륨(Na)

**32** 다음 중 열량 영양소에 해당하지 않는 것은?

① 지질
② 단백질
③ 무기질
④ 탄수화물

**33** 다음 중 경쟁입찰 계약방법에 대한 내용이 아닌 것은?

① 참여를 원하는 업체들의 입찰을 통해 최적의 조건을 제시한 업체와 계약을 체결한다.
② 공평하며 선정 과정 중에 생기는 부조리를 방지할 수 있다.
③ 자격이 부족한 업체가 응찰할 수 있고 업체 간의 담합으로 낙찰이 어려울 수 있다.
④ 비저장품목 등을 수시로 구매할 때 사용하여 소규모 급식시설에 적합하다.

**34** 다음 중 검수 구비요건으로 알맞은 것은?

① 검수 담당자는 구매를 담당한 사람으로 배치한다.
② 검수구역은 배달 구역 입구, 물품저장소와 먼 장소에 위치한다.
③ 검수시간은 공급업체와 협의하여 검수 업무를 정확하게 수행할 수 있는 시간으로 한다.
④ 검수를 할 때는 겉포장에 표기된 물품의 종류와 개수를 참조한다.

**35** 다음 중 총원가에 포함되지 않는 것은?

① 이익
② 직접재료비
③ 간접경비
④ 판매관리비

**36** 전분의 변화에 대한 설명으로 옳은 것은?

① 호정화란 전분에 물을 넣고 가열시켜 전분입자가 붕괴되고 미셀구조가 파괴되는 것이다.
② 호화란 전분을 묽은 산이나 효소로 가수분해 시키거나 수분이 없는 상태에서 160~170℃로 가열하는 것이다.
③ 전분의 노화를 방지하려면 호화전분을 0℃ 이하로 급속 동결 시키거나 수분을 15% 이하로 감소시킨다.
④ 아밀로오스의 함량이 많은 전분이 아밀로펙틴이 많은 전분보다 노화되기 어렵다.

**37** 다음 중 한천을 이용한 조리 시 겔 강도를 증가시킬 수 있는 성분은?

① 설탕
② 과즙
③ 지방
④ 수분

**38** 유화와 관련이 적은 식품은?

① 버터
② 마요네즈
③ 두부
④ 우유

**39** 어패류 조리방법으로 옳은 것은?

① 생선조리에 사용하는 파, 마늘은 비린내 제거에 효과가 없다.
② 생선조리 시 식초를 넣으면 생선이 단단해진다.
③ 생선은 결체조직의 함량이 높으므로 주로 습열조리법을 사용해야 한다.
④ 조개류는 높은 온도에서 급속히 조리하여야 단백질의 급격한 응고로 인한 수축을 막을 수 있다.

**40** 전분의 노화에 영향을 미치는 인자의 설명 중 틀린 것은?

① 노화가 가장 잘 일어나는 온도는 0~5℃이다.
② 수분함량 10% 이하인 경우 노화가 잘 일어나지 않는다.
③ 다량의 수소이온은 노화를 저지한다.
④ 아밀로오스 함량이 많은 전분일수록 노화가 빨리 일어난다.

**41** 다음 식품의 분류 중 곡류에 속하지 않는 것은?

① 보리
② 조
③ 완두
④ 수수

**42** 다음 중 급수 설비 시 1인당 사용수 양이 가장 많은 곳은?

① 학교급식
② 병원급식
③ 기숙사급식
④ 사업체급식

**43** 전분의 호정화에 대한 설명으로 옳지 않은 것은?

① 호정화란 화학적 변화가 일어난 것이다.
② 호화된 전분보다 물에 녹기 쉽다.
③ 전분을 150~190℃에서 물을 붓고 가열할 때 나타나는 변화이다.
④ 호정화되면 덱스트린이 생성된다.

**44** 붉은 양배추를 조리할 때 식초나 레몬즙을 조금 넣으면 어떤 변화가 일어나는가?

① 안토시아닌계 색소가 선명하게 유지된다.
② 카로티노이드계 색소가 변색되어 녹색으로 된다.
③ 클로로필계 색소가 선명하게 유지된다.
④ 플라보노이드계 색소가 변색되어 청색으로 된다.

**45** 쇠고기의 부위 중 탕, 스튜, 찜 조리에 가장 적합한 부위는?

① 목심
② 설도
③ 양지
④ 사태

**46** 조리장의 설비에 대한 설명이 적합한 것은?

① 조리원 전용의 위생적 수세 시설을 갖춘다.
② 내구성보다 최대한 넓은 공간을 확보하는 것이 중요하다.
③ 식품 및 식기류의 세척은 조리를 하는 공간에서 할 수 있도록 한다.
④ 조리장의 내벽은 바닥으로부터 10cm까지 내수성 자재를 사용한다.

**47** 우유를 데울 때 가장 좋은 방법은?

① 냄비에 담고 끓기 시작할 때까지 강한불로 데운다.
② 이중냄비에 넣고 젓지 않고 데운다.
③ 냄비에 담고 약한 불에서 젓지 않고 데운다.
④ 이중냄비에 넣고 저으면서 데운다.

**48** 조리기기 및 기구와 그 용도의 연결이 틀린 것은?

① 필러(peeler) : 채소의 껍질을 벗길 때
② 믹서(mixer) : 재료를 혼합할 때
③ 슬라이서(slicer) : 재료를 다질 때
④ 육류파우더(meat pounder) : 육류를 연화시킬 때

**49** 우리 음식의 갈비찜을 하는 조리법과 비슷하여 오랫동안 은근한 불에 끓이는 서양식 조리법은?

① 브로일링
② 로스팅
③ 팬브로일링
④ 스튜잉

**50** 미르포아(mirepoix)에 대한 설명으로 옳지 않은 것은?

① 스톡에서 가장 중요한 재료이다.
② 스톡을 끓일 때 뼈와 함께 들어가는 재료이다.
③ 맑은 육수에는 양파, 셀러리, 대파가 들어간다.
④ 브라운 스톡에는 양파, 당근, 셀러리가 들어간다.

**51** 다음 설명에 해당하는 것으로 옳은 것은?

> 야채, 부케가르니, 식초나 와인 등의 산성 액체를 넣어 은근히 끓인 육수로, 야채나 해산물을 포칭(poaching)하는 데 사용한다.

① 나지(nage)
② 페이스트(paste)
③ 쿠르부용(court bouillon)
④ 브라운스톡(brown stock)

**52** 발사믹 식초에 대한 설명으로 옳지 않은 것은?

① 숙성기간이 길면 맛과 색이 변하므로 짧게 숙성한다.
② 화이트 발사믹 식초는 주로 생선요리나 절이는 용도로 사용된다.
③ 레드 발사믹 식초는 드레싱이나 조림용 소스로 사용된다.
④ 화이트 발사믹 식초는 산뜻하고 깔끔한 맛이며, 레드 발사믹 식초는 떫고 깊은 맛이다.

**53** 샌드위치의 구성 요소의 특징으로 옳지 않은 것은?

① 거친 빵이 속 재료를 넣었을 때 눅눅해지지 않고 부드러운 빵보다 상하는 속도가 느리다.
② 스프레드는 개성있는 맛으로 재료와 어울리게 하며 접착제 및 코팅제 역할을 한다.
③ 주재료로서의 속 재료는 핫 속 재료와 콜드 속 재료로 분류한다.
④ 양념은 습한 양념과 건조한 양념으로 분류한다.

**54** 드레싱의 종류와 그에 대한 설명으로 적절하지 않은 것은?

① 비네그레트 : 과일이나 채소를 갈아 거른 부드러운 질감의 드레싱
② 마요네즈 : 난황에 오일, 소금, 식초 등을 넣고 섞은 차가운 드레싱
③ 유제품 소스 : 샐러드 드레싱이나 디핑 소스에 주로 사용되는 드레싱
④ 살사 : 익히거나 익히지 않은 과일 및 야채를 혼합한 드레싱

**55** 샐러드를 담을 때의 주의사항으로 적절한 것은?

① 가니쉬는 중복해서 사용한다.
② 미리 만든 샐러드는 덮개를 씌워 채소가 마르지 않도록 한다.
③ 주재료와 부재료의 모양, 색상, 식감은 항상 동일하게 준비한다.
④ 드레싱은 제공하기 2~3시간 전에 미리 뿌려놓는다.

**56** 시리얼의 종류 중 더운 시리얼에 해당하는 것은?

① 콘플레이크(cornflakes)
② 오트밀(oatmeal)
③ 라이스 크리스피(rice crispy)
④ 올 브랜(all bran)

**57** 육류를 가열할 때의 주의사항으로 옳지 않은 것은?

① 다 익혀먹는 고기의 경우 내부 온도가 68℃ 이상으로 높게 하고 온도를 조절하여 굽는다.
② 육류를 구울 때는 먼저 팬을 가열하여 색을 내도록 한다.
③ 육즙이 새지 않도록 속까지 골고루 익힌 뒤 겉면을 익혀야 한다.
④ 고기의 익힘 정도는 레어, 미디엄레어, 미디엄, 미디엄 웰던, 웰던 순으로 5단계가 있다.

**58** 다음 중 식용유나 버터로 만든 유지 소스에 해당되지 않는 것은?

① 마요네즈
② 에스파뇰
③ 홀렌다이즈
④ 비네그레트

**59** 생면 파스타의 종류에 대한 설명으로 적절하지 않은 것은?

① 오레키에테 : 귀처럼 오목한 모양의 파스타
② 탈리아텔레 : 길고 얇은 모양의 리본 파스타
③ 탈리올리니 : 얇게 밀어 칼로 잘라 만드는 파스타
④ 라비올리 : 나비, 나비넥타이 모양의 파스타

**60** 파스타 종류에 따른 소스의 사용으로 적절하지 않은 것은?

① 탈리아텔레 같이 넓적한 면은 치즈와 크림이 들어간 진한 소스가 어울린다.
② 소스가 많이 묻을 수 있는 짧은 파스타의 경우 묽은 소스를 사용한다.
③ 건조 파스타의 경우 고기와 채소를 이용한 소스를 주로 이용한다.
④ 소를 채운 파스타의 경우 가벼운 소스를 이용한다.

# 한식·양식조리기능사

## 1000제

기능사 필기 대비

# 2회

## 양식조리기능사
## 필기

# II

# 2회 양식조리기능사 필기

**01** 개인 위생복장의 종류와 기능을 알맞게 연결한 것은?

① 위생모 - 미끄러운 바닥에서 넘어지지 않도록 하고, 각종 위험으로부터 보호

② 앞치마 - 조리종사자의 의복 및 신체 보호

③ 안전화 - 머리카락, 머리의 비듬 및 먼지로 인한 오염방지

④ 위생복 - 주방에서 발생할 수 있는 상해 응급상황에 대비

**02** 다음 변질의 종류 중 단백질 식품이 혐기성 미생물에 의해 변질되는 현상으로 알맞은 것은?

① 부패

② 변패

③ 산패

④ 발효

**03** 고래회충의 제2중간숙주에 해당하지 않는 것은?

① 대구

② 오징어

③ 고등어

④ 크릴새우

**04** 다음 중 육류 발색제가 아닌 것은?

① 질산칼륨

② 질산나트륨

③ 아질산나트륨

④ 차아염소산나트륨

**05** 이타이이타이병과 미나마타병의 원인이 되는 중금속을 순서대로 나열한 것은?

① 카드뮴, 수은

② 수은, 납

③ 납, 주석

④ 주석, 불소

**06** 다음 중 감염형 식중독에 해당되지 않는 것은?

① 살모넬라 식중독

② 장염비브리오 식중독

③ 병원성 대장균 식중독

④ 황색포도상구균 식중독

**07** 클로스트리디움 보툴리눔 식중독의 원인이 되는 독소는?

① 셉신
② 엔테로톡신
③ 뉴로톡신
④ 삭시톡신

**08** 노로바이러스 식중독을 예방할 수 있는 방법으로 옳지 않은 것은?

① 식품을 충분히 가열하여 조리하도록 한다.
② 조리도구를 소독 살균하여 사용하며 손을 자주 씻는다.
③ 설사 등의 증상이 있을 경우 음식을 조리하지 않아야 한다.
④ 백신을 접종하며, 걸렸을 경우 치료제로 치료한다.

**09** 건강선(domo ray)이란?

① 감각온도를 표시한 도표
② 가시광선
③ 강력한 진동으로 살균작용을 하는 음파
④ 자외선 중 살균효과를 가지는 파장

**10** 식품 등의 표시기준상 열량(kcal)의 함량이 '0'으로 표기될 수 있는 기준은?

① 3kcal 미만
② 5kcal 미만
③ 7kcal 미만
④ 10kcal 미만

**11** 유흥주점영업의 유흥종사자가 매년 받아야 하는 위생교육시간은?

① 2시간
② 4시간
③ 6시간
④ 8시간

**12** 식품위생법상 출입·검사·수거에 대한 내용으로 적절하지 않은 것은?

① 식품의약품안전처장, 시·도지사 또는 시·군·구청장은 식품 등의 위해 방지, 위생관리 유지를 위하여 필요한 서류나 검사 및 수거를 요청할 수 있다.
② 관계공무원은 검사에 필요한 최소량의 식품 등을 일정한 대가를 지불하여야 수거할 수 있다.
③ 관계공무원은 영업에 관계되는 장부 또는 서류를 열람할 수 있다.
④ 모범업소로 지정된 경우에는 지정된 날로부터 2년 동안은 출입·검사·수거를 하지 않도록 할 수 있다.

**13** 식품위생법상 허위표시, 과대광고의 범위에 해당하지 않는 경우는?

① 국내산을 주된 원료로 하여 제조, 가공한 메주, 된장, 고추장에 대하여 식품영양학적으로 공인된 사실이라고 식품의약품안전처장이 인정한 내용의 표시·광고

② 질병 치료에 효능이 있다는 내용의 표시·광고

③ 외국과 기술 제휴한 것으로 혼동할 우려가 있는 내용의 표시·광고

④ 화학적 합성품의 경우 그 원료의 명칭 등을 사용하여 화학적 합성품이 아닌 것으로 혼동할 우려가 있는 광고

**14** 다음에서 설명하는 현상으로 적절한 것은?

> 다수인이 밀집한 곳이나 밀폐된 공간에 있을 때 실내공기가 화학적 변화(산소 감소, 이산화탄소 증가) 또는 물리적 변화(습도 상승, 온도 상승)로 인해 두통, 구토, 현기증 등의 증상이 나타나는 현상이다.

① 군집독
② 일산화탄소 중독
③ 이산화탄소 중독
④ 잠함병

**15** 생화학적 산소요구량(BOD)에 대한 설명으로 옳지 않은 것은?

① 하수 중 유기물 분해에 소모되는 산소의 양을 측정하는 것이다.

② 유기물을 20℃에서 5일간 배양하여 측정한다.

③ 생화학적 산소요구량(BOD)이 높을수록 오염도가 높다.

④ 4~5ppm 이상이여야 하수 오염에 해당하지 않는다.

**16** 세균성 식중독을 경구감염병과 비교한 것으로 옳지 않은 것은?

① 경구감염병에 비해 많은 양의 균으로 발생한다.

② 경구감염병에 비해 잠복기가 길다.

③ 경구감염병과 달리 2차 감염이 거의 없다.

④ 경구감염병에 비해 독성이 약하다.

**17** 다음 중 검역감염병에 해당하지 않는 것은?

① 황열
② 매독
③ 콜레라
④ 페스트

**18** 감염병 유행의 시간적 현상으로 옳지 않은 것은?

① 순환변화는 2~5년 단위로 유행한다.
② 추세변화에는 디프테리아, 성홍열, 장티 푸스 등이 해당한다.
③ 하계는 호흡기계 감염병, 동계는 소화기 계 감염병이 많이 발생한다.
④ 불규칙변화는 외래 감염병과 같이 질병 발생 양상이 돌발적으로 발생하는 경우를 말한다.

**19** 다음 중 인수공통감염병에 해당하지 않는 것은?

① 광견병
② 파상열
③ 탄저병
④ 천연두

**20** 대기오염 중 2차 오염물질이 아닌 것은?

① 오존
② 스모그
③ 분진
④ 알데히드

**21** 다음 중 안전교육의 목적으로 적절하지 않은 것은?

① 인간 생명의 존엄성을 인식시킨다.
② 일상생활에서 개인 및 집단의 안전에 필 요한 지식, 기능, 태도 등을 이해시킨다.
③ 상해, 사망, 재산 피해를 불러일으키는 불의의 사고의 원인을 완전히 제거한다.
④ 안전한 생활을 영위할 수 있는 습관을 형 성한다.

**22** 탄수화물의 분류 중 6탄당에 해당되지 않는 것은?

① 포도당(glucose)
② 과당(fructose)
③ 갈락토오스(galactose)
④ 자일로스(xylose)

**23** 단당류 또는 이당류와 알코올의 결합으로 충 치예방에 좋은 것은?

① 당알코올
② 전화당
③ 서당
④ 글리코겐

**24** 다음 중 불포화지방산에 해당되는 것은?

① 라드
② 야자유
③ 올리브유
④ 팜유

**25** 다음에서 설명하는 것으로 옳은 것은?

> 녹색 색소로 식물의 잎과 줄기에 있는 엽록체에 분포하며 포피린 구조(고리구조) 중심에 마그네슘을 가지고 있는 구조이다.

① 클로로필
② 카로티노이드
③ 플라보노이드
④ 미오글로빈

**26** 효소적 갈변 반응의 방지법으로 옳지 않은 것은?

① 이산화탄소나 질소가스를 주입한다.
② 철제 조리도구를 사용한다.
③ 식품에 식초를 첨가한다.
④ 식품을 설탕물이나 소금물에 담근다.

**27** 유리수에 대한 설명이 아닌 것은?

① 수용성 물질을 용해한다.
② 100℃ 이상에서 쉽게 증발된다.
③ 건조 시 쉽게 분리되며 식품 건조 시 쉽게 제거된다.
④ 식품의 탄수화물, 단백질 분자의 일부를 형성하는 물이다.

**28** 단백질의 특성으로 옳지 않은 것은?

① 구성 원소는 탄소, 수소, 산소, 질소이다.
② 아미노산들이 펩티드 결합한 것이다.
③ 열, 산, 알칼리, 효소 등에 용해된다.
④ 뷰렛에 의한 정색반응으로 보라색을 나타낸다.

**29** 오징어를 먹고 바로 귤을 먹으면 쓴 맛이 느껴지는 것과 관련 있는 현상은?

① 맛의 미맹현상
② 맛의 대비현상
③ 맛의 변조현상
④ 맛의 억제현상

**30** 다음 중 플라보노이드에 의한 식품의 색 변화가 아닌 것은?

① 가지를 삶을 때 백반을 넣으면 보라색을 유지한다.
② 밀가루 반죽에 소다를 넣었더니 빵의 색이 진한 황색이 되었다.
③ 연근을 식초물에 삶았더니 흰색이 되었다.
④ 시금치를 오래 삶았을 때 녹색이 갈색으로 변한다.

**31** 다음 중 구성 영양소에 해당하지 않는 것은?

① 물
② 무기질
③ 탄수화물
④ 단백질

**34** 재료의 구입순서에 따라 먼저 구입한 재료를 먼저 소비한다는 가정 아래 재료의 소비가격을 계산하는 방법은?

① 단순평균법
② 이동평균법
③ 선입선출법
④ 후입선출법

**32** 다음 중 폐기율이 가장 낮은 식품은?

① 해조류
② 채소류
③ 육류
④ 어패류

**35** 달걀의 기포형성을 도와주는 물질은?

① 산, 수양난백
② 우유, 소금
③ 우유, 설탕
④ 지방, 소금

**33** 조리작업에 따른 주요기기를 나열한 것으로 옳은 것은?

① 저장 : 싱크, 탈피기, 혼합기, 절단기
② 반입 · 검수 : 계량기, 운반차, 온도계, 손소독기
③ 취반 : 증기솥, 튀김기, 브로일러, 번철, 회전식 프라이팬, 오븐, 레인지
④ 가열조리 : 보온고, 냉장고, 이동운반차, 제빙기, 온 · 냉 식수기

**36** 라드(lard)는 무엇을 가공하며 만든 것인가?

① 돼지의 지방
② 우유의 지방
③ 버터
④ 식물성 기름

**37** 튀김옷에 대한 설명으로 잘못된 것은?

① 글루텐의 함량이 많은 강력분을 사용하면 튀김 내부에서 수분이 증발되지 못하므로 바삭하게 튀겨지지 않는다.

② 달걀을 넣으면 달걀단백질이 열응고됨으로서 수분을 방출하므로 튀김이 바삭하게 튀겨진다.

③ 식소다를 소량 넣으면 가열 중 이산화탄소를 발생함과 동시에 수분도 방출되어 튀김이 바삭해진다.

④ 튀김옷에 사용하는 물의 온도는 30℃ 전후로 해야 튀김옷의 점도를 높여 내용물을 잘 감싸고 바삭해진다.

**38** 일반적으로 젤라틴이 사용되지 않는 것은?

① 양갱
② 아이스크림
③ 마시멜로
④ 족편

**39** 다음 중 조리의 목적으로 적합한 것은?

① 식품 자체의 부족한 영양성분을 보충
② 소화흡수율을 높여 영양효과를 증진
③ 미생물을 생육시킴으로써 안정성 확보
④ 신속성, 효율성을 향상시켜 수익성 증가

**40** 우뭇가사리를 주원료로 이들 점액을 얻어 굳힌 해조류 가공제품은?

① 젤라틴
② 곤약
③ 한천
④ 수수

**41** 겨자를 갤 때 매운맛을 가장 강하게 느낄 수 있는 온도는?

① 20~25℃
② 30~35℃
③ 40~45℃
④ 50~55℃

**42** 다음 중 유지의 산패에 영향을 미치는 인자에 대한 설명으로 맞는 것은?

① 저장 온도가 0℃ 이하가 되면 산패가 방지된다.

② 광선은 산패를 촉진하나 그 중 자외선은 산패에 영향을 미치지 않는다.

③ 구리, 철은 산패를 촉진하나 납, 알루미늄은 산패에 영향을 미치지 않는다.

④ 유지의 불포화도가 높을수록 산패가 활발하게 일어난다.

**43** 탄수화물의 조리가공 중 변화되는 현상과 가장 관계 깊은 것은?

① 거품생성
② 호화
③ 유화
④ 산화

**44** 다음 급식시설 중 1인 1식 사용급수량이 가장 적은 시설은?

① 병원급식
② 기숙사급식
③ 산업체급식
④ 학교급식

**45** 고기를 연하게 하기 위해 사용하는 과일이 아닌 것은?

① 파파야
② 무화과
③ 배
④ 복숭아

**46** 조리장의 입지조건으로 알맞은 것은?

① 재료의 반입, 오물의 반출이 어려운 곳
② 비상시 출입문과 통로에 방해되는 장소
③ 급·배수가 용이하고 소음, 악취, 분진, 공해 등이 없는 곳
④ 조리장이 지하층에 위치하여 조용한 곳

**47** 전분의 호정화에 대한 설명이 옳은 것은?

① 호화된 전분보다 물에 잘 녹지 않는다.
② 호정화란 물리적 변화가 일어난 것이다.
③ 호정화되면 덱스트린이 생성된다.
④ 전분에 물을 붓고 160~170℃로 가열했을 때 나타나는 변화이다.

**48** 버터 대용품으로 생산되고 있는 식물성 유지는?

① 쇼트닝
② 마가린
③ 마요네즈
④ 땅콩버터

**49** 미르포아를 만들 때 양파, 당근, 셀러리의 비율로 알맞은 것은?

① 양파 70%, 당근 15%, 셀러리 15%
② 양파 60%, 당근 20%, 셀러리 20%
③ 양파 50%, 당근 25%, 셀러리 25%
④ 양파 40%, 당근 30%, 셀러리 30%

**50** 뼈 종류에 따른 스톡에 대한 설명으로 옳지 않은 것은?

① 비프 스톡과 치킨 스톡은 화이트 스톡과 브라운 스톡 두 종류가 있다.
② 브라운 비프 스톡은 뼈와 야채의 색을 갈색으로 구운 뒤 7~11시간 은근히 끓인 것이다.
③ 화이트 치킨 스톡은 색이 있는 야채를 넣지 않은 것이며 조리 시간은 2~4시간 내외이다.
④ 생선 스톡은 뼈와 야채를 갈색으로 구운 뒤 은근히 끓인 육수로 조리시간은 약 3시간이다.

**51** 전채 요리의 특징으로 알맞지 않은 것은?

① 신맛과 짠맛이 적당히 있다.
② 주요리보다 작은 양이다.
③ 계절별, 지역별 식재료 사용이 다양하다.
④ 주요리에 사용되는 재료나 조리법을 사용한다.

**52** 스프레드(spread)의 역할에 대한 설명으로 적절하지 않은 것은?

① 속 재료의 수분이 빵을 눅눅하게 하는 것을 방지한다.
② 속 재료 및 가니쉬가 다른 재료와 접착되지 않도록 방지한다.
③ 개성 있는 맛으로 재료와 어울리게 하여 음식의 맛을 향상시킨다.
④ 촉촉한 감촉을 위해 사용한다.

**53** 다음 중 드레싱의 사용 목적으로 보기 어려운 것은?

① 신맛으로 소화를 촉진시킨다.
② 상큼한 맛으로 식욕을 촉진시킨다.
③ 샐러드의 신선도와 보존력을 높인다.
④ 맛이 순한 샐러드에는 향과 풍미를 더한다.

**54** 달걀을 선별하는 방법에 대한 설명으로 옳지 않은 것은?

① 어두운 곳에서 달걀에 빛을 비춰 기실의 크기, 난황의 색과 크기를 보고 선별한다.
② 신선한 달걀은 6%의 소금물에 담그면 가라앉는다.
③ 달걀을 깨어 내용물을 평판 위에 놓고 신선도를 평가하는 방법을 비중법이라고 한다.
④ 평판 위에 달걀을 깨어 놓았을 때 달걀의 흰자와 노른자의 높이가 높고, 퍼지는 지름이 작을수록 신선하다.

**55** 맑은 스톡을 사용하여 농축하지 않은 수프에 해당하는 것은?

① 포타주(potage)

② 비스크(bisque)

③ 크림 수프(cream soup)

④ 콘소메(consomme soup)

**56** 밀의 종류에 대한 설명으로 적절하지 않은 것은?

① 일반 밀은 옅은 노란색으로 빵과 케이크 등에 많이 사용한다.

② 듀럼 밀은 경질 밀이라고도 하며, 파스타 제조에 주로 사용한다.

③ 듀럼 밀은 연질 밀보다 거친 느낌의 노란색 세몰리나 가루가 만들어진다.

④ 듀럼 밀은 일반 밀에 비해 글루텐의 함량이 낮아 점탄성이 낮다.

**57** 파스타를 삶을 때의 유의사항으로 적절하지 않은 것은?

① 깊이 있는 냄비를 사용하며 물의 양은 파스타 양의 4배 정도가 적당하다.

② 면을 분산되게 넣고 잘 저어주어야 한다.

③ 파스타를 삶을 때 알맞은 소금의 첨가는 풍미를 살리고 면에 탄력을 준다.

④ 면을 삶은 물은 파스타 소스의 농도를 조절하고 올리브유가 잘 유화될 수 있게 한다.

**58** 파스타 소스의 조리법에 대한 설명으로 적절하지 않은 것은?

① 조개 육수 : 깊은 맛을 내기 위해 오랜 시간 끓여 졸인다.

② 볼로네즈 소스 : 돼지고기, 소고기, 채소, 토마토를 넣고 오랜 시간 끓여 진한 맛을 낸다.

③ 바질 페스토 소스 : 페스토의 산화와 변색 방지를 위해 끓는 소금물에 바질을 데쳐 사용한다.

④ 화이트 크림 소스 : 루가 들어있는 팬에 우유나 스톡을 서서히 부어 덩어리지지 않게 한다.

**59** 양식의 5대 소스 중 화이트 루에 우유를 넣어 만든 화이트 소스는?

① 베샤멜 소스

② 벨루테 소스

③ 에스파뇰 소스

④ 홀랜다이즈 소스

**60** 야채, 베이컨, 파스타를 넣고 끓인 이탈리아식 야채 수프는?

① 비스크(bisque)

② 미네스트롱(minestrone)

③ 차우더(chowder)

④ 비시스와즈(vichyssoise)

# 한식·양식조리기능사

## 1000제

기능사 필기 대비

# 3회

# 양식조리기능사
## 필기

# II

# 3회 양식조리기능사 필기

**01** 다음 중 위생관리를 철저히 하는 것만으로는 예방할 수 없는 질병은?

① 풍진
② A형간염
③ 세균성 이질
④ 장출혈성대장균감염증

**02** 미생물의 종류 중 중온균의 발육 최적 온도는?

① 10~25℃
② 25~37℃
③ 42~55℃
④ 65~80℃

**03** 소독제의 살균력을 나타내는 기준이 되며, 오물소독에 사용하는 소독제는?

① 염소
② 석탄산
③ 승홍수
④ 에틸알코올

**04** 식품의 점착성을 증가시키고 식품 형태를 유지하기 위해 사용되는 첨가물의 이름과 종류의 연결이 옳지 않은 것은?

① 호료 – 젤라틴
② 증점제 – 한천
③ 안정제 – 알긴산나트륨
④ 유화제 – 카제인나트륨

**05** 식품안전관리인증기준(HACCP) 수행단계의 7원칙으로 옳지 않은 것은?

① 제품설명서 작성
② 위해요소 분석
③ 검증절차 및 방법 수립
④ 개선조치방법 수립

**06** 포도상구균에 의한 식중독 예방법으로 가장 적절한 것은?

① 통조림 제조 시 멸균을 철저히 하고 섭취 전에 가열한다.
② 여름철 어패류의 생식을 금지한다.
③ 분변오염이 되지 않도록 주의한다.
④ 손이나 몸에 화농성 질환이 있을 경우 식품 취급을 금지 한다.

**07** 다음 중 굴, 바지락, 모시조개 등에 있는 자연독 성분으로 알맞은 것은?

① 고시폴
② 베네루핀
③ 뉴로톡신
④ 테트로도톡신

**08** 균이 형성하는 아포의 내열성은 아주 강하지만, 생성하는 독소는 열에 약한 식중독 균은?

① 클로스트리디움 보툴리눔
② 살모넬라
③ 병원성 대장균
④ 웰치균

**09** 다음 중 만성감염병은?

① 장티푸스
② 폴리오
③ 결핵
④ 백일해

**10** 식품 접객업 중 음식류를 조리·판매하는 영업으로서 식사와 함께 부수적으로 음주행위가 허용되는 영업은?

① 휴게음식점영업
② 일반음식점영업
③ 단란주점영업
④ 유흥주점영업

**11** 식품위생법상 조리사의 결격사유에 해당되지 않는 자는?

① 정신질환자
② B형간염 환자
③ 마약이나 그 밖의 약물 중독자
④ 조리사 면허의 취소처분을 받고 취소된 날부터 6개월이 된 자

**12** 다음 중 일반음식점의 모범업소 기준에 해당되지 않는 것은?

① 주방은 공개되어야 한다.
② 입식조리대가 설치되어야 한다.
③ 화장실에는 공용수건이 비치되어 있어야 한다.
④ 1회용 물컵, 1회용 수저 및 젓가락 등을 사용하지 않는다.

3회

**13** 기온역전현상에 대한 설명으로 옳은 것은?

① 상부기온이 낮아지는 현상
② 상부기온과 하부기온이 같아지는 현상
③ 상부기온이 하부기온보다 높아지는 현상
④ 하부기온이 상부기온보다 높아지는 현상

**14** 다음 중 자외선에 대한 특징으로 옳지 않은 것은?

① 일광의 분류 중 파장이 가장 길다.
② 살균작용을 하여 소독에 이용한다.
③ 비타민 D를 형성하여 구루병을 예방하는 효과가 있다.
④ 피부색소침착과 결막염, 설안염, 피부암 등을 유발한다.

**15** 먹는 물과 관련된 용어의 설명으로 적절하지 않은 것은?

① 먹는 물 : 지하수나 용천수 등에 물리적인 처리를 하지 않은 물
② 샘물 : 수질의 안전성을 계속 유지할 수 있는 자연상태의 깨끗한 물로서 먹는 용도로 사용할 원수
③ 먹는 샘물 : 샘물을 먹기 적합하도록 물리적인 처리 등의 방법으로 제조한 물
④ 수처리제 : 자연상태의 물을 정수 또는 소독하거나 먹는 물 공급시설의 산화방지 등을 위하여 첨가하는 제제

**16** 가장 확실하며 미생물까지 사멸할 수 있으나 다이옥신 발생으로 대기오염의 발생이 우려되는 쓰레기 처리방법은?

① 소각법
② 퇴비화법
③ 매립법
④ 화학적처리법

**17** 다음 중 감염원에 대한 설명으로 옳지 않은 것은?

① 질병을 일으키는 원인으로, 감염병 발생의 3대 요소에 해당된다.
② 세균, 바이러스 등 질병을 일으키는 미생물을 병원체라고 한다.
③ 비활성 병원체는 병원소를 운반하는 수단이 된다.
④ 병원소는 병원체가 집합한 곳으로, 환자, 동물, 식품, 기구 등이 속한다.

**18** 다음 중 소화기계의 침입으로 감염되는 병이 아닌 것은?

① 콜레라
② 파상풍
③ 소아마비
④ 유행성 간염

**19** 병원체에 감염되어 있지만 임상증상이 아직 나타나지 않은 상태의 사람을 의미하는 것은?

① 건강보균자
② 감염보균자
③ 잠복기보균자
④ 회복기보균자

**20** 쓰레기 처리에 대한 내용으로 적절하지 않은 것은?

① 쓰레기 처리 비용 중 가장 많은 비용을 차지하는 것은 수거비용이다.
② 쓰레기의 양이 가장 많은 것은 음식물 쓰레기이다.
③ 가정에서는 주개와 잡개를 분리하는 2분법 처리가 좋다.
④ 가정의 쓰레기 처리법은 습식산화법, 화학적처리법, 소화처리법 3가지가 있다.

**21** 7,800 Å 이상의 파장으로 지상에 복사열을 주어 온실효과를 유발하는 것은?

① 도르노선
② 자외선
③ 적외선
④ 가시광선

**22** 응급처치 시 유의하여야 할 사항이 아닌 것은?

① 응급처치 현장에서 자신의 안전을 확인하고, 환자에게 자신의 신분을 밝힌다.
② 최초로 응급환자를 발견하고 응급처치를 하기 전 환자의 생사유무를 판정하면 안 된다.
③ 응급환자를 처치할 때 원칙적으로 의약품을 사용하지 않는다.
④ 응급환자에 대한 응급처치를 한 뒤 바로 치료까지 할 수 있도록 하여야 한다.

**23** 다음 중 5탄당에 속하는 것이 아닌 것은?

① 자일로스(xylose)
② 디옥시리보오스(deoxyribose)
③ 리보오스(ribose)
④ 만노오스(mannose)

**24** 다음 중 완전단백질에 해당하지 않는 것은?

① 카제인
② 제인
③ 글로불린
④ 알부민

**25** 다음 중 지용성 비타민에 속하는 것은?

① 비타민 A
② 비타민 $B_2$
③ 비타민 C
④ 비타민 H

**26** 산성 식품에 대한 설명으로 적절하지 않은 것은?

① 연소 후에 남아 있는 무기질이 산을 형성하는 물질이 많은 식품이다.
② 양이온을 형성하는 원소를 함유하는 식품이다.
③ 주로 인(P), 염소(Cl), 황(S) 등의 원소를 함유한다.
④ 육류, 어류, 달걀, 곡류 등이 이에 해당한다.

**27** 클로로필의 색을 변화시키는 요소와 변화된 색의 연결이 바르지 않은 것은?

① 철 – 갈색
② 구리 – 녹갈색
③ 알칼리 – 진한 녹색
④ 산성 – 녹갈색, 갈색

**28** 동물의 혈액에 0.1% 정도 함유된 것으로, 동물체에 글리코겐 형태로 저장하는 전분의 최종 분해물은?

① 포도당(glucose)
② 과당(fructose)
③ 갈락토오스(galactose)
④ 만노오스(mannose)

**29** 당근, 호박 등에 들어있으며 비타민 C가 많은 식품과 섞을 경우 비타민 C를 파괴하는 효소는?

① 아스코르비나아제
② 티로시나아제
③ 폴리페놀 옥시다아제
④ 말타아제

**30** 다음 중 혀의 미각이 가장 예민한 온도는?

① 약 0℃
② 약 15℃
③ 약 30℃
④ 약 60℃

**31** 중성지방의 결합 구조를 설명한 것으로 옳은 것은?

① 글리세롤 1개에 3개의 지방산 분자가 결합한 구조
② 글리세롤 1개에 2개의 포도당이 결합한 구조
③ 포도당에 지방산 2개와 1개의 인산기가 결합한 구조
④ 글리세롤에 지방산 2개와 1개의 인산기가 결합한 구조

**32** 집단 구성원의 약 97.5%의 영양 필요량을 충족시키는 섭취수준으로 평균필요량에 표준편차의 2배를 더한 것은?

① 상한 섭취량
② 권장 섭취량
③ 평균 섭취량
④ 1일 허용 섭취량

**33** 치킨을 만드는데 닭고기 20kg가 필요하다. 닭고기 1kg의 값이 3,000원이고 폐기율은 5%일 때 닭고기의 필요비용은?

① 약 63,200원
② 약 75,600원
③ 약 86,500원
④ 약 96,400원

**34** 원가의 요소 중 경비에 해당하는 것은?

① 난방비
② 복리후생비
③ 소모품비
④ 임금

**35** 다음 자료에 의해서 총원가를 알맞게 산출한 것은?

> 직접재료비 120,000원
> 간접재료비 70,000원
> 직접노무비 60,000원
> 간접노무비 40,000원
> 직접경비 5,000원
> 간접경비 90,000원
> 판매 및 일반관리비 15,000원

① 185,000원
② 200,000원
③ 385,000원
④ 400,000원

**36** 녹색 채소를 데칠 때 소다를 넣을 경우 나타나는 현상이 아닌 것은?

① 채소의 질감이 유지된다.
② 채소의 색을 푸르게 고정시킨다.
③ 비타민 C가 파괴된다.
④ 채소의 섬유질을 변화시킨다.

**37** 육류를 가열조리할 때 일어나는 변화로 맞는 것은?

① 보수성의 증가
② 단백질의 변패
③ 육단백질의 응고
④ 메트미오글로빈이 옥시미오글로빈으로 변화

**38** 아이스크림을 만들 때 젤라틴이 하는 역할은?

① 동결제
② 유화제
③ 이형제
④ 안정제

**39** 가정에서 많이 사용되는 다목적 밀가루는?

① 강력분
② 중력분
③ 박력분
④ 전립분

**40** 우유의 균질화(homogenization)에 대한 설명으로 옳은 것은?

① 지방구 크기를 30㎛ 정도로 균일하게 만들 수 있다.
② 지방의 소화를 용이하게 한다.
③ 큰 지방구의 크림층 형성을 촉진한다.
④ 탈지유를 첨가하여 지방의 함량을 맞춘다.

**41** 생선의 자기소화 원인은?

① 세균의 작용
② 단백질 분해효소
③ 염류
④ 질소

**42** 밀가루 반죽에 사용되는 물의 기능이 아닌 것은?

① 반죽의 경도에 영향을 준다.
② 소금의 용해를 도와 반죽에 골고루 섞이게 한다.
③ 글루텐의 형성을 돕는다.
④ 전분의 호화를 방지한다.

**43** 지방이 많은 식재료를 구이 조리할 때 유지가 불 위에 떨어져서 발생하는 연기의 좋지 않은 성분은?

① 암모니아
② 트리메틸아민
③ 아크롤레인
④ 토코페롤

**44** 계량컵을 사용하여 밀가루를 계량할 때 가장 올바른 방법은?

① 체로 쳐서 가만히 수북하게 담아 주걱으로 깎아서 측정한다.
② 계량컵에 그대로 담아 주걱으로 깎아서 측정한다.
③ 계량컵에 꼭꼭 눌러 담은 후 주걱으로 깎아서 측정한다.
④ 계량컵을 가볍게 흔들어 주면서 담은 후 주걱으로 깎아서 측정한다.

**45** 육류 조리 시 열에 의한 변화로 맞는 것은?

① 불고기는 열의 흡수로 부피가 증가한다.
② 스테이크는 가열하면 질겨져서 소화가 잘 되지 않는다.
③ 미트로프는 가열하면 단백질이 응고, 수축, 변성된다.
④ 소꼬리의 젤라틴이 콜라겐화 된다.

**46** 샌드위치를 만들고 남은 식빵을 냉장고에 보관할 때 식빵이 딱딱해지는 원인물질과 그 현상은?

① 단백질 – 젤화
② 지방 – 산화
③ 전분 – 노화
④ 전분 – 호화

**47** 조미의 기본 순서로 가장 옳은 것은?

① 설탕 → 소금 → 간장 → 식초
② 설탕 → 식초 → 간장 → 소금
③ 소금 → 식초 → 간장 → 설탕
④ 간장 → 설탕 → 식초 → 소금

**48** 녹색채소를 데칠 때 색을 선명하게 하기 위한 조리방법으로 부적합한 것은?

① 휘발성 유기산을 휘발시키기 위해 뚜껑을 열고 끓는 물에 데친다.
② 단시간에 데쳐 재빨리 헹구어야 색이 선명하다.
③ 섬유소가 알맞게 연해지면 가열을 중지하고 냉수에 헹군다.
④ 조리수의 양을 최소로 하여 색소의 유출을 막는다.

**49** 마가린, 쇼트닝, 튀김유 등은 식물성 유지에 무엇을 첨가하여 만드는가?

① 염소
② 산소
③ 탄소
④ 수소

**50** 스톡에서 뼈(bone)에 대한 설명으로 옳지 않은 것은?

① 스톡 고유의 맛과 향을 부여하며 스톡의 이름을 결정하는 재료이다.
② 소뼈는 가격이 비싸 다른 뼈들에 비해 사용빈도가 적은 편이다.
③ 닭뼈는 경제적이며 사용빈도가 높다.
④ 생선뼈는 기름기가 적은 뼈가 좋다.

**51** 스톡의 문제점과 그 이유로 적절하지 않은 것은?

① 스톡이 맑지 않은 것은 조리하는 동안 소금을 넣었기 때문이다.
② 스톡의 향이 적은 것은 충분히 조리되지 않았기 때문이다.
③ 스톡의 색상이 옅은 것은 뼈와 미르포아가 충분히 태워지지 않았기 때문이다.
④ 스톡에 무게감이 없는 것은 뼈와 물이 불균형적이기 때문이다.

**52** 전채 요리를 접시에 담을 때 고려해야 할 사항으로 옳지 않은 것은?

① 고객의 편리성이 우선적으로 고려되어야 한다.
② 소스는 너무 많이 뿌리지 않고 적당히 뿌린다.
③ 가니쉬는 사용했던 요리 재료를 사용하여 담는다.
④ 양과 크기가 주요리보다 크거나 많지 않도록 주의한다.

**53** 콜드 속 재료 중 지방이 없는 부위의 소고기를 양념해 말리거나 훈제한 것은?

① 살라미
② 파스트라미
③ 프로슈토
④ 하몽

**54** 유화 드레싱에 대한 설명으로 옳지 않은 것은?

① 난황이나 머스타드 등과 같은 유화제로 유화 드레싱을 더 안정된 상태로 만들 수 있다.
② 달걀노른자가 기름을 흡수하기에 너무 빠르게 기름이 첨가될 때 분리 현상이 생긴다.
③ 소스의 농도가 너무 연할 때 분리 현상이 일어난다.
④ 멸균 처리된 달걀노른자를 거품이 생길 정도로 저으면 분리 현상에서 복원할 수 있다.

**55** 달걀요리의 종류 중 건식열을 이용한 조리가 아닌 것은?

① 포치드 에그(poached egg)
② 스크램블 에그(scrambled egg)
③ 오믈렛(omelet)
④ 에그 베네딕틴(egg benedictine)

**56** 물이나 액체를 넣어 조리하며 단백질의 유실과 재료의 건조 및 딱딱해지는 것을 방지하는 조리 방법은?

① 포칭
② 시머링
③ 블랜칭
④ 글레이징

**57** 다음 중 버터와 밀가루를 1 : 1 비율로 섞어 고소한 풍미가 나도록 볶은 것은?

① 루
② 뵈르 마니에
③ 리큐르 소스
④ 홀랜다이즈 소스

**58** 파스타 조리에 대한 설명으로 옳지 않은 것은?

① 생면 파스타나 부드러운 질감의 유도를 위해 버터나 치즈를 사용한다.
② 조개나 해산물을 이용한 육수는 센 불에서 단시간 조리한다.
③ 이탈리아의 남부지역은 유제품, 고기, 버섯, 치즈를 주로 사용한다.
④ 올리브 오일과 면에 삶은 전분이 녹아 있는 물을 이용하여 소스의 분리를 방지하고 파스타의 수분을 유지한다.

**59** 파스타 조리 시 소스의 사용법으로 적절한 것은?

① 토마토 소스는 손으로 으깨면 신맛이 나므로 믹서에 갈아서 사용한다.
② 토마토 소스를 넣은 파스타는 파스타에 수분기가 없도록 오랜시간 졸인다.
③ 베이컨을 사용한 볼로네즈 소스는 오랜시간 끓여준다.
④ 바질 페스토 소스의 변색 방지를 위해 데쳐서 사용하지 않는다.

**60** 녹은 버터에 동량의 밀가루를 넣고 섞어 가열하지 않고 만든 농후제는?

① 퓌레
② 마요네즈
③ 루
④ 뵈르 마니에

# 한식·양식조리기능사

## 1000제

### 기능사 필기 대비

# 4회

## 양식조리기능사
## 필기

# 4회 양식조리기능사 필기

**01** 손을 씻을 때 역성비누의 사용법으로 알맞은 것은?

① 역성비누를 물에 희석하여 사용한다.
② 보통비누와 역성비누를 혼합하여 사용한다.
③ 보통비누로 세척한 뒤 역성비누로 세척한다.
④ 역성비누로 세척한 뒤 보통비누로 세척한다.

**02** 우유를 61~65℃에서 약 30분간 가열살균한 뒤 냉각하는 방법은?

① 저온살균법
② 고온단시간살균법
③ 초고온순간살균법
④ 고온장시간살균법

**03** 다음 중 피부에 사용할 수 있는 소독제로 적절하지 않은 것은?

① 크레졸
② 승홍수
③ 에틸알코올
④ 포르말린

**04** 껌의 점성과 탄력성을 부여하기 위해 사용되는 껌 기초제의 종류가 아닌 것은?

① 초산비닐수지
② 에스테르검
③ 유동파라핀
④ 폴리이소부틸렌

**05** 교차오염의 예방을 위해 냉장고와 냉동고를 분리하여 보관할 때, 냉동고에 보관하는 식재료료 옳지 않은 것은?

① 육류
② 가공품
③ 어패류
④ 소독 전 야채류

**06** 다음 중 잠복기가 가장 짧은 세균성 식중독은?

① 웰치균 식중독
② 장염비브리오 식중독
③ 황색포도상구균 식중독
④ 클로스트리디움 보툴리눔 식중독

**07** 식품과 자연독 성분의 연결이 잘못된 것은?

① 독미나리 – 시큐톡신

② 면실유 – 고시폴

③ 독보리 – 테무린

④ 독버섯 – 아미그달린

**08** 여성이 임신 중에 감염될 경우 유산과 불임을 포함하여 태아에 이상을 유발할 수 있는 인수공통감염병과 관계되는 기생충은?

① 회충

② 십이지장충

③ 간디스토마

④ 톡소플라스마

**09** 다음 중 식품위생법상 판매가 금지된 것이 아닌 것은?

① 수입신고를 하고 수입한 것

② 썩거나 상하거나 설익은 것

③ 병을 일으키는 미생물에 오염된 것

④ 영업자가 아닌 자가 제조 · 가공 · 소분한 것

**10** 다음 식품접객업 중 음주행위가 허용되지 않는 영업을 나열한 것으로 적절한 것은?

① 제과점영업, 단란주점영업

② 일반음식점영업, 휴게음식점영업

③ 단란주점영업, 일반음식점영업

④ 휴게음식점영업, 제과점영업

**11** 다음 중 식품위생 수준 및 자질의 향상을 위하여 필요한 경우 조리사와 영양사에게 교육을 받을 것을 명할 수 있는 자는?

① 식품의약품안전처장

② 시장 · 군수 · 구청장

③ 보건복지부장관

④ 농림축산식품부장관

**12** 식품위생법상 조리사의 행정처분 중 1차 위반 시 면허취소에 해당하지 않는 것은?

① 감염병 환자인 경우

② 업무정지 기간 중 조리사의 업무를 한 경우

③ 조리사 면허의 취소처분을 받고 그 취소된 날부터 1년이 지나지 않은 경우

④ 면허를 타인에게 대여해 준 경우

**4회**

**13** 세계보건기구(WHO)의 건강에 대한 정의로 적절한 것은?

① 질병과 허약여부와는 관계없이 다른 이들보다 신체능력이 월등히 높은 상태

② 허약여부와는 관계없이 질병이 없고 육체적·정신적·사회적으로 완전히 안녕한 상태

③ 질병이 없거나 허약하지 않을 뿐만 아니라 육체적·정신적·사회적으로 완전히 안녕한 상태

④ 질병이 없거나 허약하지 않을 뿐만 아니라 다른 이들보다 신체능력이 월등히 높은 상태

**14** 인간이 색채와 명암을 구분하게 하며, 조명이 충분하지 않을 경우 시력저하와 눈의 피로를 유발하는 것은?

① 자외선

② 가시광선

③ 적외선

④ 열선

**15** 다음 중 상수 처리과정의 첫 번째 단계는?

① 송수

② 도수

③ 취수

④ 정수

**16** 다음 중 소음으로 인한 부작용에 해당되는 것은?

① 피부질환 유발

② 맥박 및 혈압의 저하

③ 위장기능 저하

④ 호흡기 질병유발

**17** 다음 중 물을 통해 전염되는 수인성 감염병이 아닌 것은?

① 세균성이질

② 콜레라

③ 파라티푸스

④ 파상풍

**18** 다음 중 피부점막의 침입으로 감염되는 병이 아닌 것은?

① 성홍열

② 한센병

③ 매독

④ 탄저

**19** 보균자의 종류 중 감염병 관리가 가장 어려운 보균자로 옳은 것은?

① 건강보균자
② 취약보균자
③ 잠복기보균자
④ 회복기보균자

**20** 다음 중 모기에 의해 발생하는 질병이 아닌 것은?

① 사상충
② 양충병
③ 말라리아
④ 일본뇌염

**21** 다음 중 감염경로가 간접전파에 해당하지 않는 것은?

① 홍역
② 인플루엔자
③ 폴리오
④ 파상풍

**22** 조리 장비 및 도구와 위험요소의 연결이 바르지 않은 것은?

① 조리용 칼 – 동일한 자세로 오랜 시간 사용
② 가스레인지 – 기름을 과도하게 많이 사용
③ 야채절단기 – 칼날의 체결상태 불량
④ 튀김기 – 고온에서 장시간 사용

**23** 이당류 중 맥아당의 단당류 결합이 옳은 것은?

① 포도당 + 과당
② 포도당 + 포도당
③ 포도당 + 갈락토오스
④ 과당 + 갈락토오스

**24** 동물성 식품에 존재하며 자외선을 받으면 비타민 D로 전환되는 것은?

① 중성지방
② 인지질
③ 콜레스테롤
④ 에르고스테롤

4회

**25** 지용성 비타민의 종류와 그에 대한 설명으로 옳지 않은 것은?

① 비타민 A : 눈의 건강에 도움을 주며 β-카로틴은 몸속으로 들어와 비타민 A로 전환한다.

② 비타민 D : 자외선을 통해 피부에서 합성되며 칼슘의 흡수를 촉진시킨다.

③ 비타민 E : 항산화 작용을 하고 콜라겐을 합성하며 조리과정에서 열에 손실되기 쉽다.

④ 비타민 K : 혈액을 응고시키며 단백질을 형성하고 장내 세균에 의해 합성된다.

**26** 자색양배추, 자색고구마, 생강 절임, 가지 절임 등의 색을 선명하게 하는 색소는?

① 아스타잔틴

② 안토잔틴

③ 안토시아닌

④ 헤모시아닌

**27** 간장, 다시마, 밀, 콩의 감칠맛 성분으로 옳은 것은?

① 타우린

② 이노신산

③ 글루타민산

④ 아미노산

**28** 유당(젖당)에 대한 설명으로 옳지 않은 것은?

① 포도당과 갈락토오스가 결합한 당이다.

② 물엿의 주성분이다.

③ 칼슘과 단백질의 흡수를 돕고 정장 작용을 한다.

④ 단맛이 가장 약하다.

**29** 포화지방산에 대한 설명으로 옳지 않은 것은?

① 탄소와 탄소 사이의 결합에 이중결합이 없다.

② 융점이 높아 상온에서 고체상태이다.

③ 동물성 지방 식품에 함유되어 있다.

④ 리놀레산, 리놀렌산, 아라키돈산 등이 이에 속한다.

**30** 필수지방산에 대한 설명으로 옳지 않은 것은?

① 체내합성이 불가능하여 반드시 식사로 섭취하여야 한다.

② 동물성 기름에 다량 함유되어 있다.

③ 결핍될 경우 피부염 및 성장지연 등의 증상을 보인다.

④ 성장 및 신체기능에 필요한 지방산이다.

**31** 소화된 영양소가 흡수되는 과정으로 적절하지 않은 것은?

① 탄수화물은 단당류로 분해되어 소장에서 흡수된다.

② 단백질은 아미노산으로 분해되어 소장에서 흡수된다.

③ 수용성 영양소는 소장벽 융털의 모세혈관으로 흡수된다.

④ 지용성 영양소는 지방산과 글리세롤로 분해되어 위와 장에서 흡수된다.

**32** 다음 중 시장조사의 내용에 해당하지 않는 것은?

① 품목

② 수량

③ 운송수단

④ 구매거래처

**33** 다음 중 식품을 감별하는 방법이 옳지 않은 것은?

① 쌀은 잘 건조된 것으로 알맹이가 투명하고 고르며 타원형이어야 한다.

② 어류는 물에 가라앉으며 살에 탄력성이 있는 것이어야 한다.

③ 육류의 경우 소고기는 연분홍색, 돼지고기는 적색이어야 한다.

④ 우유는 물속에 한 방울 떨어뜨렸을 때 구름같이 퍼져가며 내려가는 것이어야 한다.

**34** 원가계산의 원칙에 해당하지 않는 것은?

① 진실성의 원칙

② 발생기준의 원칙

③ 사실추정의 원칙

④ 비교성의 원칙

**35** 다음에서 설명하는 재료의 소비가격 계산법은?

> 구입단가가 다른 재료를 구입할 때마다 재고량과의 가중평균가를 산출하여 이를 소비재료의 가격으로 한다.

① 단순평균법

② 이동평균법

③ 선입선출법

④ 후입선출법

**36** 동물이 도축된 후 화학변화가 일어나 근육이 긴장되어 굳어지는 현상은?

① 사후강직

② 자기소화

③ 산화

④ 팽화

**37** 섬유소와 한천에 대한 설명 중 틀린 것은?

① 산을 첨가하여 가열하면 분해되지 않는다.
② 체내에서 소화되지 않는다.
③ 변비를 예방한다.
④ 모두 다당류이다.

**38** 기본 조리법에 대한 설명 중 틀린 것은?

① 채소를 끓는 물에 짧게 데치면 기공을 닫아 색과 영양의 손실이 적다.
② 로스팅(roasting)은 육류나 조육류의 큰 덩어리 고기를 통째로 오븐에 구워내는 조리방법을 말한다.
③ 감자, 뼈, 등은 찬물에 뚜껑을 열고 끓여야 물을 흡수하여 골고루 익는다.
④ 튀김을 할 때 온도는 160~180℃가 적당하다.

**39** 유지의 발연점이 낮아지는 원인이 아닌 것은?

① 유리지방산의 함량이 낮은 경우
② 튀김하는 그릇의 표면적이 넓은 경우
③ 기름에 이물질이 많이 들어 있는 경우
④ 오래 사용하여 기름이 지나치게 산패된 경우

**40** 강력분을 사용하지 않는 것은?

① 케이크
② 식빵
③ 마카로니
④ 피자

**41** 식품을 삶는 방법에 대한 설명이 옳은 것은?

① 시금치를 저온에서 오래 삶으면 비타민C의 손실이 적다.
② 가지를 백반이나 철분이 녹아있는 물에 삶으면 색이 연해진다.
③ 연근을 엷은 식초 물에 삶으면 노랗게 삶아진다.
④ 완두콩은 황산구리를 적당량 넣은 물에 삶으면 푸른빛이 고정된다.

**42** 전분의 호정화를 이용한 식품은?

① 식혜
② 치즈
③ 맥주
④ 뻥튀기

**43** 생선을 조릴 때 어취를 제거하기 위하여 생강을 넣는다. 이때 생선을 미리 가열하여 열변성시킨 후에 생강을 넣는다. 이때 생선을 미리 가열하여 열변성시킨 후에 생강을 넣는 주된 이유는?

① 생강을 미리 넣으면 다른 조미료가 침투되는 것을 방해하기 때문에
② 열변성 되지 않은 어육단백질이 생강의 탈취작용을 방해하기 때문에
③ 생선의 비린내 성분이 지용성이기 때문에
④ 생강이 어육단백질의 응고를 방해하기 때문에

**44** 발효식품이 아닌 것은?

① 두유
② 김치
③ 된장
④ 맥주

**45** 식품의 조리 및 가공 시 발생되는 갈변현상의 설명으로 틀린 것은?

① 설탕 등의 당류를 160~180℃로 가열하여 마이야르(maillard) 반응으로 갈색물질이 생성된다.
② 사과, 가지, 고구마 등의 껍질을 벗길 때 폴리페놀 성분 물질을 산화시키는 효소작용으로 갈변 물질이 생성된다.
③ 감자를 절단하면 효소작용으로 흑갈색의 멜라닌 색소가 생성되며, 갈변을 막으려면 물에 담근다.
④ 아미노-카르보닐 반응으로 간장과 된장의 갈변물질이 형성된다.

**46** 중조를 넣어 콩을 삶을 때 가장 문제가 되는 것은?

① 비타민 $B_1$의 파괴가 촉진됨
② 콩이 잘 무르지 않음
③ 조리수가 많이 필요함
④ 조리시간이 길어짐

**47** 전분 식품의 노화를 억제하는 방법으로 적합한 것은?

① 유화제를 사용하지 않는다.
② 0℃ 이하로 급속냉동 시킨다.
③ 식품의 수분함량을 30%로 한다.
④ 60℃ 이상에서 건조시킨다.

**48** 소화흡수가 잘 되도록 하는 방법으로 가장 적절한 것은?

① 짜게 먹는다.
② 동물성 식품과 식물성 식품을 따로따로 먹는다.
③ 식품을 잘게 썰고 연하게 조리하여 먹는다.
④ 한꺼번에 많은 양을 먹는다.

**49** 식품의 풍미를 증진시키는 방법으로 적합하지 않은 것은?

① 부드러운 채소 조리 시 그 맛을 제대로 유지하려면 조리시간을 단축해야 한다.

② 빵을 갈색이 나게 잘 구우려면 건열로 갈색반응이 일어날 때까지 충분히 굽는다.

③ 사태나 양지머리와 같은 질긴 고기의 국물을 맛있게 맛을 내기 위해서는 약한 불에 서서히 끓인다.

④ 빵을 증기로 찌거나 전자 오븐으로 시간을 단축시켜 조리한다.

**50** 브라운 스톡(brown stock)에 대한 설명으로 옳지 않은 것은?

① 뼈, 미르포아, 부케가르니를 넣어 볶지 않고 은근히 끓인 육수이다.

② 육수의 색이 갈색인 것이 특징이다.

③ 뼈와 미르포아를 열로 캐러멜화 한다.

④ 토마토 페이스트와 같은 토마토 부산물이 첨가된다.

**51** 스톡의 문제점과 해결방안으로 적절한 것은?

① 조리 시 불 조절에 실패하여 맑지 않을 경우 찬물에서 스톡 조리를 시작한다.

② 충분히 조리되지 않아 향이 적을 경우 뼈와 미르포아를 짙은 갈색이 나도록 태운다.

③ 뼈와 물과의 불균형으로 향이 적거나 무게감이 없을 경우 조리시간을 늘린다.

④ 조리하는 동안 소금을 넣어 맛이 짤 경우 뼈를 추가로 넣는다.

**52** 전채 요리와 어울리는 양념, 조미료, 향신료를 뜻하는 말은?

① 페이스트(paste)

② 렐리시(relishes)

③ 콩디망(condiments)

④ 오르되브르(hors d'oeuvre)

**53** 샌드위치 요리를 플레이팅 할 때의 유의사항으로 옳은 것은?

① 재료의 고유의 질감을 변형시켜 새롭게 한다.

② 음식과 접시 온도는 무조건 70℃에 맞춘다.

③ 식재료는 비슷한 종류로 조합하며 맛과 향이 섞이지 않도록 한다.

④ 요리의 알맞은 양을 균형있게 담아야 한다.

**54** 다음 중 샐러드의 기본 구성이 아닌 것은?

① 미르포아(mirepoix)

② 본체(body)

③ 드레싱(dressing)

④ 가니쉬(garnish)

**55** 아침 식사용 빵에 대한 설명이 옳지 않은 것은?

① 크루아상 : 버터를 넣어 만든 페이스트리 반죽을 초승달 모양으로 만든 프랑스의 빵이다.

② 베이글 : 밀가루, 이스트, 물, 소금으로 반죽하여 링모양으로 만들어 구운 빵이다.

③ 잉글리시 머핀 : 영국에서 먹는 납작한 빵으로 샌드위치에 많이 사용되는 빵이다.

④ 프렌치 브레드 : 식빵을 0.7~1cm 두께로 썰어 구운 빵으로 버터나 잼을 발라먹는다.

**56** 통째로 오븐에 넣어 향신료, 버터, 기름을 발라주며 150~220℃에서 굽는 방법은?

① 로스팅
② 소테
③ 그릴링
④ 시어링

**57** 양식의 5대 모체 소스에 해당하지 않는 것은?

① 토마토 소스
② 리큐르 소스
③ 베샤멜 소스
④ 에스파뇰 소스

**58** 길고 얇은 모양의 리본 파스타로 소스가 면에 잘 묻으며 부서지기 쉬워 둥글게 말아서 사용하는 것은?

① 토르텔리니(tortellini)
② 탈리아텔레(tagliatelle)
③ 파르팔레(farfalle)
④ 오레키에테(orecchiette)

**59** 다음에서 설명하는 것으로 적절한 것은?

> 돼지고기, 소고기, 채소, 토마토를 넣고 오랜 시간 끓여 진한 맛을 내는 소스로 치즈, 크림, 버터, 올리브유 등으로 부드럽게 만들 수 있다.

① 볼로네즈 소스
② 토마토 소스
③ 화이트 크림 소스
④ 바질 페스토 소스

**60** 가니쉬(garnish)의 특징으로 적절하지 않은 것은?

① 시각적 효과를 주고 외형과 색을 좋게 한다.
② 식욕을 돋게 하고 미각을 상승시켜 줄 수 있는 재료를 사용한다.
③ 눈에 띄는 장식으로 시선을 사로잡고, 요리의 맛을 새롭게 한다.
④ 완성된 음식을 더욱 돋보이게 하는 효과가 있다.

4회

# 한식·양식조리기능사

## 1000제

기능사 필기 대비

양식조리기능사
필기

# 5회 양식조리기능사 필기

**01** 개인 위생복장 중 머리카락과 머리카락의 비듬 및 먼지로 인한 오염을 방지하고 위생적인 작업을 할 수 있도록 착용하는 것은?

① 안전화
② 위생모
③ 앞치마
④ 위생복

**02** 경구감염 및 집단감염을 일으키며 항문 주위에 기생하는 기생충은?

① 구충
② 요충
③ 편충
④ 동양모양선충

**03** 식품 등의 위생적인 취급에 관한 기준으로 적절하지 않은 것은?

① 식품 등을 취급하는 보관실, 제조가공실, 조리실 등의 내부는 항상 청결하게 관리하여야 한다.
② 식품 등의 원료 및 제품 중 부패·변질이 되기 쉬운 것은 냉동·냉장시설에 보관·관리하여야 한다.
③ 식품 등의 보관 시에는 냉장시설에 보관하도록 하고 운반·진열 시에는 냉동시설에 관리하여야 한다.
④ 유통기한이 경과된 식품 등을 판매하거나 판매의 목적으로 진열·보관하여서는 아니 된다.

**04** 인쇄, 도자기 유약에 사용하며 장기간 노출될 경우 소변에서 코프로포르피린이 검출되는 유해물질은?

① 납
② 불소
③ 수은
④ 크롬

**05** 칼, 도마 등의 조리기구와 행주 등을 소독 및 처리하는 방법으로 적절하지 않은 것은?

① 반드시 알칼리성 세제로 세척한다.
② 바람이 잘 통하는 곳에 건조한다.
③ 햇볕이 잘 드는 곳에 건조한다.
④ 매일 1회 이상 건조 소독한다.

**06** 황색포도상구균 식중독의 원인이 되는 독소는?

① 뉴로톡신
② 시큐톡신
③ 엔테로톡신
④ 테트로도톡신

**07** 다음 농약의 종류 중 유기인제에 해당되지 않는 것은?

① 말라티온
② 파라티온
③ 다이아지논
④ DDT

**08** 과일이나 과채류 채취 후 선도 유지를 위해 표면에 막을 만들어 호흡 조절 및 수분증발 방지에 목적에 사용되는 것은?

① 품질개량제
② 이형제
③ 피막제
④ 강화제

**09** 식품위생법상 명시된 영업의 종류에 해당되지 않는 업종은?

① 농 · 수산업
② 즉석판매제조 · 가공업
③ 식품운반업
④ 용기 · 포장류제조업

**10** 다음 중 허가를 받아야 하는 영업이 아닌 것은?

① 식품조사처리업
② 단란주점영업
③ 유흥주점영업
④ 식품첨가물제조업

**11** 다음 중 조리사의 위반사항에 해당되지 않는 것은?

① 보수교육을 받지 아니한 경우
② 면허를 타인에게 대여해 준 경우
③ 식중독 사고 발생에 직무상의 책임이 있는 경우
④ 업무정지 기간 중 조리사 업무를 하지 않은 경우

**12** 다음 중 일반음식점의 모범업소 기준에 해당하는 것은?

① 주방이 공개되어 있지 않다.
② 식품 원료 등을 보관할 수 있는 창고가 없다.
③ 1회용 물컵, 1회용 수저 및 젓가락 등을 사용하지 않는다.
④ 화장실에 1회용 위생종이나 에어타월이 비치되어 있지 않다.

**13** 다음 중 각 나라의 보건수준을 평가하는 가장 대표적인 지표로 알맞은 것은?

① 영아사망률
② 보통사망률
③ 비례사망지수
④ 평균수명

**14** 다음 중 실외공기 오염(대기오염) 지표로 사용되는 것은?

① 산소($O_2$)
② 질소(N)
③ 아르곤(Ar)
④ 아황산가스($SO_2$)

**15** 다음 중 하수도 처리과정으로 옳은 것은?

① 정수 → 배수 → 예비처리
② 소독 → 예비처리 → 본처리
③ 예비처리 → 본처리 → 오니처리
④ 예비처리 → 오니처리 → 본처리

**16** 다음 중 수질오염에 의한 질병이 아닌 것은?

① 이타이이타이병
② 쯔쯔가무시증
③ 가네미유 중독
④ 미나마타병

**17** 숙주의 감수성이 높을수록 발생하는 현상으로 틀린 것은?

① 면역력이 낮아진다.
② 질병이 발생할 위험이 커진다.
③ 병원체에 대한 방어력이 커진다.
④ 병원체를 받아들이는 정도가 커진다.

**18** 다음 중 병원체가 세균인 감염병에 해당되는 것은?

① 인플루엔자
② 홍역
③ 콜레라
④ 아메바성이질

**19** 면역의 종류 중 태반, 수유와 같은 모체로부터 얻는 것은?

① 자연능동면역
② 인공능동면역
③ 자연수동면역
④ 인공수동면역

**20** 질병을 발생시키는 해충과 그로인한 질병의 연결이 틀린 것은?

① 파리 – 장티푸스
② 모기 – 말라리아
③ 이, 벼룩 – 황열
④ 쥐 – 발진열

**21** 충란으로 감염되는 기생충은?

① 분선충
② 동양모양선충
③ 십이지장충
④ 편충

**22** 다음 중 화재의 원인으로 가장 거리가 먼 것은?

① 전기제품 누전
② 바닥에 있는 물기
③ 조리기구 주변의 가연물
④ 주변 벽이나 환기구 후드의 기름 찌꺼기

**23** 다당류에 대한 설명으로 옳지 않은 것은?

① 전분은 곡류, 감자류 등에 많이 존재한다.
② 글리코겐은 식물에 존재하는 저장성 탄수화물이다.
③ 한천은 우뭇가사리를 주원료로 점액을 얻어 굳힌 가공제품이다.
④ 펙틴은 젤 형성 능력이 있어 젤리나 잼을 만드는데 이용된다.

**24** 트랜스지방산에 대한 설명으로 옳지 않은 것은?

① 시스형의 불포화지방산에 수소를 첨가하여 변한 것이다.
② 불포화지방산을 높은 온도로 가열하여 탄소방향이 같게 변한 것이다.
③ 주로 경화과정에서 생성되며 이 과정으로 좀 더 안정된 상태의 포화지방산이 된다.
④ 마가린, 쇼트닝 등에 많이 함유되어 있다.

5회

**25** 수용성 비타민에 대한 설명으로 옳지 않은 것은?

① 매일 섭취해야 하는 비타민이다.
② 결핍될 경우 증세가 서서히 나타난다.
③ 비타민 B군, 비타민 C, 비타민 H가 있다.
④ 체내에 축적되지 않아 과량이 소변으로 배출된다.

**26** 새우나 게에 함유된 색소로 가열 전에는 청록색이지만 가열하면 적색으로 변하는 색소는?

① 멜라닌
② 헤모시아닌
③ 헤모글로빈
④ 아스타잔틴

**27** 매운맛이 나는 식품과 매운맛을 내는 성분의 연결이 틀린 것은?

① 양파 – 유황화합물
② 생강 – 차비신
③ 겨자 – 시니그린
④ 마늘 – 알리신

**28** 지질의 특징으로 적절하지 않은 것은?

① 3분자의 지방산과 1분자의 글리세롤이 에스테르 상태로 결합한다.
② 상온에서 액체인 것은 기름, 고체인 것은 지방이다.
③ 여러 가지 결핍증을 예방하는 역할을 한다.
④ 과잉섭취 시 피하지방에 저장되어 비만, 고지혈증, 당뇨병 등을 유발한다.

**29** 다음 중 완전단백질에 해당하는 것이 아닌 것은?

① 쌀의 오리제닌
② 콩의 글리시닌
③ 육류의 미오신
④ 달걀의 오보알부민

**30** 안토시아닌에 대한 설명으로 적절하지 않은 것은?

① 식물의 뿌리, 줄기, 잎 등에 분포하는 백색이나 담황색의 색소이다.
② 수용성 색소로 가공 중에 쉽게 변색된다.
③ 식초물과 같은 산성에서는 적색을 띤다.
④ 소다첨가 등에 의해 형성된 알칼리성 환경에서는 청색을 띤다.

**31** 영양소를 소화하는 효소와 영양소가 알맞게 연결된 것은?

① 스테압신 – 탄수화물
② 리파아제 – 탄수화물
③ 펩신 – 단백질
④ 트립신 – 지방

**32** 시장조사에 사용된 비용과 조사로 얻는 이익이 조화가 이루어지도록 해야 하는 시장조사의 원칙은?

① 비용 조사의 원칙
② 비용 조화의 원칙
③ 비용 경제성의 원칙
④ 비용 이익성의 원칙

**33** 조리기기를 선정할 때 고려할 사항으로 적절하지 않은 것은?

① 위생성, 능률성, 내구성, 실용성이 있는 것
② 디자인이 화려하고 색이 선명한 것
③ 용도가 다양한 것
④ 사후 관리가 쉬운 것

**34** 원가계산의 원칙을 설명한 것으로 옳은 것은?

① 발생기준의 원칙 : 원가의 계산 시 경제성을 고려하여 계산한다.
② 정상성의 원칙 : 여러 방법 중 가장 확실한 방법을 선택한다.
③ 상호관리의 원칙 : 제품의 제조에 발생한 원가를 사실 그대로 계산한다.
④ 비교성의 원칙 : 다른 기간이나 다른 부분의 원가와 비교가 가능해야 한다.

**35** 냉장고에 식품을 저장하는 방법에 대한 설명으로 옳은 것은?

① 생선과 버터는 가까이 두는 것이 좋다.
② 식품을 냉장고에 저장하면 세균이 완전히 사멸된다.
③ 조리하지 않은 식품과 조리한 식품은 분리해서 저장한다.
④ 오랫동안 저장해야 할 식품은 냉장고 중에서 가장 온도가 높은 곳에 저장한다.

**36** 달걀 저장 중에 일어나는 변화로 옳은 것은?

① pH 저하
② 중량 감소
③ 난황계수 증가
④ 수양난백 감소

5회

255

**37** 계량방법이 잘못된 것은?

① 된장, 흑설탕은 꼭꼭 눌러 담아 수평으로 깎아서 계량한다.

② 우유는 투명기구를 사용하여 투명기구의 아랫부분을 눈과 수평으로 하여 계량한다.

③ 저울은 반드시 수평한 곳에서 0으로 맞추고 사용한다.

④ 마가린은 실온일 때 꼭꼭 눌러 담아 평평한 것으로 깎아 계량한다.

**38** 홍조류에 속하며 무기질이 골고루 함유되어 있고 단백질이 많이 함유된 해조류는?

① 김
② 미역
③ 파래
④ 다시마

**39** 고기의 질감을 연하게 하는 단백질 분해효소와 가장 거리가 먼 것은?

① 파파인(papain)
② 브로멜린(bromelin)
③ 펩신(pepsin)
④ 글리코겐(glycogen)

**40** 건조된 갈조류 표면의 흰가루 성분으로 단맛을 나타내는 것은?

① 만니톨
② 알긴산
③ 클로로필
④ 피코시안

**41** 달걀을 삶았을 때 난황 주위에 일어나는 암녹색의 변색에 대한 설명으로 옳은 것은?

① 100℃의 물에서 5분 이상 가열 시 나타난다.

② 신선한 달걀일수록 색이 진해진다.

③ 난황의 철과 난백의 황화수소가 결합하여 생성된다.

④ 낮은 온도에서 가열할 때 색이 더욱 진해진다.

**42** 다음 중 향신료와 그 성분이 잘못 연결된 것은?

① 후추 – 차비신
② 생강 – 진저롤
③ 참기름 – 세사몰
④ 겨자 – 캡사이신

**43** 어류의 염장법 중 건염법에 대한 설명으로 틀린 것은?

① 식염의 침투가 빠르다.
② 품질이 균일하지 못하다.
③ 선도가 낮은 어류로 염장을 할 경우 생산량이 증가한다.
④ 지방질의 산화로 변색이 쉽게 일어난다.

**44** 생선의 비린내를 억제하는 방법이 적절한 것은?

① 생강은 생선이 익기 전에 첨가한다.
② 레몬즙, 식초 등의 산을 첨가한다.
③ 처음부터 뚜껑을 닫고 끓여 생선을 완전히 응고시킨다.
④ 생선에 칼집을 내어 지용성 냄새 성분을 제거한다.

**45** 냉장고 사용방법으로 틀린 것은?

① 뜨거운 음식은 식혀서 냉장고에 보관한다.
② 문을 여닫는 횟수를 가능한 한 줄인다.
③ 온도가 낮으므로 식품을 장기간 보관해도 안전하다.
④ 식품의 수분이 건조되므로 밀봉하여 보관한다.

**46** 전분의 호정화(dextrinization)가 일어난 예로 적합하지 않은 것은?

① 누룽지
② 토스트
③ 미숫가루
④ 묵

**47** 제조과정 중 단백질 변성에 의한 응고 작용이 일어나지 않는 것은?

① 치즈 가공
② 두부 제조
③ 달걀 삶기
④ 딸기잼 제조

**48** 토마토 크림수프를 만들 때 일어나는 우유의 응고 현상을 바르게 설명한 것은?

① 산에 의한 응고
② 당에 의한 응고
③ 효소에 의한 응고
④ 염에 의한 응고

5회

**49** 붉은살 어류에 대한 일반적인 설명으로 맞는 것은?

① 흰살 어류에 비해 지질함량이 적다.
② 흰살 어류에 비해 수분함량이 적다.
③ 해저 깊은 곳에 살면서 운동량이 적은 것이 특징이다.
④ 조기, 광어, 가자미 등이 해당된다.

**50** 페이스트(paste)에 대한 설명으로 옳지 않은 것은?

① 식품을 갈거나 체로 걸러 부드러운 상태로 만든 것이다.
② 과일, 채소, 견과류, 육류 등의 식품이 재료이다.
③ 토마토 페이스트는 아삭한 식감을 위해 볶아서 사용하기 보다는 생으로 사용한다.
④ 고체와 액체의 중간 굳기로, 빵 반죽과 케이크 반죽의 중간에 있는 반죽이다.

**51** 전채 요리의 종류 중 식전에 나오는 모든 요리의 총칭을 이르는 말은?

① 카나페(canape)
② 오르되브르(hors d'oeuvre)
③ 칵테일(cocktail)
④ 렐리시(relishes)

**52** 형태에 따라 분류한 샌드위치에 대한 설명으로 옳지 않은 것은?

① 오픈 샌드위치는 얇게 썬 빵에 재료를 넣고 빵을 올리지 않고 오픈한 것이다.
② 클로즈드 샌드위치는 얇게 썬 빵에 재료를 넣고 빵으로 덮은 것이다.
③ 핑거 샌드위치는 클로즈드 샌드위치를 손가락 모양으로 길게 3~6등분으로 썬 것이다.
④ 롤 샌드위치에는 카나페, 브루스케타 등이 있다.

**53** 샐러드 채소 손질에 대한 설명으로 옳지 않은 것은?

① 흐르는 물에 여러 번 헹군 뒤 3~5℃의 찬물에 30분 정도 담가 놓는다.
② 칼이나 손을 사용하여 커팅하나 근래에는 그대로 사용하기도 한다.
③ 스피너를 이용하여 수분을 제거한다.
④ 통에 넣어 보관할 때는 통이 꽉 차도록 넣는다.

**54** 조식의 종류 중 각종 주스, 빵, 커피, 홍차로 구성된 간단한 아침 식사의 종류는?

① 유럽식 아침 식사(continental breakfast)
② 미국식 아침 식사(american breakfast)
③ 영국식 아침 식사(english breakfast)
④ 아시아식 아침 식사(asian breakfast)

**55** 다음에서 설명하는 빵의 종류는?

> 건조해진 빵을 활용하기 위해 만들어진 조리법으로 달걀, 계피가루, 설탕, 우유에 빵을 담가 버터를 두르고 팬에 구워 잼과 시럽을 곁들여 먹는 것이다.

① 와플
② 팬케이크
③ 프렌치토스트
④ 토스트 브레드

**56** 육류의 조리 방법 중 브레이징(braising)에 대한 설명으로 옳지 않은 것은?

① 팬에서 색을 낸 고기, 볶은 야채, 소스, 굽는 과정에서 흘러나온 육즙 등을 조리한다.
② 재료들을 브레이징 팬에 넣고 뚜껑을 덮어 조리한다.
③ 주로 질긴 육류, 가금류를 조리할 때 사용한다.
④ 160~240℃의 온도에서 짧은 시간 조리한다.

**57** 토마토 소스의 종류에 대한 설명으로 옳지 않은 것은?

① 토마토 퓌레 : 토마토를 파쇄하여 조미하지 않고 농축한 것
② 토마토 쿨리 : 토마토를 얼린 후 파쇄하여 조미한 것
③ 토마토 페이스트 : 토마토 퓌레를 더 강하게 농축하여 수분을 날린 것
④ 토마토 홀 : 토마토 껍질만 벗겨 통조림으로 만든 것

**58** 파르팔레(farfalle)에 대한 설명으로 옳지 않은 것은?

① 소를 채운 파스타로 에밀리아 로마냐 지역에서 주로 먹는다.
② 충분히 말려서 사용하는 것이 좋다.
③ 주된 부재료는 닭고기, 시금치이다.
④ 크림 소스, 토마토 소스와 잘 어울린다.

**59** 파스타를 삶는 정도로서 입안에서 느껴지는 알맞은 상태를 의미하는 것은?

① 라비올리(ravioli)
② 루(roux)
③ 알덴테(al dente)
④ 뵈르 마니에(beurre manie)

**60** 다음에서 설명하는 육류 조리 방법은?

> 위생 플라스틱 비닐 속에 재료와 조미료나 양념을 넣고 진공 포장한 후 낮은 온도에서 장시간 조리하여 맛, 향, 수분, 질감, 영양소를 보존하며 조리하는 방법이다.

① 시어링
② 수비드
③ 스튜잉
④ 브레이징

# 한식·양식조리기능사

## 1000제

기능사 필기 대비

# 양식조리기능사 필기 정답 및 해설

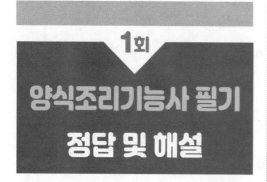

# 1회
# 양식조리기능사 필기
# 정답 및 해설

| 부패 | 단백질 식품이 혐기성 미생물에 의해 변질되는 현상 |
|---|---|
| 후란 | 단백질 식품이 호기성 미생물에 의해 변질되는 현상 |
| 변패 | 비단백질 식품이 미생물에 의해 변질되는 현상 |
| 산패 | 유지가 공기 중의 산소, 일광, 금속에 의해 변질되는 현상 |
| 발효 | 탄수화물이 미생물의 작용을 받아 유기산, 알코올 등을 생성 |

| 01 | ③ | 02 | ① | 03 | ③ | 04 | ② | 05 | ① |
|---|---|---|---|---|---|---|---|---|---|
| 06 | ④ | 07 | ③ | 08 | ④ | 09 | ① | 10 | ② |
| 11 | ② | 12 | ③ | 13 | ① | 14 | ② | 15 | ④ |
| 16 | ① | 17 | ④ | 18 | ④ | 19 | ③ | 20 | ① |
| 21 | ② | 22 | ① | 23 | ③ | 24 | ④ | 25 | ① |
| 26 | ④ | 27 | ④ | 28 | ① | 29 | ② | 30 | ③ |
| 31 | ① | 32 | ③ | 33 | ④ | 34 | ③ | 35 | ① |
| 36 | ③ | 37 | ① | 38 | ③ | 39 | ② | 40 | ③ |
| 41 | ③ | 42 | ② | 43 | ③ | 44 | ① | 45 | ④ |
| 46 | ① | 47 | ④ | 48 | ③ | 49 | ④ | 50 | ① |
| 51 | ③ | 52 | ① | 53 | ① | 54 | ① | 55 | ② |
| 56 | ② | 57 | ③ | 58 | ② | 59 | ④ | 60 | ② |

## 01 정답 ③

손톱은 항상 짧게 깎아 청결하게 유지하고 매니큐어나 인조손톱의 사용은 금하여야 한다.

> **용모**
> • 수염은 항상 짧게 자르고 매일 면도함
> • 손톱은 짧게 깎고, 매니큐어 및 인조손톱 부착 금지
> • 짙은 화장이나 향수 금지
> • 두발은 위생모 안으로 정리하며 긴머리는 단정히 묶음

## 02 정답 ①

변패는 비단백질성 식품이 미생물에 의해 변질되는 현상이다.

## 03 정답 ③

### 어패류를 통해 감염되는 기생충

| 종류 | 제1중간숙주 | 제2중간숙주 |
|---|---|---|
| 간디스토마 (간흡충) | 왜우렁이 | 붕어, 잉어 (피낭유충) |
| 폐디스토마 (폐흡충) | 다슬기 | 가재, 게 |
| 요꼬가와흡충 (횡천흡충) | 다슬기 | 담수어(은어) |
| 광열열두조충 (긴촌충) | 물벼룩 | 송어, 연어, 숭어 |
| 고래회충 (아니사키스) | 바다새우류 | 고등어, 오징어, 대구, 갈치 → (돌)고래, 물개 |
| 유극악구충 | 물벼룩 | 가물치, 메기 |

간흡충(간디스토마)의 제1중간숙주는 왜우렁이이며, 제2중간숙주는 민물고기(붕어, 잉어)이다.

## 04 정답 ②

보존료(방부제)는 미생물의 발육을 억제하여 식품의 부패를 막고 신선도를 유지시키기 위해서 사용되는 첨가물이다.
① 살균제 : 식품부패균, 병원균을 사멸시키기 위해 사용하는 첨가물
③ 조미료 : 식품에 지미를 부여하기 위해 사용하는 첨가물
④ 산화방지제 : 식품의 산패를 방지하기 위해 사용하는 첨가물

## 05 정답 ①

카제인나트륨은 호료에 해당하는 식품첨가물이며 호료는 식품의 형태 변화를 방지하기 위한 용도로 사용된다.

> **호료**
> - 식품의 점착성을 증가시키고 식품 형태를 유지하기 위해 사용되는 첨가물로 증점제, 안정제라고도 함
> - 종류 : 젤라틴, 한천, 알긴산나트륨, 카제인나트륨, 전분 등

## 06 정답 ④

방부는 미생물의 생육을 억제 또는 정지시켜 부패를 방지하는 방법이다.

| 방부 | 미생물의 생육을 억제 또는 정지시켜 부패를 방지 |
|---|---|
| 소독 | 병원미생물의 병원성을 약화시키거나 죽여서 감염력을 없앰 |
| 살균 | 미생물을 사멸 |
| 멸균 | 비병원균, 병원균 등 모든 미생물과 아포까지 완전히 사멸 |

> **소독력의 크기**
> 멸균 〉 살균 〉 소독 〉 방부

## 07 정답 ③

**황색포도상구균 식중독**

| 원인균 | 포도상구균(열에 약함) |
|---|---|
| 원인독소 | 엔테로톡신(장독소, 열에 강함) |
| 잠복기 | 평균 3시간(가장 짧음) |
| 원인식품 | 유가공품(우유, 크림, 버터, 치즈), 조리식품(떡, 콩가루, 김밥, 도시락) |
| 증상 | 급성위장염 |
| 예방 | 손이나 몸에 화농이 있는 사람 식품취급 금지 |

통조림, 햄, 소시지는 클로스트리디움 보툴리눔 식중독의 원

인식품이다.

## 08 정답 ④

**알레르기성 식중독**

| 원인독소 | 히스타민 |
|---|---|
| 원인균 | 프로테우스 모르가니 |
| 원인식품 | 꽁치, 고등어와 같은 붉은 살 어류 및 그 가공품 |
| 증상 | 두드러기, 열증 |
| 예방 | 항히스타민제 투여 |

① **아미그달린** : 청매, 살구씨, 복숭아씨의 자연독 성분
② **삭시톡신** : 홍합, 대합의 자연독 성분
③ **뉴로톡신** : 클로스트리디움 보툴리눔 식중독의 원인독소

## 09 정답 ①

**황색포도상구균 식중독**

| 원인균 | 포도상구균(열에 약함) |
|---|---|
| 원인독소 | 엔테로톡신(장독소, 열에 강함) |
| 잠복기 | 평균 3시간(가장 짧음) |
| 원인식품 | 유가공품(우유, 크림, 버터, 치즈), 조리식품(떡, 콩가루, 김밥, 도시락) |
| 증상 | 급성위장염 |
| 예방 | 손이나 몸에 화농이 있는 사람 식품취급 금지 |

황색포도상구균 식중독은 독소형 식중독이다.

## 10 정답 ②

카페인은 식품 등의 표시기준에 따라 표시해야 할 영양표시에 해당되지 않는다.

> **영양표시**
> 열량, 나트륨, 탄수화물, 당류, 지방, 트랜스지방, 포화지방, 콜레스테롤, 단백질 등

## 11 정답 ②

식품위생법상 영업신고는 관할 시장·군수·구청장에게 하여야 한다.

## 12 정답 ③

**조리사의 행정처분**

| 위반사항 | 1차 위반 | 2차 위반 | 3차 위반 |
|---|---|---|---|
| 조리사의 결격사유에 해당하는 경우 | 면허취소 | – | – |
| 보수교육을 받지 않은 경우 | 시정명령 | 업무정지 15일 | 업무정지 1개월 |
| 식중독이나 위생과 관련된 중대한 사고 발생에 직무상 책임이 있는 경우 | 업무정지 1개월 | 업무정지 2개월 | 면허취소 |
| 면허를 타인에게 대여해 준 경우 | 업무정지 2개월 | 업무정지 3개월 | 면허취소 |
| 업무정지 기간 중 조리사의 업무를 한 경우 | 면허취소 | – | – |

식품위생법상 면허를 타인에게 대여해 준 경우의 1차 위반 시 업무정지 2개월, 2차 위반 시 업무정지 3개월, 3차 위반 시 면허취소의 행정처분이 내려진다.

## 13 정답 ①

> **식품 및 식품첨가물 및 기구, 용기, 포장의 수출기준**
> 수출할 식품 또는 식품첨가물 및 기구, 용기, 포장의 기준과 규격은 수입자가 요구하는 기준과 규격을 따를 수 있다.

## 14 정답 ②

교육은 영업자와 종업원이 매년 받아야 하므로 교육을 받은 날로부터 1년 이상 보수교육을 받지 않은 경우 조리사 위반사항에 해당한다.

> **조리사 위반사항**
> • 조리사의 결격사유에 해당하는 경우
> • 보수교육을 받지 않은 경우
> • 식중독이나 위생과 관련된 중대한 사고 발생에 직무상 책임이 있는 경우
> • 면허를 타인에게 대여해 준 경우
> • 업무정지 기간 중 조리사의 업무를 한 경우

## 15 정답 ④

물체의 불완전 연소 시에 발생하는 것은 일산화탄소($CO$)이다.

> **이산화탄소($CO_2$)**
> • 실내공기의 오염 지표
> • **위생학적 허용한계** : 0.1%(1,000ppm) 이하

## 16 정답 ②

일산화탄소는 대기의 오염을 측정하는 지표이다.

> **하수의 오염 측정 지표**
> • 용존산소량(DO)
> • 생화학적 산소요구량(BOD)
> • 화학적 산소요구량(COD)
> • 수소이온농도(pH), 부유물질(SS) 등

## 17 정답 ④

사회복지의 기획과 평가를 위한 자료 제공이 아닌 보건의료의 기획과 평가를 위한 자료 제공이 역학의 목적으로 적절하다.

## 18 정답 ④

경구감염병은 대부분 예방이 불가능하다.

| 경구감염병 | 세균성 식중독 |
|---|---|
| 적은 양의 균으로도 감염된다. | 많은 양의 균으로 감염된다. |
| 잠복기가 길다. | 잠복기가 짧다. |
| 2차 감염이 있다. | 2차 감염이 거의 없다. |
| 면역성이 있다. | 면역성이 없다. |
| 독성이 강하다. | 독성이 약하다. |
| 대부분 예방이 불가능하다. | 식품 중 균의 증식을 억제하여 예방할 수 있다. |

## 19 　　　　　　　　　　정답 ③

> **감염병의 잠복기**
> • 1주일 이내 : 콜레라, 이질, 성홍열, 파라티푸스, 뇌염, 인플루엔자 등
> • 1~2주일 : 장티푸스, 홍역, 급성회백수염, 수두, 풍진 등
> • 잠복기가 긴 것 : 한센병, 결핵

## 20 　　　　　　　　　　정답 ①

BCG는 생후 4주 이내에 하는 결핵 예방접종이다.

> **예방접종**
> • 생후 4주 이내 : BCG(결핵)
> • 생후 2, 4, 6개월 : 경구용 소아마비, DPT
> • 15개월 : 홍역, 볼거리, 풍진
> • 3~15세 : 일본뇌염
> • 매년 : 독감

## 21 　　　　　　　　　　정답 ②

> **모성사망률**
> • 임신, 분만, 산욕과 관계되는 질병 및 합병증에 의한 사망률
> • 연간 모성 사망자 수 ÷ 연간 출생아 수 × 1,000

## 22 　　　　　　　　　　정답 ①

**살모넬라 식중독**

| 감염원 | 쥐, 파리, 바퀴벌레, 닭 등 |
|---|---|
| 원인식품 | 육류 및 그 가공품, 어패류, 알류, 우유 등 |
| 잠복기 | 12~24시간(평균 18시간) |
| 증상 | 급성위장염 및 급격한 발열 |
| 예방 | 방충, 방서, 60℃에서 30분 이상 가열 |

감염형 식중독은 60℃에서 30분간 가열하면 식품 안전에 위해가 되지 않는다. 이에 해당하는 것은 살모넬라균이다.
② 클로스트리디움 보툴리눔균 : 독소형 식중독으로 열에 비교적 강하다.
③ 황색포도상구균 : 독소형 식중독으로 열에 비교적 강하다.
④ 장구균 : 분변오염으로 감염되며, 냉동식품 오염여부를 판정한다.

## 23 　　　　　　　　　　정답 ③

몸에 불이 붙었을 경우 제자리 뛰기가 아닌 제자리에서 바닥에 굴러야 한다.

## 24 　　　　　　　　　　정답 ④

불용성 식이섬유에는 셀룰로스, 리그닌, 키틴 등이 있다. 펙틴, 글루코만난, 검, 알긴산, 한천, 키토산 등은 수용성 식이섬유에 해당한다.

| 수용성 식이섬유 | 불용성 식이섬유 |
|---|---|
| 펙틴, 글루코만난, 검, 알긴산, 한천, 폴리덱스트린, 키토산 등 | 셀룰로스, 헤미셀룰로스, 리그닌, 키틴 등 |
| 포도당과 지방의 흡수를 지연시킴 | 식이섬유의 대부분을 차지하며, 물과 친화력이 적음 |
| 장에서 수분을 흡착해서 변을 팽윤시킴 | 대장의 연동운동을 증가시켜 배변량을 증가시킴 |

## 25 정답 ①

② 비타민 B₉ : 단백질 대사의 보조효소이며 세포분열에 관여한다.
③ 비타민 A : 눈의 건강에 도움을 주며 β-카로틴은 몸속으로 들어와 비타민 A로 전환한다.
④ 비타민 E : 항산화제 기능과 적혈구의 보호기능이 있으며 세포의 손상을 방지한다.

> **비타민 B₁**
> • 탄수화물 대사의 중요한 보조효소
> • 포도당이 에너지를 생성하는 과정에서 중요한 역할
> • 곡류에 다량 함유되어 있으나 쌀을 씻는 과정에서 손실이 많음

## 26 정답 ③

무기질은 체내에서 합성되지 않아 음식을 통해 섭취하여야 한다.

> **무기질의 특징**
> • 에너지를 내는 열량 영양소가 아님
> • 체내에서 합성되지 않아 음식을 통해 섭취하여야 함
> • 인체의 골격, 치아, 근육, 신경조직 등의 구성 요소
> • 호르몬 생성과 인체의 여러 생리작용에 필수적인 요소
> • 하루 필요량 100mg을 기준으로 그 이상을 다량 무기질, 그 미만을 미량무기질이라고 함

## 27 정답 ④

① 프티알린 : 입에 있는 탄수화물 분해요소로, 전분의 일부를 맥아당 단위로 분해하는 소화효소
② 말타아제 : 입과 소장에서 분비되는 소화효소로, 맥아당을 포도당으로 분해
③ 티로시나아제 : 감자 갈변의 원인이 되는 효소

> **효소적 갈변**
> • 티로시나아제 : 감자 갈변의 원인이 되는 효소
> • 폴리페놀 옥시다아제 : 홍차의 갈변 현상 또는 과일이나 채소의 갈변 현상의 원인이 되는 효소

## 28 정답 ①

> **식물성 식품의 냄새 성분**
> • 알코올류 : 커피, 찻잎, 계피, 감자, 오이 등
> • 알데히드류 : 찻잎, 아몬드, 바닐라 등
> • 황화합물 : 무, 양파, 부추, 겨자 등
> • 테르펜류 : 박하, 레몬, 오렌지, 미나리 등
> • 에스테르류 : 과일 향기

## 29 정답 ②

① 유화 : 에멀전화라고도 하며, 수중유적형과 유중수적형이 있다.
③ 연화 : 쇼트닝이라고도 하며, 밀가루 반죽에 유지를 첨가하면 반죽 내에서 지방을 형성하여 전분과 글루텐의 결합을 방해한다.
④ 검화 : 비누화라고도 하며, 지방이 수산화나트륨에 의해 가수분해되어 글리세롤과 지방산의 알칼리염을 생성한다.

> **경화(수소화)**
> 마가린, 쇼트닝과 같이 액체상태의 기름에 수소를 첨가하고 니켈과 백금을 넣어 고체형의 기름을 만든 것

## 30 정답 ③

메트미오글로빈은 갈색 또는 회색을 띤다.

> **저장 및 가열에 의한 미오글로빈의 변화**
> • 미오글로빈(적자색) : 헴(Heme)에 철(Fe)을 함유한 구조로 신선한 생육상태
> • 옥시미오글로빈(선홍색) : 미오글로빈과 산소가 결합했을 경우
> • 메트미오글로빈(갈색/회색) : 옥시미오글로빈을 장기간 저장하거나 계속 가열했을 경우
> • 헤마틴(회갈색) : 메트미오글로빈을 계속 가열했을 경우

## 31 　　　　　　　　　　　　정답 ①

② **불소(F)** : 골격과 치아의 기능을 유지하고 충치를 예방한다.
③ **칼륨(K)** : 세포 내액의 주된 양이온으로 수분 평형과 삼투압을 조절한다.
④ **나트륨(Na)** : 삼투압과 수분을 조절하며 산, 염기의 평형을 유지한다.

> **철(Fe)**
> • 혈색소의 성분으로 산소를 운반
> • 근육색소 및 호흡 효소의 구성 성분

## 32 　　　　　　　　　　　　정답 ③

무기질은 구성 영양소, 조절영양소에 해당한다.

> **영양소의 분류**
> • **열량 영양소** : 주로 에너지를 내는 영양소로, 탄수화물(4kcal/g), 지질(9kcal/g), 단백질(4kcal/g)이 있다.
> • **구성 영양소** : 신체를 구성하고 성장과 유지에 필요한 영양소로 무기질, 단백질, 물이 있다.
> • **조절 영양소** : 인체의 기능을 조절하는 영양소로 비타민, 무기질, 물이 있다.

## 33 　　　　　　　　　　　　정답 ④

비저장품목 등을 수시로 구매할 때 사용하여 소규모 급식시설에 적합한 것은 수의계약방법이다.

> **경쟁입찰 계약방법(공식적)**
> • **특징** : 참여를 원하는 업체들의 입찰을 통해 최적의 조건을 제시한 업체와 계약을 체결한다.
> • **장점** : 공평하며 선정 과정 중에 생기는 부조리를 방지할 수 있다.
> • **단점** : 자격이 부족한 업체가 응찰할 수 있고 업체 간의 담합으로 낙찰이 어려울 수 있다.
> • **용도** : 저장성이 높은 식품(쌀, 건어물, 조미료 등)을 정기적으로 구매할 때 사용한다.

## 34 　　　　　　　　　　　　정답 ③

① 검수 담당자는 식품의 품질을 판단할 수 있는 능력, 기술을 지닌 사람으로 배치한다.
② 검수구역은 배달 구역 입구, 물품저장소와 인접한 장소에 위치한다.
④ 검수를 할 때는 구매명세서, 구매청구서를 참조한다.

> **검수 구비요건**
> • 식품의 품질을 판단할 수 있는 검수 담당자를 배치한다.
> • 검수구역은 배달 구역 입구, 물품저장소(냉장고, 냉동고, 건조창고) 등과 인접한 장소에 위치한다.
> • 검수시간은 공급업체와 협의하여 검수 업무를 정확하게 수행할 수 있는 시간으로 정한다.
> • 검수할 때는 구매명세서, 구매청구서를 참조한다.

## 35 　　　　　　　　　　　　정답 ①

이익은 판매원가에 포함되는 것이다. 총원가는 제조원가와 판매관리비를 포함하며 제조원가는 직접원가와 제조간접비를 포함한다.

> **원가의 구성**
> • **직접원가** : 직접재료비 + 직접노무비 + 직접경비
> • **제조간접비** : 간접재료비 + 간접노무비 + 간접경비
> • **제조원가** : 직접원가 + 제조간접비
> • **총원가** : 판매관리비 + 제조원가
> • **판매가격** : 총원가 + 이익

## 36 　　　　　　　　　　　　정답 ③

① 호화란 전분에 물을 넣고 가열시켜 전분입자가 붕괴되고 미셀구조가 파괴되는 것이다.
② 호화란 전분을 묽은 산이나 효소로 가수분해 시키는 것이다.
④ 아밀로오스의 함량이 많은 전분이 아밀로펙틴이 많은 전분보다 노화되기 쉽다.

> **전분의 변화**
> • 호화란 전분에 물을 넣고 가열시켜 전분입자가 붕괴되고 미셀구조가 파괴되는 것이다.

- 전분을 묽은 산이나 효소로 가수분해 시키는 것은 호화, 수분이 없는 상태에서 160~170℃로 가열하는 것은 호정화이다.
- 전분의 노화를 방지하려면 호화전분을 0℃ 이하로 급속 동결 시키거나 수분을 15% 이하로 감소시킨다.
- 아밀로오스의 함량이 많은 전분이 아밀로펙틴이 많은 전분보다 노화되기 쉽다.

## 37　　　　　　　　　　　　　정답 ①

한천에 설탕을 첨가하면 겔의 점성, 탄성, 투명도 등이 증가하며, 설탕의 농도가 높을수록 겔의 강도가 증가된다.

한천(우뭇가사리)
- 우뭇가사리 등의 홍조류를 삶아서 나온 점액을 냉각·응고 시킨 후 잘라서 동결·건조시킨 것
- 영양가×, 정장작용 및 변비예방
- 응고온도 25~35℃, 용해온도 80~100℃
- 산, 우유 첨가 시 겔의 강도 감소
- 설탕 첨가 시 투명감, 점성, 탄성 증가, 설탕의 농도가 높으면 겔의 강도도 증가
- 용도 : 양갱, 양장피

## 38　　　　　　　　　　　　　정답 ③

유화(emulsification), 에멀전화
- 수중유적형(O/W) : 물 중에 기름이 분산되어 있는 것 (우유, 생크림, 마요네즈, 아이스크림 등)
- 유중수적형(W/O) : 기름 중에 물이 분산되어 있는 것 (버터, 마가린 등)

## 39　　　　　　　　　　　　　정답 ②

① 생선조리에 사용하는 파, 마늘은 비린내 제거에 효과적이다.
③ 생선은 결체조직의 함량이 낮으므로 주로 건열조리법을 사용해야 한다.
④ 조개류는 낮은 온도에서 서서히 조리하여야 단백질의 급

격한 응고로 인한 수축을 막을 수 있다.

## 40　　　　　　　　　　　　　정답 ③

노화(β화)에 영향을 주는 요소
- 아밀로오스의 함량이 많을 때 노화↑ : 멥쌀 〉 찹쌀
- 수분함량이 30~60%일 때 노화↑
- 온도가 0~5℃일 때 노화↑(냉장은 노화촉진, 냉동은 노화촉진×)
- 다량의 수소이온 노화↑

## 41　　　　　　　　　　　　　정답 ③

곡류와 두류
- 곡류 : 쌀, 보리, 조, 수수 등
- 두류 : 대두, 강낭콩, 완두콩 등

## 42　　　　　　　　　　　　　정답 ②

급수 설비 시 1인당 사용수 양
- 학교급식 : 5리터
- 공장급식 : 7리터
- 기숙사급식 : 8리터
- 병원급식 : 15리터

## 43　　　　　　　　　　　　　정답 ③

전분의 호정화(덱스트린화)
- 날 전분(β전분)에 물을 가하지 않고 160~170℃로 가열했을 때 가용성 전분을 거쳐 덱스트린(호정)으로 분해되는 반응
- 누룽지, 토스트, 팝콘, 미숫가루, 뻥튀기 등

## 44 정답 ①

붉은 양배추는 안토시아닌계 색소를 가지고 있으며 산(식초)에 의해 적색을 띤다.

## 45 정답 ④

**쇠고기 부위별 조리**
- **사태** : 탕, 스튜, 찜, 조리 등
- **목심, 설도** : 불고기, 구이 등
- **양지** : 탕, 국, 장조림 등

## 46 정답 ①

② 충분한 내구력이 있는 구조이어야 한다.
③ 식품 및 식기류의 세척을 위한 위생적인 세척시설을 갖춘다.
④ 조리장의 내벽은 바닥으로부터 1m까지 내수성 자재를 사용한다.

## 47 정답 ④

우유를 끓일 경우에는 약한 불에서 저어주면서 끓이거나 중탕으로 데우는 것이 좋다.

## 48 정답 ③

**조리기기 및 기구와 그 용도**
- **필러** : 채소의 껍질을 벗길 때
- **믹서** : 재료를 혼합할 때
- **슬라이서** : 고기를 일정한 두께로 저밀 때
- **민서** : 고기나 야채를 으깰 때
- **육류파우더** : 육류를 연화시킬 때

## 49 정답 ④

스튜잉은 오랫동안 은근한 불에 끓이는 서양식 조리법이다.
① 브로일링 : 직화열을 이용하여 재료를 굽는 방법
② 로스팅 : 육류, 가금류 등을 통째로 구워내는 방법으로 오븐 굽기를 의미

## 50 정답 ①

스톡에서 가장 중요한 재료는 뼈이다.

**미르포아(mirepoix)**
- 스톡을 끓일 때 뼈와 함께 들어가는 야채
- **맑은 육수** : 양파, 셀러리, 대파
- **브라운 스톡** : 양파, 당근, 셀러리
- **비율** : 양파 50%, 당근 25%, 셀러리 25%

## 51 정답 ③

① 나지(nage) : 생선뼈나 갑각류의 껍데기를 쿠르부용에 넣어 끓인 것
② 페이스트(paste) : 과일, 채소, 견과류, 육류 등의 식품을 갈거나 체로 걸러 부드러운 상태로 만든 것
④ 브라운 스톡(brown stock) : 뼈와 미르포아를 높은 열에서 볶은 후에 은근히 끓인 갈색 육수

**쿠르부용(court bouillon)**
- 야채, 부케가르니, 식초나 와인 등의 산성 액체를 넣어 은근히 끓인 육수
- 야채나 해산물을 가볍게 데치는 것을 의미하는 '포칭(poaching)'에 사용

**나지(nage)**
생선뼈나 갑각류의 껍데기를 쿠르부용에 넣어 끓인 것

## 52 정답 ①

발사믹 식초는 숙성기간이 길수록 향기와 풍미가 좋아진다.

> **발사믹 식초**
> - 단맛이 강한 포도즙을 나무통에 여러 번 옮겨 담아 숙성시킨 포도주 식초의 일종
> - 숙성기간이 길수록 향기와 풍미가 좋아 장기간 숙성하면 좋음
> - **화이트 발사믹 식초** : 산뜻하고 깔끔한 맛, 주로 생선 요리나 절이는 용도로 사용
> - **레드 발사믹 식초** : 떫고 깊은 맛, 드레싱이나 조림용 소스로 사용

## 53     정답 ①

부드러운 빵이 속 재료를 넣었을 때 눅눅해지지 않고 거친 빵보다 상하는 속도가 느리다.

> **샌드위치의 구성 요소 및 특징**
> - **빵** : 단맛이 적고 보기 좋게 썰 수 있는 부드러운 빵을 사용, 부드러운 빵이 속 재료를 넣었을 때 눅눅해지지 않고 거친 빵보다 상하는 속도가 느림
> - **스프레드** : 코팅, 접착, 맛의 향상, 촉촉한 감촉 등의 효과
> - **주재료로서의 속 재료** : 핫 속 재료와 콜드 속 재료로 분류
> - **부재료로서의 가니쉬** : 야채, 과일 등으로 만들며 상품성을 높임
> - **양념** : 습한 양념과 건조한 양념으로 분류

## 54     정답 ①

과일이나 채소를 갈아 거른 부드러운 질감의 드레싱은 퓌레이다.

> **드레싱의 종류**
> - **비네그레트** : 오일과 식초를 빠르게 섞어 유화한 차가운 드레싱
> - **마요네즈** : 난황에 오일, 소금, 식초 등을 넣고 섞은 차가운 드레싱
> - **유제품 소스** : 샐러드 드레싱이나 디핑 소스에 주로 사용되는 드레싱
> - 살사, 쿨리, 퓌레 등

## 55     정답 ②

> **샐러드를 담을 때의 주의사항**
> - 담기 전에 채소의 물기를 제거한다.
> - 미리 만든 샐러드는 덮개를 씌워 채소가 마르지 않도록 한다.
> - 주재료와 부재료의 크기를 고려하며 부재료가 주재료를 가리지 않도록 한다.
> - 주재료와 부재료의 모양, 색상, 식감은 항상 다르게 준비한다.
> - 드레싱의 양이 샐러드의 양보다 많지 않게 조절한다.
> - 드레싱의 농도가 너무 묽지 않게 한다.
> - 드레싱은 미리 뿌리지 않고 제공할 때 뿌린다.
> - 가니쉬는 중복해서 사용하지 않는다.

## 56     정답 ②

① 콘플레이크(cornflakes) : 옥수수를 구워서 얇게 으깨어 만든 것
③ 라이스 크리스피(rice crispy) : 쌀을 바삭하게 튀긴 것
④ 올 브랜(all bran) : 밀기울을 으깨어 가공한 것

> **시리얼의 종류**
> - **차가운 시리얼** : 콘플레이크, 올 브랜, 라이스 크리스피, 레이진 브렌, 쉬레디드 휘트, 버처 뮤즐리
> - **더운 시리얼** : 오트밀
>
> **오트밀(oatmeal)**
> 귀리를 볶아 부수거나 납작하게 누른 식품으로 육수나 우유를 넣고 죽처럼 조리하여 먹음

## 57     정답 ③

육즙이 새지 않도록 육류의 겉면을 먼저 익혀야 한다.

> **육류 가열 시 주의사항**
> - 다 익혀먹는 고기의 경우 내부 온도가 68℃ 이상으로 높게 하고 온도를 조절하여 구움
> - 육류를 구울 때는 먼저 팬을 가열하여 색이 나도록 겉면을 익혀 육즙이 새는 것을 방지

- **고기의 익힘 정도(5단계)** : 레어, 미디엄레어, 미디엄,
  미디엄 웰던, 웰던 순

---

## 58          정답 ②

에스파뇰은 브라운 스톡을 이용한 갈색 육수 소스에 해당되
며 유지 소스에 해당되지 않는다.
① **마요네즈** : 난황에 오일, 소금, 식초 등을 넣고 섞은 소스
③ **홀렌다이즈** : 달걀노른자, 버터, 레몬주스, 식초를 넣어 만
    든 소스
④ **비네그레트** : 오일과 식초를 빠르게 섞어 유화시킨 소스

### 유지 소스
- **식용유 소스** : 마요네즈, 비네그레트
- **버터 소스** : 홀렌다이즈, 뵈르 블랑

---

## 59          정답 ④

라비올리(ravioli)는 속을 채운 만두와 비슷한 모양의 파스타이
다. 나비, 나비넥타이 모양의 파스타는 파르팔레이다.

### 라비올리(ravioli)
- 고기, 채소, 치즈 등으로 속을 채운 만두와 비슷한 모
  양의 파스타
- 사각형을 기본으로 반달, 원형 등의 다양한 모양이 있음

---

## 60          정답 ②

소스가 많이 묻을 수 있는 짧은 파스타의 경우 진한 소스를
사용한다.

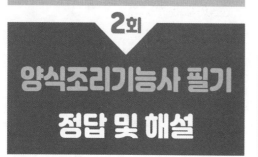

# 2회
# 양식조리기능사 필기
# 정답 및 해설

| 01 | ② | 02 | ① | 03 | ④ | 04 | ④ | 05 | ① |
|----|---|----|---|----|---|----|---|----|---|
| 06 | ④ | 07 | ③ | 08 | ④ | 09 | ④ | 10 | ② |
| 11 | ① | 12 | ② | 13 | ① | 14 | ① | 15 | ④ |
| 16 | ① | 17 | ② | 18 | ③ | 19 | ④ | 20 | ③ |
| 21 | ③ | 22 | ④ | 23 | ① | 24 | ③ | 25 | ① |
| 26 | ② | 27 | ④ | 28 | ③ | 29 | ③ | 30 | ④ |
| 31 | ③ | 32 | ① | 33 | ② | 34 | ③ | 35 | ① |
| 36 | ① | 37 | ④ | 38 | ① | 39 | ② | 40 | ③ |
| 41 | ③ | 42 | ④ | 43 | ② | 44 | ③ | 45 | ④ |
| 46 | ③ | 47 | ③ | 48 | ① | 49 | ③ | 50 | ④ |
| 51 | ④ | 52 | ② | 53 | ③ | 54 | ③ | 55 | ④ |
| 56 | ④ | 57 | ① | 58 | ① | 59 | ① | 60 | ② |

## 01 　　　　　　　　　　　　　　정답 ②

① 위생모는 머리카락, 비듬, 먼지로 인한 오염을 방지한다.
③ 안전화는 미끄러운 바닥에서 넘어지지 않도록 하고, 각종 위험으로부터 보호한다.
④ 위생복은 신체를 보호하고 음식물의 오염을 방지한다.

### 복장
- 세탁된 청결한 유니폼을 착용하며 소매 끝이 외부로 노출되지 않도록 하며 바지는 줄을 세우고 긴바지를 착용
- 명찰은 왼쪽 가슴 정중앙에 잘 보이도록 부착
- 앞치마는 더러워지면 바로 교체하며 조리용, 서빙용, 세척용으로 용도에 따라 구분하여 사용
- 전용 위생화를 착용하고 출입 시 소독발판에 항시 소독(슬리퍼 착용×)
- 모발이 위생모 밖으로 노출되지 않도록 착용

## 02 　　　　　　　　　　　　　　정답 ①

부패는 단백질 식품이 혐기성 미생물에 의해 변질되는 현상이다.

| 부패 | 단백질 식품이 혐기성 미생물에 의해 변질되는 현상 |
|------|---|
| 후란 | 단백질 식품이 호기성 미생물에 의해 변질되는 현상 |
| 변패 | 비단백질 식품이 미생물에 의해 변질되는 현상 |
| 산패 | 유지가 공기 중의 산소, 일광, 금속에 의해 변질되는 현상 |
| 발효 | 탄수화물이 미생물의 작용을 받아 유기산, 알코올 등을 생성 |

## 03 　　　　　　　　　　　　　　정답 ④

### 어패류를 통해 감염되는 기생충

| 종류 | 제1중간숙주 | 제2중간숙주 |
|------|---|---|
| 간디스토마 (간흡충) | 왜우렁이 | 붕어, 잉어 (피낭유충) |
| 폐디스토마 (폐흡충) | 다슬기 | 가재, 게 |
| 요꼬가와흡충 (횡천흡충) | 다슬기 | 담수어(은어) |
| 광열열두조충 (긴촌충) | 물벼룩 | 송어, 연어, 숭어 |
| 고래회충 (아니사키스) | 바다새우류 | 고등어, 오징어, 대구, 갈치 → (돌)고래, 물개 |
| 유극악구충 | 물벼룩 | 가물치, 메기 |

고래회충(아니사키스)의 제2중간숙주는 오징어, 고등어, 대구, 청어 등이 해당한다. 크릴새우는 바다새우류에 속하며 고래회충의 제1중간숙주이다.

## 04 　　　　　　　　　　　　　　정답 ④

차아염소산나트륨은 살균제(소독제)에 속한다.

2회 정답 및 해설

**발색제(색소고정제)**

- 식품 중의 색소성분과 반응하여 그 색을 고정(보존)하거나 나타내게 하는 데 사용
- **육류 발색제** : 아질산나트륨, 질산나트륨, 질산칼륨이 있으며, 식육제품, 소시지, 햄 등에 사용
- **식물성 발색제** : 황산 제1, 2철이 있으며, 과일, 야채류에 사용

④ **삭시톡신** : 홍합, 대합의 자연독 성분

## 05 정답 ①

이타이이타이병(골연화증)의 원인이 되는 중금속은 카드뮴(Cd)이며, 미나마타병의 원인이 되는 중금속은 수은(Hg)이다.

## 06 정답 ④

황색포도상구균 식중독은 독소형 식중독에 해당한다.

| 감염형 식중독 | 독소형 식중독 |
|---|---|
| • 살모넬라 식중독<br>• 병원성 대장균 식중독<br>• 장염비브리오 식중독<br>• 웰치균 식중독(클로스트리디움 퍼프리젠스 식중독) | • 황색포도상구균 식중독<br>• 클로스트리디움 보툴리눔 식중독 |

## 07 정답 ③

**클로스트리디움 보툴리눔 식중독**

| 원인균 | 보툴리눔균 |
|---|---|
| 원인독소 | 뉴로톡신(신경독소) |
| 원인식품 | 통조림, 햄, 소시지 |
| 잠복기 | 12~36시간(가장 깊) |
| 증상 | 사시, 동공확대, 언어장애, 운동장애 등의 신경증상을 보이며, 치사율이 가장 높다. |
| 예방법 | 통조림 제조 시 철저한 멸균, 섭취 전 가열 |

① **셉신** : 부패한 감자에서 나오는 자연독 성분
② **엔테로톡신** : 황색포도상구균의 원인독소, 내열성이 매우 강함

## 08 정답 ④

**노로바이러스 식중독**

| 감염경로 | 경구감염, 접촉감염, 비말감염 |
|---|---|
| 증상 | 24~48시간 내에 구토, 설사, 복통이 발생하고 발병 2~3일 후 없어짐 |
| 예방 | 손씻기, 식품을 충분히 가열 |
| 특징 | 백신 및 치료법 없음 |

노로바이러스 식중독은 백신이나 치료법이 존재하지 않는다.

## 09 정답 ④

**자외선의 파장 범위(1,000~4,000Å)**

- 가장 강한 살균력을 가지는 파장 : 2,500~2,800Å
- **도르노선(건강선)** : 2,800~3,200Å일 때 사람에게 유익한 작용

## 10 정답 ②

식품 등의 표시기준상 열량(kcal)의 함량이 5kcal 미만일 경우 '0'으로 표기될 수 있다.

**함량을 '0'으로 표기할 수 있는 기준**

- **열량(kcal)** : 5kcal 미만
- **콜레스테롤(mg)** : 2mg 미만
- **트랜스지방(g)** : 0.2g 미만
- **나트륨(mg)** : 5mg 미만

## 11 정답 ①

유흥주점영업의 유흥종사자가 매년 받아야 하는 위생교육시간은 2시간이다. 위생교육은 매년 영업자뿐만 아니라 종업원까지 받아야 한다.

273

위생교육시간(2시간)

유흥주점영업의 유흥종사자는 매년 받아야 함

## 12　　　　정답 ②

관계공무원은 검사에 필요한 최소량의 식품 등을 무상 수거할 수 있다.

출입·검사·수거에 관한 법률

- 관계공무원은 검사에 필요한 최소량의 식품 등을 무상 수거할 수 있음
- 모범업소로 지정된 경우에는 지정된 날로부터 2년 동안은 출입 · 검사 · 수거를 하지 않도록 할 수 있음

## 13　　　　정답 ①

농업인 등 및 영농조합법인과 영어조합법인이 국내산 농 · 임 · 수산물을 주된 원료로 하여 제조, 가공한 메주, 된장, 고추장, 간장, 김치에 대하여 식품영양학적으로 공인된 사실이라고 식품의약품안전처장이 인정한 표시 · 광고는 허위표시 및 과대광고로 보지 않는다.

허위표시 및 과대광고

- 질병의 예방 · 치료에 효능이 있다고 인식할 우려가 있는 표시 또는 광고
- 식품 등을 의약품으로 인식할 우려가 있는 표시 또는 광고
- 건강기능식품이 아닌 것을 건강기능식품으로 인식할 우려가 있는 표시 또는 광고
- 다른 업체나 다른 업체의 제품을 비방하는 표시 또는 광고
- 객관적 근거 없이 자기 또는 자기의 식품 등을 다른 영업자나 다른 영업자의 식품 등과 부당하게 비교하는 표시 또는 광고
- 허위광고× : 제조방법에 관하여 연구하거나 발견한 사실로서 식품학 · 영양학 등의 분야에서 공인된 사항의 표시 및 광고

## 14　　　　정답 ①

군집독

다수인이 밀집한 곳이나 밀폐된 공간에 있을 때 실내공기가 화학적 변화(산소 감소, 이산화탄소 증가) 또는 물리적 변화(습도 상승, 온도 상승)로 인해 두통, 구토, 현기증 등의 증상이 나타나는 현상이다. 이를 예방하려면 환기를 하여야 한다.

## 15　　　　정답 ④

생화학적 산소요구량(BOD)이 20ppm 이하여야 하수 오염에 해당하지 않는다. 용존산소량(DO)은 4~5ppm 이상이여야 하수 오염에 해당하지 않는다.

생화학적 산소요구량(BOD)

- 하수 중 유기물 분해에 소모되는 산소의 양을 측정하는 것으로, 20℃에서 5일간 배양하여 측정한다.
- 생화학적 산소요구량(BOD)이 높을수록 오염도가 높다.
- 20ppm 이하여야 하수 오염에 해당하지 않는다.

## 16　　　　정답 ②

세균성 식중독은 경구감염병에 비해 잠복기가 짧다.

| 경구감염병 | 세균성 식중독 |
| --- | --- |
| 적은 양의 균으로도 감염된다. | 많은 양의 균으로 감염된다. |
| 잠복기가 길다. | 잠복기가 짧다. |
| 2차 감염이 있다. | 2차 감염이 거의 없다. |
| 면역성이 있다. | 면역성이 없다. |
| 독성이 강하다. | 독성이 약하다. |
| 예방은 대부분 불가능하다. | 식품 중 균의 증식을 억제하여 예방할 수 있다. |

## 17　　　　정답 ②

검역감염병은 외국에서 발생하여 국내로 들어올 우려가 있거

나 우리나라에서 발생하여 외국으로 번질 우려가 있어 보건복지부 장관이 긴급 검역 조치가 필요하다고 인정하여 고시하는 감염병이다. 매독은 검역감염병에 해당하지 않는다.

> **검역감염병**
>
> 콜레라, 페스트, 황열, 중증 급성 호흡기 증후군, 조류 인플루엔자 인체 감염증, 신종 인플루엔자 감염증 등의 감염병

## 18         정답 ③

하계는 소화기계 감염병, 동계는 호흡기계 감염병이 많이 발생한다.

> **감염병 유행의 시간적 현상**
>
> • **순환변화(단기변화)** : 2~5년 단위로 유행하며 백일해, 홍역, 일본뇌염 등이 해당한다.
> • **추세변화(장기변화)** : 10~40년 단위로 유행하며 디프테리아, 성홍열, 장티푸스 등이 해당한다.
> • **계절적 변화** : 하계는 소화기계 감염병, 동계는 호흡기계 감염병이 많이 발생한다.
> • **불규칙 변화** : 외래 감염병과 같이 질병 발생 양상이 돌발적으로 발생하는 경우를 말한다.

## 19         정답 ④

천연두는 인수공통감염병에 해당하지 않는다.

> **인수공통감염병**
>
> 결핵(소), 탄저병(소, 말, 양), 파상열(소, 돼지, 염소), 광견병(개), 야토병(토끼), 페스트(쥐), 조류인플루엔자(닭, 칠면조, 야생조류)

## 20         정답 ③

분진은 1차 오염물질에 해당한다.

> **오염물질**
>
> • **1차 오염물질** : 직접 대기로 방출되는 오염물질로 매

---

연, 분진, 검댕, 황산화물, 질소산화물 등이 있음
> • **2차 오염물질** : 1차 오염물질이 다른 1차 오염물질이나 다른 물질과 반응하여 생성되는 물질로 오존, 스모그, PAN, 알데히드, 케톤 등이 있음

## 21         정답 ③

상해, 사망, 재산 피해를 불러일으키는 불의의 사고의 원인을 완전히 제거하는 것은 안전교육의 목적으로 적절하지 않다.

> **안전교육의 목적**
>
> • 상해, 사망 또는 재산 피해를 불러일으키는 불의의 사고를 예방
> • 일상생활에서 개인 및 집단의 안전에 필요한 지식, 기능, 태도 등을 이해시킴
> • 안전한 생활을 영위할 수 있는 습관을 형성
> • 인간 생명의 존엄성을 인식시킴

## 22         정답 ④

자일로스(xylose)는 5탄당에 해당된다.

> **5탄당(탄소 5개)**
>
> 리보오스(ribose), 디옥시리보오스(deoxyribose), 자일로스(xylose), 아라비노스(arabinose)
>
> **6탄당(탄소 6개)**
>
> 포도당(glucose), 과당(fructose), 갈락토오스(galactose), 만노오스(mannose)

## 23         정답 ①

② **전화당** : 서당이 효소에 의해 포도당과 과당이 동량으로 가수분해된 당
③ **서당** : 포도당과 과당의 결합으로, 단맛의 수용성이 가장 높고 환원성이 없어 감미도의 기준이 됨
④ **글리코겐** : 동물에 존재하는 저장성 탄수화물로, 간과 근육에 많이 존재

당알코올

- 단당류 또는 이당류와 알코올의 결합으로 충치예방에 좋음
- 자일리톨, 소르비톨, 리비톨, 만니톨, 이노시톨 등

## 24 정답 ③

| 포화지방산 | 불포화지방산 |
|---|---|
| 지방산 사슬 내에 이중결합이 없음 | 지방산 사슬 내에 이중결합이 1개 이상 존재 |
| 융점이 높아 대부분 상온에서 고체상태 | 융점이 낮아 대부분 상온에서 액체상태 |
| 탄소수 증가에 따른 융점 증가 | 이중결합의 증가에 따른 융점 감소 |
| 라드, 우지 등의 동물성 기름과 야자유, 팜유 등의 식물성 기름 | 올리브유, 포도씨유 등의 식물성 기름 |

## 25 정답 ①

② 카로티노이드 : 황색, 적색, 오랜지색을 띠는 색소
③ 플라보노이드 : 안토시아닌(적자색 색소), 안토잔틴(담황색 색소)
④ 미오글로빈 : 적색의 동물성 색소 단백질

클로로필

- 녹색 색소로 식물의 잎과 줄기에 있는 엽록체에 분포하며 포피린 구조(고리구조) 중심에 마그네슘(Mg)을 가지고 있는 구조
- 물에 녹지 않고 유기용매에 녹는 지용성 색소
- **변화 요소** : 가열, 알칼리, 산, 금속

## 26 정답 ②

효소적 갈변 반응을 방지하기 위해서는 철제 조리도구를 사용하지 않는다.

효소적 갈변 반응의 방지 방법

- 산화방지를 위한 산소차단(밀폐용기 사용, 물에 식품 담그기, 이산화탄소나 질소가스 주입)
- 철제 조리도구를 사용하지 않는 등 금속과의 접촉을 하지 않음
- 식초 첨가 등으로 pH 조절
- 온도를 −10℃ 이하로 낮추거나 가열
- 식품을 설탕물이나 소금물에 담금

## 27 정답 ④

식품의 탄수화물, 단백질 분자의 일부를 형성하는 물은 결합수이며, 유리수는 일반적인 물이나 식품 중 유리상태인 물을 뜻한다.

| 유리수(자유수) | 결합수 |
|---|---|
| 일반적인 물, 식품 중 유리상태인 물 | 식품 중 탄수화물, 단백질 분자의 일부를 형성하는 물 |
| 수용성 물질을 용해(용매) | 물질을 녹일 수 없음(용매×) |
| 화학 반응에 관여 | 화학 반응에 관여× |
| 0℃ 이하에서 동결 | 0℃ 이하에서 동결× |
| 100℃ 이상에서 쉽게 증발됨 | 100℃ 이상 가열해도 증발되지 않음 |
| 미생물 생육에 이용 | 미생물 생육 불가 |
| 건조 시 쉽게 분리되며 식품 건조 시 쉽게 제거됨 | 쉽게 건조되지 않고 식품 건조에도 제거되지 않음 |
| 4℃에서 가장 큰 비중 | 유리수보다 큰 밀도 |

## 28 정답 ③

단백질은 열, 산, 알칼리, 효소 등에 응고된다.

단백질의 특성

- **구성 원소** : 탄소(C), 수소(H), 산소(O), 질소(N)
- **하루 섭취 적정량** : 하루 총 열량의 약 15%
- 아미노산들이 펩티드 결합
- 열, 산, 알칼리, 효소 등에 응고
- 뷰렛에 의한 정색반응으로 보라색을 나타냄
- 단백질을 분해하여 생기는 질소의 양에 6.25(단백질 질소계수)를 곱하면 단백질의 양을 알 수 있음

## 29    정답 ③

한 가지 맛을 느낀 후 바로 다른 맛을 보면 원래의 식품 맛이
다르게 느껴지는 현상으로, 맛의 변조현상에 해당된다.

### 맛의 현상
- **대비(강화)현상** : 서로 다른 2가지 맛의 작용으로 주된
  맛이 강해진다.
- **변조현상** : 한 가지 맛을 느낀 후 바로 다른 맛을 보면
  원래의 식품 맛이 다르게 느껴진다.
- **상승현상** : 같은 맛 성분을 혼합하여 원래의 맛보다
  더 강한 맛이 느껴진다.
- **상쇄현상** : 상반되는 맛이 서로 영향을 주어 각각의
  맛이 아닌 조화로운 맛을 낸다.(새콤 달콤)
- **억제현상** : 다른 맛이 혼합되어 주된 맛이 억제 또는
  손실된다.
- **미맹현상** : 맛을 보는 감각의 장애로 쓴 맛 성분을 느
  끼지 못한다.
- **피로현상** : 같은 맛을 계속 섭취하여 미각이 둔해져
  그 맛을 알 수 없게 되거나 다르게 느낀다.

## 30    정답 ④

시금치를 오래 삶았을 때 녹색이 갈색으로 변하는 것은 클로
로필에 의한 식품의 색 변화이다.
① 플라보노이드의 안토시아닌에 의한 식품의 색 변화이다.
②, ③ 플라보노이드의 안토잔틴에 의한 식품의 색 변화이다.

## 31    정답 ③

탄수화물은 열량 영양소에 해당한다.

### 영양소의 분류
- **열량 영양소** : 주로 에너지를 내는 영양소로, 탄수화물
  (4kcal/g), 지질(9kcal/g), 단백질(4kcal/g)이 있다.
- **구성 영양소** : 신체를 구성하고 성장과 유지에 필요한
  영양소로 무기질, 단백질, 물이 있다.
- **조절 영양소** : 인체의 기능을 조절하는 영양소로 비타
  민, 무기질, 물이 있다.

## 32    정답 ①

### 폐기율이 낮은 순서(가식부율이 높은 순서)
- **0%** : 곡류 · 두류 · 해조류 · 유지류 등
- **20%** : 달걀
- **30%** : 서류
- **50%** : 채소류 · 과일류
- **60%** : 육류
- **85%** : 어패류

## 33    정답 ②

① **저장** : 일반저장고, 쌀저장고, 냉장 · 냉동고, 온도계
③ **취반** : 저울, 세미기, 취반기
④ **가열조리** : 증기솥, 튀김기, 브로일러, 번철, 회전식 프라이
  팬, 오븐, 레인지

### 조리작업별 기기
- **반입 · 검수** : 검수대, 계량기, 운반차, 온도계, 손소독기
- **저장** : 일반저장고(마른 식품, 조미료 등), 쌀저장고, 냉
  장 · 냉동고, 온도계
- **전처리 및 조리 준비** : 싱크, 탈피기, 혼합기, 절단기
- **취반** : 저울, 세미기, 취반기
- **가열조리** : 증기솥, 튀김기, 브로일러, 번철, 회전식 프
  라이팬, 오븐, 레인지
- **배식** : 보온고, 냉장고, 이동운반차, 제빙기, 온 · 냉 식
  수기
- **세척 · 소독** : 세척용 선반, 식기세척기, 식기소독고,
  칼 · 도마 소독고, 손소독기, 잔반 처리기
- **보관** : 선반, 식기 소독 보관고

## 34    정답 ③

### 재료의 소비가격 계산법
- **선입선출법** : 재료의 구입순서에 따라 먼저 구입한 재
  료를 먼저 소비한다는 가정 아래 재료의 소비가격을
  계산한다.
- **후입선출법** : 선입선출법과 정반대로 나중에 구입한
  재료부터 먼저 사용한다는 가정 아래 재료의 소비가
  격을 계산한다.

- **개별법** : 재료를 구입단가별로 가격표를 붙여서 보관하다가 출고할 때 가격표의 구입단가를 재료의 소비가격으로 한다.
- **단순평균법** : 일정기간 동안의 구입단가를 구입횟수로 나눈 구입단가의 평균을 재료소비단가로 한다.
- **이동평균법** : 구입단가가 다른 재료를 구입할 때마다 재고량과의 가중평균가를 산출하여 이를 소비재료의 가격으로 한다.

## 35          정답 ①

달걀의 난황과 난백 중 기포성을 가지고 있는 것은 난백이다.

**달걀의 기포형성에 영향을 미치는 물질**
- **거품성↑** : 난백, 식초, 레몬즙 등
- **거품성↓** : 지방, 난황, 우유, 주석산, 식염, 설탕 등

## 36          정답 ①

**라드(lard)**
돼지고기의 지방조직을 가공하여 만든 것

## 37          정답 ④

튀김옷에 사용하는 물의 온도는 0℃ 전후의 얼음물로 해야 튀김옷의 점도를 높여 내용물을 잘 감싸고 바삭해진다.

## 38          정답 ①

양갱, 양장피 등은 한천을 사용한다.

**젤라틴**
아이스크림, 마시멜로, 족편, 젤리 등

## 39          정답 ②

**조리의 목적**
- **기호성** : 식품의 외관을 좋게 하며 맛있게 하기 위함
- **소화성** : 소화를 용이하게 하여 영양 효율을 높이기 위함
- **안전성** : 위생상 안전한 음식으로 만들기 위함
- **저장성** : 저장성을 높이기 위함

## 40          정답 ③

**한천(agar)**
- 우뭇가사리 등 홍조류에 존재하는 점질물로 동결건조한 제품
- 빵, 양갱, 젤리, 우유 등의 안정제로 사용
- 배변을 촉진하여 변비 예방에 좋음

## 41          정답 ③

겨자의 매운맛 성분은 시니그린이며, 40~45℃에서 가장 강한 매운맛을 느낀다.

## 42          정답 ④

① 저장 온도가 0℃ 이하가 되도 산패가 방지되지는 않는다.
② 광선 및 자외선 모두 산패에 영향을 미친다.
③ 구리, 철, 납, 알루미늄 모두 산패에 영향을 미친다.

**유지의 산패에 영향을 미치는 요인**
- 온도가 높을수록 유지의 산패 촉진
- 광선 및 자외선은 유지의 산패 촉진
- 금속(구리, 철, 납, 알루미늄 등)은 유지의 산패 촉진
- 유지의 불포화도가 높을수록 산패 촉진
- 수분이 많을수록 유지의 산패 촉진

## 43 정답 ②

**전분(탄수화물)의 호화(α화)**
날 전분(β전분)에 물을 붓고 열을 가하여 70~75℃ 정도
가 될 때 전분입자가 크게 팽창하여 점성이 높은 반투명
의 콜로이드 상태인 익힌 전분(α전분)으로 되는 현상

## 44 정답 ④

**급수 설비 시 1인당 사용수 양**
- **학교급식** : 5리터
- **공장급식** : 7리터
- **기숙사급식** : 8리터
- **병원급식** : 15리터

## 45 정답 ④

**단백질 분해효소에 의한 고기 연화법**
파파야(파파인, papain), 무화과(피신, ficin), 파인애플(브
로멜린, bromelin), 배(프로테아제, protease), 키위(액티니
딘, actinidin)

## 46 정답 ③

**조리장의 위치**
- 통풍, 채광, 배수가 잘 되고 악취, 먼지 유독가스가 들
  어오지 않는 곳
- 비상시 출입문과 통로에 방해되지 않는 장소
- 음식의 운반과 배선이 편리한 곳
- 재료의 반입과 오물의 반출이 쉬운 곳
- 주변에 피해를 주지 않는 곳
- 사고발생 시 대피하기 쉬운 곳

## 47 정답 ③

**전분의 호정화(덱스트린화)**
- 날 전분(β전분)에 물을 가하지 않고 160~170℃로 가
  열했을 때 가용성 전분을 거쳐 덱스트린(호정)으로 분
  해되는 반응
- 누룽지, 토스트, 팝콘, 미숫가루, 뻥튀기 등

## 48 정답 ②

마가린은 버터의 대용품으로 불포화지방산에 수소를 첨가하
고 촉매제를 사용하여 포화지방산으로 만든 것이다.

## 49 정답 ③

미르포아를 만들 때는 양파 50%, 당근 25%, 셀러리 25%의
비율로 만들어야 한다.

**미르포아(mirepoix)**
- 스톡을 끓일 때 뼈와 함께 들어가는 야채
- **맑은 육수** : 양파, 셀러리, 대파
- **브라운 스톡** : 양파, 당근, 셀러리
- **비율** : 양파 50%, 당근 25%, 셀러리 25%

## 50 정답 ④

생선 스톡은 색이 나지 않게 은근히 끓인 육수로, 대략 1시간
이내로 짧게 조리한다.

**뼈 종류에 따른 스톡의 종류**
- **비프 스톡(beef stock)** : 뼈와 야채의 색을 갈색으로 구
  운 뒤 7~11시간 은근히 끓인 브라운 스톡을 많이 사용
- **치킨 스톡(chicken stock)** : 간편하게 사용되는 화이트
  치킨 스톡은 색이 있는 야채를 넣지 않으며 조리시간
  은 2~4시간 내외
- **생선 스톡(fish stock)** : 생선 뼈, 미르포아, 부케가르니
  를 넣고 색이 나지 않게 은근히 끓인 육수로 조리시간
  은 대략 1시간 이내

## 51 정답 ④

전채 요리는 주요리에 사용되는 재료나 조리법을 사용하지 않는다.

> **전채 요리의 특징**
> - 신맛과 짠맛이 적당히 있다.
> - 주요리보다 작은 양이다.
> - 예술성이 뛰어나다.
> - 계절별, 지역별 식재료 사용이 다양하다.
> - 주요리에 사용되는 재료나 조리법을 사용하지 않는다.

## 52 정답 ②

스프레드(spread)는 속 재료 및 가니쉬의 접착성을 높이는 역할을 하므로 속 재료 및 가니쉬가 다른 재료와 접착되지 않도록 방지하는 것은 스프레드를 사용하는 이유로 적절하지 않다.

> **스프레드(spread)의 역할**
> - 속 재료의 수분이 빵을 눅눅하게 하는 것을 방지한다.
> - 속 재료 및 가니쉬의 접착성을 높인다.
> - 과일잼, 타페나드, 마요네즈 등으로 맛(단맛, 짠맛, 고소한 맛)을 향상시킨다.
> - 촉촉한 감촉을 부여한다.

## 53 정답 ③

샐러드의 신선도와 보존력을 높이는 것은 드레싱의 사용 목적으로 보기 어렵다.

> **드레싱의 사용 목적**
> - 샐러드의 맛을 증진시키며, 식감을 높인다.
> - 신맛으로 소화를 촉진시킨다.
> - 상큼한 맛으로 식욕을 촉진시킨다.
> - 맛이 순한 샐러드에 향과 풍미를 더한다.
> - 맛이 강한 샐러드를 부드럽게 한다.

## 54 정답 ③

달걀을 깨어 내용물을 평판 위에 놓고 신선도를 평가하는 방법은 할란 판정이다.

> **달걀 선별법**
> - **투시법** : 어두운 곳에서 달걀에 빛을 비춰 기실의 크기, 난황의 색과 크기를 보고 선별
> - **비중법** : 신선도가 떨어질수록 비중이 작아짐. 신선한 달걀은 6%의 소금물에 담그면 가라앉고 신선도가 떨어진 달걀은 뜸
> - **할란 판정** : 달걀을 깨어 내용물을 평판 위에 놓고 신선도를 평가하는 방법

## 55 정답 ④

**농도에 따른 수프**

| 맑은 수프 | • 맑은 스톡을 사용하여 농축하지 않은 수프<br>• 콘소메 : 소고기, 닭, 생선의 육수로 만든 수프<br>• 미네스트롱 : 맑은 채소 수프 |
|---|---|
| 진한 수프 | • 농후제를 사용한 걸쭉한 수프<br>• 크림 : 베샤멜 소스, 벨루테 소스를 이용한 수프<br>• 포타주 : 콩을 사용한 수프<br>• 퓌레 : 야채나 과일을 분쇄한 퓌레에 부용을 넣은 수프<br>• 차우더 : 게살, 감자, 우유를 이용한 크림 수프<br>• 비스크 : 갑각류를 이용한 수프 |

## 56 정답 ④

듀럼 밀은 글루텐의 함량이 높아 점탄성이 높은 파스타 면의 생성이 가능하다.

| 일반 밀(연질 소맥) | 듀럼 밀(경질 소맥) |
|---|---|
| • 일반적으로 흔히 접하는 밀로 연질 밀이라고도 함<br>• 옅은 노란색으로 빵과 케이크 등에 많이 사용 | • 경질 밀이라고도 하며, 파스타 제조에 주로 사용<br>• 글루텐의 함량이 높아 점탄성이 높은 파스타 면을 생성 |

## 57      정답 ①

파스타를 삶을 때 물의 양은 파스타 양의 10배 정도가 적당하다.

> **파스타를 삶을 때의 유의사항**
> • 씹히는 정도가 느껴질 정도로 삶음
> • 면이 서로 달라붙지 않도록 분산되게 넣고 잘 저어주며 면은 삶은 후에 바로 사용
> • 파스타가 소스와 버무려지는 시간까지 계산
> • **알덴테(al dente)** : 파스타를 삶는 정도로, 입안에서 느껴지는 알맞은 상태
> • **물의 양** : 파스타의 10배 정도
> • **1리터의 물에 파스타의 양** : 100g 정도
> • **알맞은 소금의 첨가** : 풍미를 살리고 면에 탄력을 부여
> • **면을 삶은 물(면수)** : 파스타 소스의 농도를 조절하고 올리브유가 잘 유화될 수 있게 함

## 58      정답 ①

조개 육수는 오래 끓이면 맛이 변하므로 30분 이내로 끓인다.

> **파스타 소스의 종류**
> 조개 육수, 토마토 소스, 볼로네즈 소스(라구 소스), 화이트 크림 소스, 바질 페스토 소스

## 59      정답 ①

> **베샤멜 소스**
> • 버터에 두른 팬에 밀가루를 넣고 볶다가 색이 나기 직전에 향을 낸 차가운 우유를 넣어 만든 소스
> • 양파 : 버터 : 밀가루 : 우유 = 1 : 1 : 1 : 20 비율

## 60      정답 ②

① 비스크(bisque) : 갑각류를 이용한 수프
③ 차우더(chowder) : 게살, 감자, 우유를 이용한 크림 수프
④ 비시스와즈(vichyssoise) : 삶은 감자를 체에 내린 퓌레에

물을 넣고 끓인 후 크림, 소금 등으로 간을 하여 식혀 먹는 차가운 수프

> **미네스트롱(minestrone)**
> 야채, 베이컨, 파스타를 넣고 끓인 이탈리아식 야채 수프

# 3회

# 양식조리기능사 필기
# 정답 및 해설

| 01 | ① | 02 | ② | 03 | ② | 04 | ④ | 05 | ① |
|----|---|----|---|----|---|----|---|----|---|
| 06 | ④ | 07 | ② | 08 | ① | 09 | ③ | 10 | ② |
| 11 | ② | 12 | ③ | 13 | ③ | 14 | ① | 15 | ① |
| 16 | ① | 17 | ③ | 18 | ② | 19 | ③ | 20 | ④ |
| 21 | ③ | 22 | ④ | 23 | ④ | 24 | ② | 25 | ① |
| 26 | ② | 27 | ② | 28 | ① | 29 | ① | 30 | ② |
| 31 | ① | 32 | ② | 33 | ① | 34 | ① | 35 | ④ |
| 36 | ① | 37 | ③ | 38 | ④ | 39 | ② | 40 | ② |
| 41 | ② | 42 | ④ | 43 | ② | 44 | ① | 45 | ③ |
| 46 | ③ | 47 | ① | 48 | ② | 49 | ④ | 50 | ② |
| 51 | ① | 52 | ③ | 53 | ② | 54 | ③ | 55 | ① |
| 56 | ① | 57 | ① | 58 | ③ | 59 | ③ | 60 | ④ |

## 01  정답 ①

소화기계 감염병은 위생관리를 철저히 함으로써 예방할 수 있으나 홍역, 풍진, 백일해와 같은 호흡기계 감염병은 위생관리를 철저히 하는 것만으로는 예방할 수 없는 질병이다.

> **질병**
> • **소화기계 감염병** : 위생관리를 철저히 함으로써 예방할 수 있는 질병으로 콜레라, 장티푸스, 파라티푸스, 세균성 이질, 장출혈성대장균감염증, A형간염 등이 있음
> • **호흡기계 감염병** : 위생관리를 철저히 하는 것만으로는 예방할 수 없는 질병으로 홍역, 풍진, 백일해 등이 있음

## 02  정답 ②

중온균의 발육 최적 온도는 25~37℃이며 0℃ 이하 또는 80℃ 이상에서는 발육하지 못한다.

> **미생물 발육 최적 온도**
> • 발육× : 0℃ 이하와 80℃ 이상
> • 저온균 : 15~20℃(식품의 부패를 일으키는 부패균)
> • 중온균 : 25~37℃(질병을 일으키는 병원균)
> • 고온균 : 55~60℃(온천물에 서식하는 온천균)

## 03  정답 ②

석탄산은 소독제의 살균력을 나타내는 기준이 되며, 오물소독에 사용한다.
① 염소 : 과일, 채소, 음료수 등에 사용한다.
③ 승홍수(0.1%) : 손 소독에 주로 사용하며 금속부식성이 있다.
④ 에틸알코올(70%) : 손, 금속 등의 소독에 사용한다.

> **화학적인 소독방법의 종류**
> 염소, 표백분, 역성비누(양성비누), 석탄산(3%), 크레졸(3%), 생석회, 포르말린, 과산화수소(3%), 승홍수(0.1%), 에틸알코올(70%)

## 04  정답 ④

식품의 점착성을 증가시키고 식품 형태를 유지하기 위해 사용되는 첨가물은 호료이며, 증점제, 안정제라고도 한다. 유화제는 서로 혼합이 되지 않는 두 가지 성분의 물질을 균일하게 혼합하기 위해 사용되는 첨가물이다.

> **호료**
> • 식품의 점착성을 증가시키고 식품 형태를 유지하기 위해 사용되는 첨가물로 증점제, 안정제라고도 함
> • 종류 : 젤라틴, 한천, 알긴산나트륨, 카제인나트륨, 전분 등
>
> **유화제(계면활성제)**
> • 서로 혼합이 안 되는 물질을 균일한 혼합물로 만들기 위해 사용되는 첨가물
> • 종류 : 난황(레시틴), 대두인지질(레시틴), 글리세린지방산에스테르

## 05 정답 ①

제품설명서 작성은 준비단계 5절차에 속하며, 식품안전관리 인증기준(HACCP) 수행단계의 7원칙에 해당되지 않는다.

> **식품안전관리인증기준(HACCP) 수행단계의 7원칙**
> • 위해요소 분석
> • 중요관리점(CCP) 결정
> • 중요관리점(CCP) 한계기준 결정
> • 중요관리점(CCP) 모니터링 체계 확립
> • 개선조치방법 수립
> • 검증절차 및 방법 수립
> • 문서화, 기록유지방법 설정

## 06 정답 ④

**황색포도상구균 식중독**

| 원인균 | 포도상구균(열에 약함) |
| --- | --- |
| 원인독소 | 엔테로톡신(장독소, 열에 강함) |
| 잠복기 | 평균 3시간(가장 짧음) |
| 원인식품 | 유가공품(우유, 크림, 버터, 치즈), 조리식품(떡, 콩가루, 김밥, 도시락) |
| 증상 | 급성위장염 |
| 예방 | 손이나 몸에 화농이 있는 사람 식품취급 금지 |

황색포도상구균은 화농성감염증의 원인균으로서 식중독의 원인이 된다. 그러므로 손이나 몸에 화농성 질환이 있을 경우 식품 취급을 금지하는 것이 포도상구균에 의한 식중독 예방법으로 가장 적절하다.

## 07 정답 ②

① 고시폴 : 면실유, 목화씨의 자연독 성분
③ 뉴로톡신 : 세균성 식중독에 해당하는 클로스트리디움 보툴리눔 식중독의 원인독소
④ 테트로도톡신 : 복어의 자연독 성분

> **자연독 식중독**
> • **동물성 자연독** : 복어(테트로도톡신), 홍합, 대합(삭시톡신), 모시조개, 굴, 바지락(베네루핀)
> • **식물성 자연독** : 독버섯(무스카린, 뉴린, 콜린, 아마니

타톡신), 싹난 감자(솔라닌), 부패한 감자(셉신), 독미나리(시큐톡신), 청매, 살구씨, 복숭아씨(아미그달린), 피마자(리신), 면실유(고시폴), 독보리(테무린), 미치광이풀(테트라민)

## 08 정답 ①

**클로스트리디움 보툴리눔 식중독**

| 원인균 | 보툴리눔균 |
| --- | --- |
| 원인독소 | 뉴로톡신(신경독소) |
| 원인식품 | 통조림, 햄, 소시지 |
| 잠복기 | 12~36시간(가장 긺) |
| 증상 | 사시, 동공확대, 언어장애, 운동장애 등의 신경증상을 보이며, 치사율이 가장 높다. |
| 예방법 | 통조림 제조 시 철저한 멸균, 섭취 전 가열 |

클로스트리디움 보툴리눔은 균이 형성하는 아포의 내열성은 아주 강하지만, 생성하는 독소는 열에 약하다는 특징이 있다.

## 09 정답 ③

> **만성감염병**
> • 잠복기가 길다.
> • 임상증상이 장기간동안 이어진다.
> • 발생률은 낮고, 유병률은 높다.
> • 결핵, 한센병(나병), 매독, B형 간염 등이 있다.

## 10 정답 ②

① 휴게음식점영업 : 주로 다류, 아이스크림류 등을 조리·판매하거나 패스트푸드점, 분식점 형태의 영업 등 음식류를 조리·판매하는 영업으로서 음주행위가 허용되지 아니하는 영업
③ 단란주점영업 : 주로 주류를 조리·판매하는 영업으로서 손님이 노래를 부르는 행위가 허용되는 영업
④ 유흥주점영업 : 주로 주류를 조리·판매하는 영업으로서 유흥종사자를 두거나 유흥시설을 설치할 수 있고 손님이 노래를 부르거나 춤을 추는 행위가 허용되는 영업

일반음식점영업

음식류를 조리 · 판매하는 영업으로서 식사와 함께 부수적으로 음주행위가 허용되는 영업

- 대기오염물질이 확산되지 않아 대기오염의 피해가 크다.
- LA스모그는 배기가스 및 자동차, 런던스모그는 석탄 배기가스 등이 원인이다.

## 11  정답 ②

감염병환자는 조리사의 결격사유이나 B형간염은 전염성이 매우 낮으므로 B형간염 환자는 조리사의 결격사유에 해당되지 않는다.

조리사의 결격사유

- 정신질환자(전문의가 조리사로서 적합하다고 인정하는 자는 제외)
- 감염병환자(B형간염 환자는 제외)
- 마약이나 그 밖의 약물 중독자
- 조리사 면허의 취소처분을 받고 취소된 날부터 1년이 지나지 않은 자

## 14  정답 ①

자외선은 일광의 분류 중 파장이 가장 짧다. 파장이 가장 긴 것은 적외선이다.

자외선의 특징

- 일광의 분류 중 파장이 가장 짧다.
- 비타민 D를 형성하여 구루병 예방과 관절염 치료 효과가 있다.
- 적혈구의 생성을 촉진하며 혈압강하의 효과가 있다.
- 살균작용을 하여 소독에 이용한다.
- 피부색소침착을 유발하며 심할 경우 결막염, 설안염, 피부암 등을 유발한다.

## 12  정답 ③

화장실에는 위생을 위해 공용수건이 아니라 1회용 위생종이 또는 에어타월이 비치되어 있어야 한다.

일반음식점의 모범업소 기준

- 주방은 공개되어야 함
- 화장실은 정화조를 갖춘 수세식이어야 함
- 화장실에 1회용 위생종이나 에어타월이 비치되어 있어야 함
- 1회용 물컵, 1회용 수저 및 젓가락 등을 사용하지 않아야 함

## 15  정답 ①

지하수나 용천수 등은 샘물을 의미하며, 샘물을 먹기 적합하도록 물리적인 처리 등의 방법으로 제조한 물은 먹는 샘물이다.

먹는 물 관련 용어

- **먹는 물** : 일반적으로 사용하는 자연상태의 물로서 수돗물, 먹는 샘물, 먹는 해양심층수 등이 있음
- **샘물** : 수질의 안전성을 계속 유지할 수 있는 자연상태의 깨끗한 물로서 먹는 용도로 사용할 원수
- **먹는 샘물** : 샘물을 먹기 적합하도록 물리적인 처리 등의 방법으로 제조한 물
- **수처리제** : 자연상태의 물을 정수 또는 소독하거나 먹는 물 공급시설의 산화방지 등을 위하여 첨가하는 제제

## 13  정답 ③

기온역전현상은 상부기온이 하부기온보다 높아지는 현상을 말한다.

기온역전현상

- 일부지역에서 상공으로 갈수록 상부기온이 하부기온보다 높아지는 현상이다.

## 16  정답 ①

소각법은 가장 확실하며 미생물까지 사멸할 수 있으나 다이옥신 발생으로 대기오염의 발생이 우려되는 쓰레기 처리방법이다.

## 진개(쓰레기) 처리 종류

- **매립법** : 쓰레기를 땅속에 묻고 흙으로 덮는 방법으로 도시에서 많이 사용
- **소각법** : 세균 사멸, 가장 위생적, 대기오염 발생우려 (다이옥신 발생)
- **비료화법(퇴비화법)** : 유기물이 많은 쓰레기를 발효시켜 비료로 이용

## 17 정답 ③

병원소는 활성, 비활성의 종류로 나눌 수 있다. 활성 병원소는 매개 역할을 하는 생물을 말하며, 비활성 병원소는 물, 식품, 공기, 기구 등 병원체가 숙주 내부로 들어가지 않아 병원체를 운반하는 수단이 되는 것을 말한다. 그러므로 비활성 병원체가 아니라 비활성 병원소는 병원체를 운반하는 수단이 된다.

## 감염원

- **병원체** : 세균, 바이러스, 기생충, 곰팡이 등 질병을 유발하는 미생물
- **병원소** : 환자, 보균자, 생물, 식품, 기구 등 병원체의 집합소

## 18 정답 ②

파상풍은 피부점막의 침입으로 감염된다.

## 인체 침입구에 따른 분류

- **소화기계** : 콜레라, 장티푸스, 파라티푸스, 세균성 이질, 아메바성 이질, 소아마비, 유행성 간염
- **호흡기계** : 디프테리아, 백일해, 홍역, 천연두(두창), 유행성 이하선염, 결핵, 인플루엔자, 풍진, 성홍열 등
- **피부점막** : 매독, 한센병(나병), 파상풍, 탄저 등

## 19 정답 ③

## 보균자의 종류

- **건강보균자** : 병원체를 몸에 지니고 있으나 겉으로는

증상이 나타나지 않는 건강한 사람(감염병 관리가 가장 어려움)
- **잠복기보균자** : 병원체에 감염되어 있지만 임상증상이 아직 나타나지 않은 상태의 사람
- **회복기보균자** : 질병의 임상증상이 회복되는 시기에도 여전히 병원체를 지닌 사람

## 20 정답 ④

가정의 쓰레기 처리법은 매립법, 소각법, 비료화법 3가지가 있다. 습식산화법, 화학적처리법, 소화처리법은 분뇨처리 방법에 해당한다.

## 진개(쓰레기) 처리

- **가장 많은 비용** : 수거비용
- **가장 많은 양** : 음식물 쓰레기
- **가정** : 주개와 잡개를 분리(2분법 처리), 3가지 처리법 (매립법, 소각법, 비료화법)
- 가정에서 나오는 주개 및 잡개, 공공건물의 진개

## 21 정답 ③

## 적외선의 특징(7,800Å 이상)

- 일광의 분류 중 파장이 가장 길다.
- 지상에 복사열을 주어 온실효과를 유발한다.
- 과도할 경우 열사병, 피부온도상승, 피부홍반 등을 유발한다.

## 22 정답 ④

응급환자에 대한 처치는 응급처치로만 하고 치료는 전문 의료요원의 처치에 맡겨야 한다.

## 응급처치 시 유의사항

- 응급처치 현장에서 자신의 안전을 확인하고, 환자에게 자신의 신분을 밝힐 것
- 최초로 응급환자를 발견하고 응급처치를 시행하기 전

환자의 생사유무를 판정하지 말 것
- 응급환자를 처치할 때 원칙적으로 의약품을 사용하지 않으며, 응급환자에 대한 처치는 응급처치로만 하고 치료는 전문 의료요원의 처치에 맡길 것

---

## 23　　　　　　　　　　　　　　　　정답 ④

만노오스는 6탄당에 속한다.

**5탄당(탄소 5개)**
리보오스(ribose), 디옥시리보오스(deoxyribose), 자일로스(xylose), 아라비노스(arabinose)

**6탄당(탄소 6개)**
포도당(glucose), 과당(fructose), 갈락토오스(galactose), 만노오스(mannose)

---

## 24　　　　　　　　　　　　　　　　정답 ②

제인은 옥수수에 있는 불완전단백질이다.

**필수아미노산 여부에 따른 단백질 분류**
- **완전단백질** : 주로 동물성 단백질로 모든 필수아미노산이 함유되어 있으며, 종류는 우유의 카제인, 달걀 흰자의 알부민, 글로불린이 있다.
- **부분적 불완전단백질** : 한 가지의 아미노산이 양적으로 부족한 단백질로, 종류는 보리의 호르데인, 쌀의 오리제닌이 있다.
- **불완전단백질** : 주로 식물성 단백질로 하나 이상의 필수아미노산이 결여되어 있으며, 종류는 옥수수의 제인이 있다.

---

## 25　　　　　　　　　　　　　　　　정답 ①

**비타민의 종류**
- **수용성 비타민** : 비타민 $B_1$(티아민), 비타민 $B_2$(리보플라빈), 비타민 $B_3$(나이아신), 비타민 $B_5$(판토텐산), 비타민 $B_6$(피리독신), 비타민 $B_9$(엽산), 비타민 $B_{12}$(코발라민), 비타민 H(비오틴), 비타민 C(아스코르브산)

---

- **지용성 비타민** : 비타민 A(레티놀), 비타민 D(칼시페롤), 비타민 E(토코페롤), 비타민 K(필라퀴논)

---

## 26　　　　　　　　　　　　　　　　정답 ②

양이온을 형성하는 원소를 함유하는 식품은 알칼리성 식품이며, 산성 식품은 인(P), 염소(Cl), 황(S) 등과 같은 음이온을 형성하는 원소를 함유하는 식품이다.

| 산성 식품 | 알칼리성 식품 |
|---|---|
| 연소 후에 남아 있는 무기질이 산을 형성하는 물질이 많은 식품 | 연소 후에 남아 있는 무기질이 알칼리를 형성하는 물질이 많은 식품 |
| 인(P), 염소(Cl), 황(S) 등과 같은 음이온을 형성하는 원소를 함유 | 나트륨(Na), 칼륨(K), 철(Fe), 마그네슘(Mg), 칼슘(Ca) 등 양이온을 형성하는 원소를 함유 |
| 육류, 어류, 달걀, 곡류 등 | 우유, 과일류, 채소류, 해조류 등 |

---

## 27　　　　　　　　　　　　　　　　정답 ②

구리의 경우, 완두콩 통조림 제조 시 황산구리를 첨가하여 클로로필이 선명한 청록색을 내도록 한다.

**클로로필의 변화 요소**
- **가열** : 녹색 채소를 삶은 물에 색소가 용출된다.
- **알칼리** : 진한 녹색(비타민 B, C가 파괴, 섬유소 분해로 질감이 물러짐)
- **산성 환경** : 오이지, 김치의 저장 중 유기산, 젖산, 초산에 의해 녹갈색, 갈색으로 변한다.
- **금속** : 구리의 경우, 완두콩 통조림 제조 시 황산구리를 첨가하면 선명한 청록색이 되며 철은 갈색을 형성한다.

---

## 28　　　　　　　　　　　　　　　　정답 ①

② **과당(fructose)** : 꿀, 과일 등에 함유된 것으로, 당류 중 가장 단맛이 강한 자당의 구성 성분이다.
③ **갈락토오스(galactose)** : 포도당과 결합하여 젖당이 되어 유즙으로 존재하는 것으로, 뇌와 신경조직을 구성한다.

---

④ **만노오스(mannose)** : 다당류 만난의 구성 성분으로 유리 상태로 존재하지 않는다.

> **포도당(glucose)**
> - 포도, 과일 속에 함유
> - 전분의 최종 분해물
> - 동물의 혈액에 0.1% 정도 함유
> - 동물체에 글리코겐 형태로 저장
>
> **당류의 감미도**
> 과당 〉전화당 〉서당(자당) 〉포도당 〉맥아당 〉갈락토오스 〉유당(젖당)

## 29                              정답 ①

② 티로시나아제 : 감자 갈변의 원인이 되는 효소
③ 폴리페놀 옥시다아제 : 홍차나 과일, 채소의 갈변 현상의 원인이 되는 효소
④ 말타아제 : 입과 소장에서 분비되는 소화효소로, 맥아당을 포도당으로 분해

> **아스코르비나아제**
> 당근, 호박, 오이, 가지 등에 들어있으며 비타민 C가 많은 식품과 섞을 경우 비타민 C를 파괴한다.

## 30                              정답 ③

> **맛의 온도**
> - 혀의 미각이 가장 예민한 온도 : 약 30℃
> - 맛의 최적 온도 : 단맛 20~50℃, 짠맛 30~40℃, 쓴맛 40~50℃, 매운맛 50~60℃
> - 신맛은 온도변화에 거의 영향을 받지 않음

## 31                              정답 ①

> **중성지방**
> 글리세롤 1개에 3개의 지방산 분자가 결합한 구조로, 식

품의 지방이나 체지방의 95%를 차지하며, 구조와 특징에 따라 포화지방산, 불포화지방산 등으로 다양하게 분류된다.

## 32                              정답 ②

> **영양섭취기준**
> - **평균 필요량(EAR)** : 건강한 인구집단의 평균 섭취량으로서 한 집단의 50%에 해당하는 사람들의 일일 영양 필요량을 충족시키는 섭취수준
> - **권장 섭취량(RNI)** : 대부분의 사람들의 영양 필요량을 충족시키는 섭취수준으로 평균필요량에 표준편차의 2배를 더하여 정함(평균섭취량 + 표준편차 × 2)
> - **충분 섭취량(AI)** : 영양소 필요량에 대한 자료가 부족하여 섭취량을 설정할 수 없을 때 제시되는 섭취수준
> - **상한 섭취량(UL)** : 인체에 유해영향이 나타나지 않는 최대영양소의 섭취수준
> - **1일 허용 섭취량(ADI)** : 일생 동안 매일 섭취하여도 아무 해가 없는 최대량으로 1일 체중 1kg당 mg 수로 표기

## 33                              정답 ①

필요비용
= (필요량 × 100 × 1kg당 단가) ÷ (100 − 폐기율)
= (20kg × 100 × 3,000원) ÷ (100 − 5)
= 63,157.89(약 63,200원)
즉, 63,200원의 구입비용이 든다.

> **필요비용**
> (필요량 × 100 × 1kg당 단가) ÷ (100 − 폐기율)

## 34                              정답 ①

②, ④ 노무비에 해당한다.
③ 재료비에 해당한다.

원가의 3요소
- **재료비** : 제품 제조를 위해 투입된 재료의 원가로 주요 식재료비, 소모품, 기구, 비품 등의 비용이다.
- **노무비** : 제품 제조에 투입된 노동력의 원가로 임금, 상여수당, 퇴직급여 충당금, 복리후생비 등이 포함된다.
- **경비** : 운영비로 제품 제조에 투입된 금액 중 재료비, 노무비를 제외한 금액이며 난방비, 세금, 보험, 전기료 등이 있다.

## 35 정답 ④

총원가
= 판매관리비 + 제조원가
= 판매관리비 + (직접재료비 + 직접노무비 + 직접경비) + (간접재료비 + 간접노무비 + 간접경비)
= 15,000원 + (120,000원 + 60,000원 + 5,000원) + (70,000원 + 40,000원 + 90,000원)
= 400,000원

원가의 구성
- **직접원가** : 직접재료비 + 직접노무비 + 직접경비
- **제조간접비** : 간접재료비 + 간접노무비 + 간접경비
- **제조원가** : 직접원가 + 제조간접비
- **총원가** : 판매관리비 + 제조원가
- **판매가격** : 총원가 + 이익

## 36 정답 ①

녹색채소를 데칠 때 소다를 넣으면 채소의 질감이 파괴되어 물러진다.

조리에 의한 녹색채소의 변화
- **데칠 때 물의 양** : 재료의 5배
- **산(식초) 첨가** : 엽록소가 페오피틴(녹황색)으로 변함
- **소다(중조) 첨가** : 푸른색이 더 선명해지고, 조직이 연화되며 비타민 C 파괴
- **소금 첨가** : 클로로필에서 더 선명한 푸른색의 클로로필린으로 변화

## 37 정답 ③

육류를 가열조리할 때 일어나는 변화
- 보수성의 감소
- 단백질의 변성(응고)
- 옥시미오글로빈이 메트미오글로빈으로 변화

## 38 정답 ④

아이스크림
크림에 설탕, 유화제, 안정제(젤라틴), 지방 등을 첨가하여 공기를 불어 넣은 후 동결

## 39 정답 ②

밀가루의 종류와 용도

| 종류 | 글루텐 함량(%) | 용도 |
|---|---|---|
| 강력분 | 13 이상 | 식빵, 마카로니, 파스타 등 |
| 중력분 | 10 이상 13 미만 | 국수류(면류), 만두피 등 |
| 박력분 | 10 미만 | 튀김옷, 케이크, 파이, 비스킷 등 |

## 40 정답 ②

① 지방구 크기를 0.1~2.2㎛ 정도로 균일하게 만들 수 있다.
③ 큰 지방구의 크림층 형성을 방지한다.
④ 극히 작은 구멍으로 통과시킴으로써 지방구의 크기를 균일하게 한다.

우유의 균질화
- 우유의 지방 입자의 크기를 미세하게 하여 유화상태를 유지하려는 과정
- 지방의 소화를 용이하게 함
- 지방구의 크기를 균일하게 만듦
- 큰 지방구의 크림층 형성을 방지

## 41 정답 ②

> **자기소화**
> • 사후경직이 끝난 후 어패류 속에 존재하는 단백질 분해효소에 의해 일어남
> • 어육이 연해지고 풍미가 저하

## 42 정답 ④

> **밀가루 반죽 시 물의 기능**
> • 소금의 용해를 도와 반죽을 골고루 섞이게 함
> • 반죽의 경도에 영향
> • 글루텐 형성
> • 전분의 호화 촉진

## 43 정답 ③

연기의 나쁜 성분인 아크롤레인이 발생하여 지방이 많은 식재료는 직화구이를 하지 않는 것이 좋다.

## 44 정답 ①

밀가루를 계량할 때는 체로 쳐서 스푼으로 계량컵에 가만히 수북하게 담아 주걱으로 깎아서 측정하는데, 이 때 누르거나 흔들지 않는다. 일반적으로 부피보다 무게를 재는 것이 더 정확하다.

> **가루 상태의 식품 계량방법**
> 밀가루, 설탕 등은 부피보다는 무게를 계량하는 것이 정확하여 덩어리가 없는 상태에서 누르지 말고 수북하게 담아 평평한 것으로 고르게 밀어 표면이 평면이 되도록 깎아서 계량한다.

## 45 정답 ③

> **육류 조리 시 열에 의한 변화**
> • 불고기는 열의 흡수로 부피가 감소한다.
> • 스테이크는 가열하면 소화가 잘 된다.
> • 미트로프는 가열하면 단백질이 응고, 수축, 변성된다.
> • 소꼬리의 콜라겐이 젤라틴화 된다.

## 46 정답 ③

> **전분의 노화(β화)**
> 호화된 전분(α전분)을 상온이나 냉장고에 방치하면 수분의 증발 등으로 인해 날 전분(β전분)으로 되돌아가는 현상

## 47 정답 ①

> **조미의 기본 순서**
> 설탕 → 소금 → 간장 → 식초

## 48 정답 ④

녹색채소를 데칠 때에는 조리수의 양을 최대로 하여 끓는 물에 뚜껑을 열고 단시간에 데쳐 재빨리 헹구어야 색이 선명하다.

## 49 정답 ④

> **경화**
> 불포화지방산에 수소를 첨가하고 촉매제를 사용하여 포화지방산으로 만드는 것(마가린, 쇼트닝 등)

## 50 정답 ②

> **뼈(bone)**
> - 스톡에서 가장 중요한 재료로서, 스톡 고유의 맛과 향을 부여하며 스톡의 이름을 결정
> - **소뼈** : 가장 많이 사용하는 뼈이며 단백질과 무기질이 풍부함. 8~10cm 정도의 크기로 사용
> - **닭뼈** : 경제적이며 사용빈도가 높음
> - **생선뼈** : 기름기가 적은 뼈가 좋음
> - **기타** : 양, 칠면조, 가금류 등은 화이트 또는 브라운 스톡으로 사용

## 51 정답 ①

**스톡의 문제점과 해결방법**

| 문제점 | 해결방법 |
| --- | --- |
| 조리 시 불 조절에 실패하여 맑지 않음 | 찬물에서 스톡 조리 시작 (시머링) |
| 이물질 때문에 맑지 않음 | 소창으로 걸러냄 |
| 충분히 조리되지 않아 향이 적음 | 조리시간을 늘림 |
| 뼈와 물과의 불균형으로 향이 적거나 무게감이 없음 | 뼈를 추가로 넣음 |
| 뼈와 미르포아가 충분히 태워지지 않아 색상이 옅음 | 뼈와 미르포아를 짙은 갈색이 나도록 태움 |
| 조리하는 동안 소금을 넣어 맛이 짬 | 소금을 쓰지 않고 스톡을 다시 조리 |

스톡이 맑지 않은 이유는 조리 시 불 조절에 실패했거나 이물질 때문이다. 조리하는 동안 소금을 넣으면 스톡의 맛이 짜게 된다.

## 52 정답 ③

> **전채 요리를 접시에 담을 때 고려사항**
> - 고객의 편리성을 우선적으로 고려한다.
> - 양과 크기가 주요리보다 크거나 많지 않도록 한다.
> - 색과 맛, 풍미, 온도에 유의한다.
> - 재료별 특성을 이해하고 적당한 공간을 둔다.
> - 접시의 내원을 벗어나지 않도록 한다.
> - 일정한 간격과 질서를 둔다.
> - 소스는 적당히 뿌린다.
> - 가니쉬는 요리 재료와 중복되지 않도록 한다.

## 53 정답 ②

① **살라미** : 돼지고기, 쇠고기를 원료로 한 이탈리아식 훈제 소시지
③ **프로슈토** : 돼지고기나 멧돼지의 뒷다리 혹은 넓적다리를 염장하여 건조한 이탈리아 햄
④ **하몽** : 돼지 뒷다리의 넓적다리 부분을 잘라 소금에 절여 만든 생햄

> **파스트라미(pastrami)**
> 콜드 속 재료에 속하는 것으로, 지방이 없는 부위의 소고기를 양념해 말리거나 훈제한 것

## 54 정답 ③

> **유화 드레싱**
> - 난황이나 머스타드 등과 같은 유화제는 유화 드레싱을 더 안정된 상태로 만듦
> - **분리 현상의 원인** : 달걀노른자가 기름을 흡수하기에 너무 빠르게 기름이 첨가될 때, 소스의 농도가 너무 진할 때, 소스를 만들면서 너무 차거나 따뜻하게 되었을 때
> - **분리 현상 복원 방법** : 멸균 처리된 달걀노른자를 거품이 생길정도로 저어주거나 분리된 마요네즈를 조금씩 부으며 드레싱을 다시 만듦

## 55 정답 ①

> **습식열을 이용한 달걀요리**
> - **포치드 에그** : 90℃의 물에 익히는 방법
> - **보일드 에그** : 100℃의 물에서 삶은 정도에 따라 코들드 에그, 반숙 달걀, 중반숙 달걀, 완숙 달걀로 나뉨

**건식열을 이용한 달걀요리**

• **달걀 프라이** : 달걀이 익은 정도에 따라 서니 사이드 업, 오버 이지, 오버 미디엄, 오버 하드로 나뉨
• **스크램블 에그** : 달걀을 깨서 휘저어 만든 요리
• **오믈렛** : 스크램블 에그를 만들다가 럭비공 모양으로 만든 요리
• **에그 베네딕틴** : 구운 잉글리시 머핀에 햄, 포치드 에그, 홀렌다이즈 소스를 올린 요리

## 56 　　　　　　　　　　　　　　　　정답 ①

**육류의 습열식 조리 방법의 종류**

• **포칭** : 물이나 액체를 넣어 조리하며 단백질의 유실과 재료의 건조 및 딱딱해지는 것을 방지하는 조리 방법
• **보일링(삶기, 끓이기)** : 생선, 채소는 국물을 적게 넣고 건조한 재료는 액체를 많이 넣어 끓임
• **시머링** : 약한 불에서 조리하며 소스나 스톡을 끓일 때 사용
• **스티밍(증기찜)** : 재료의 형태가 유지되며 영양 손실이 적고 풍미와 색채를 유지할 수 있는 수증기 조리 방법
• **블랜칭(데치기)** : 끓는 물이나 기름에 데치는 방법으로 조직이 부드러워지며 피 등의 불순물 제거가 가능
• **글레이징** : 버터, 과일즙, 육즙 등과 꿀, 설탕을 졸여 재료에 코팅하는 조리 방법

## 57 　　　　　　　　　　　　　　　　정답 ①

② **뵈르 마니에** : 녹은 버터에 동량의 밀가루를 넣고 섞어 가열하지 않고 만든 농후제의 종류
③ **리큐르 소스** : 과일 퓌레를 졸여 리큐르를 첨가한 소스
④ **홀랜다이즈 소스** : 정제버터, 노른자, 레몬주스 등을 이용하여 만든 황색 소스

**루(roux)**

• 버터와 밀가루를 1 : 1 비율로 섞어 고소한 풍미가 나도록 볶은 농후제의 종류
• 볶은 정도에 따라 화이트 루, 브론드 루, 브라운 루로 나뉨
• **화이트 루** : 크림 소스, 베사멜 소스
• **브론드 루** : 벨루테 소스
• **브라운 루** : 브라운 소스, 에스파뇰 소스 등

## 58 　　　　　　　　　　　　　　　　정답 ③

이탈리아의 북부지역은 유제품, 고기, 버섯, 치즈를 주로 사용하며 남부지역은 해산물, 토마토, 가지, 진한 향신료를 주로 사용한다.

## 59 　　　　　　　　　　　　　　　　정답 ③

① 토마토 소스는 믹서에 갈 경우 신맛이 나므로 손으로 으깨준다.
② 토마토 소스를 넣은 파스타는 토마토의 수분을 고려하여 졸이거나 수분을 첨가한다.
④ 바질 페스토 소스의 변색 방지를 위해 데쳐서 사용하거나 조리과정에서 너무 뜨거운 환경에 방치하면 안 된다.

## 60 　　　　　　　　　　　　　　　　정답 ④

① **퓌레** : 육류나 채소류를 갈아서 체로 걸러 농축시켜서 요리에 기본적인 맛을 내는 재료
② **마요네즈** : 식물성 오일과 달걀노른자, 식초, 그리고 약간의 소금과 후추를 넣어 만든 소스
③ **루** : 버터와 밀가루를 1 : 1 비율로 섞어 고소한 풍미가 나도록 볶은 농후제의 종류

정답
및
해설

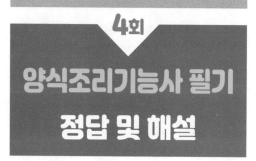

**4회**

# 양식조리기능사 필기 정답 및 해설

| 01 | ③ | 02 | ① | 03 | ④ | 04 | ③ | 05 | ④ |
|---|---|---|---|---|---|---|---|---|---|
| 06 | ③ | 07 | ④ | 08 | ④ | 09 | ① | 10 | ④ |
| 11 | ① | 12 | ④ | 13 | ③ | 14 | ② | 15 | ③ |
| 16 | ③ | 17 | ④ | 18 | ① | 19 | ③ | 20 | ② |
| 21 | ④ | 22 | ② | 23 | ② | 24 | ③ | 25 | ③ |
| 26 | ③ | 27 | ③ | 28 | ② | 29 | ④ | 30 | ② |
| 31 | ③ | 32 | ③ | 33 | ③ | 34 | ③ | 35 | ② |
| 36 | ① | 37 | ① | 38 | ③ | 39 | ① | 40 | ① |
| 41 | ④ | 42 | ④ | 43 | ② | 44 | ① | 45 | ① |
| 46 | ① | 47 | ② | 48 | ③ | 49 | ① | 50 | ① |
| 51 | ① | 52 | ③ | 53 | ④ | 54 | ① | 55 | ④ |
| 56 | ① | 57 | ② | 58 | ② | 59 | ① | 60 | ③ |

## 01 정답 ③

보통비누로 세척한 뒤 역성비누를 사용한다. 역성비누는 세척력은 약하나 살균효과가 있기 때문에 먼저 보통비누로 더러운 먼지나 얼룩을 제거하고, 역성비누를 사용하여 세척한다. 이 때 역성비누는 보통비누와 혼합하면 살균 효과가 떨어지므로 보통비누와 혼합하여 사용하지 않는다.

> **역성비누의 사용법**
> • 보통비누로 세척한 뒤 역성비누 사용
> • 보통비누와 혼합하여 사용하지 않음

## 02 정답 ①

> **가열살균법**
> • **저온살균법** : 우유를 61~65℃에서 30분간 가열살균
> • **고온단시간살균법** : 우유를 70~75℃에서 15~30초간 가열살균
> • **초고온순간살균법** : 우유를 130~140℃에서 1~2초간 가열살균
> • **고온장시간살균법** : 통조림을 90~120℃에서 약 60분간 가열살균

## 03 정답 ④

포르말린은 독성을 지닌 무색의 자극적 냄새가 나는 유해화학물질로, 오물소독에 사용하는 소독제이다.
① 크레졸(3%) : 손 소독, 오물소독에 사용하며 석탄산에 비해 소독력이 2배 이상 강하다.
② 승홍수(0.1%) : 손 소독에 주로 사용하며 금속부식성이 있다.
③ 에틸알코올(70%) : 손, 금속 등 광범위한 소독에 사용한다.

> **화학적인 소독방법의 종류**
> 염소, 표백분, 역성비누(양성비누), 석탄산(3%), 크레졸(3%), 생석회, 포르말린, 과산화수소(3%), 승홍수(0.1%), 에틸알코올(70%)

## 04 정답 ③

유동파라핀은 빵틀에서 빵을 분리할 때 빵의 형태를 유지하기 위해 사용되는 이형제의 종류이다.

> **껌 기초제**
> • 껌의 점성과 탄력성을 부여하기 위해 사용
> • **종류** : 초산비닐수지, 에스테르검, 폴리부텐, 폴리이소부틸렌
>
> **이형제**
> • 빵틀에서 빵을 분리할 때 빵의 형태를 유지하기 위해 사용
> • **종류** : 유동파라핀

## 05　　　　　　　　　　정답 ④

소독 전 야채류는 냉장고의 중간에 보관하여야 한다. 냉동고에 보관하는 식재료는 완제품, 가공품, 어패류, 육류 등이 있다.

| 냉장고 | 냉동고 |
|---|---|
| 소스류/완제품(소독 후 야채)<br>(맨 윗칸) | 완제품(맨 윗칸) |
| 소독 전 야채류 | 가공품 |
| 육류, 어패류 | 어패류 |
| 해동 중 식재료(맨 아래칸) | 육류(맨 아래칸) |

## 06　　　　　　　　　　정답 ③

황색포도상구균 식중독

| 원인균 | 포도상구균(열에 약함) |
|---|---|
| 원인독소 | 엔테로톡신(장독소, 열에 강함) |
| 잠복기 | 평균 3시간(가장 짧음) |
| 원인식품 | 유가공품(우유, 크림, 버터, 치즈), 조리식품(떡, 콩가루, 김밥, 도시락) |
| 증상 | 급성위장염 |
| 예방 | 손이나 몸에 화농이 있는 사람 식품취급 금지 |

① 웰치균 식중독 : 8~22시간(평균 12시간)
② 장염비브리오 식중독 : 10~18시간(평균 12시간)
④ 클로스트리디움 보툴리눔 식중독 : 12~36시간, 잠복기가 가장 길다.

## 07　　　　　　　　　　정답 ④

독버섯의 자연독 성분의 종류는 무스카린, 뉴린, 콜린, 아마니타톡신이 있다. 아미그달린은 청매, 살구씨, 복숭아씨의 자연독 성분이다.

**자연독 식중독**
- **동물성 자연독** : 복어(테트로도톡신), 홍합, 대합(삭시톡신), 모시조개, 굴, 바지락(베네루핀)
- **식물성 자연독** : 독버섯(무스카린, 뉴린, 콜린, 아마니타톡신), 싹난 감자(솔라닌), 부패한 감자(셉신), 독미나리(시큐톡신), 청매, 살구씨, 복숭아씨(아미그달린), 피

마재(리신), 면실유(고시폴), 독보리(테무린), 미치광이풀(테트라민)

## 08　　　　　　　　　　정답 ④

**톡소플라스마**
- 육류를 통해 감염되는 기생충으로, 중간숙주는 고양이, 쥐, 조류가 있다.
- 여성이 임신 중에 감염될 경우 유산과 불임을 포함하여 태아에 이상을 유발할 수 있는 인수공통감염병과 관계된다.

## 09　　　　　　　　　　정답 ①

식품위생법상 수입신고를 하고 수입한 것은 판매가 금지된 것이 아니다. 수입이 금지된 것 또는 수입신고를 하지 않고 수입한 것은 판매가 금지된 것이다.

**판매 금지 식품 및 식품첨가물**
- 유전자변형식품 중 안전성 심사를 받지 않거나 식용으로 부적합하다고 인정된 것
- 수입이 금지된 것 또는 수입신고를 하지 않고 수입한 것
- 영업자가 아닌 자가 제조·가공·소분한 것
- 기준·규격이 정하여지지 아니한 화학적 합성품 등의 판매 금지

## 10　　　　　　　　　　정답 ④

**식품접객업 중 음주행위 허용여부**
- **음주행위 허용×** : 휴게음식점영업, 제과점영업
- **음주행위 허용** : 일반음식점영업, 단란주점영업, 유흥주점영업

## 11 정답 ①

식품의약품안전처장은 식품위생 수준 및 자질의 향상을 위하여 필요한 경우 조리사와 영양사에게 교육을 받을 것을 명할 수 있는 자이다.

## 12 정답 ④

조리사의 행정처분

| 위반사항 | 1차 위반 | 2차 위반 | 3차 위반 |
|---|---|---|---|
| 조리사의 결격사유에 해당하는 경우 | 면허취소 | – | – |
| 보수교육을 받지 않은 경우 | 시정명령 | 업무정지 15일 | 업무정지 1개월 |
| 식중독이나 위생과 관련된 중대한 사고 발생에 직무상 책임이 있는 경우 | 업무정지 1개월 | 업무정지 2개월 | 면허취소 |
| 면허를 타인에게 대여해 준 경우 | 업무정지 2개월 | 업무정지 3개월 | 면허취소 |
| 업무정지 기간 중 조리사의 업무를 한 경우 | 면허취소 | – | – |

면허를 타인에게 대여해 준 경우는 1차 위반 시 업무정지 2개월의 행정처분을 받게 된다. 조리사의 행정처분 중 1차 위반 시 면허취소에 해당하는 경우는 조리사의 결격사유에 해당하는 경우, 업무정지 기간 중 조리사의 업무를 한 경우이다.
①, ③ 조리사의 결격사유에 해당하므로 조리사의 행정처분 중 1차 위반 시 면허취소에 해당한다.

## 13 정답 ③

### 세계보건기구(WHO)의 건강에 대한 정의
질병이 없거나 허약하지 않을 뿐만 아니라 육체적·정신적·사회적으로 완전히 안녕한 상태

## 14 정답 ②

가시광선은 사람의 눈에 보이는 파장으로, 눈의 망막을 자극하여 색채와 명암을 부여한다. 조명이 불충분할 경우 시력저하와 눈의 피로를 유발하며, 조명이 강렬할 경우 암순응 능력이 저하된다.

### 가시광선
- 사람의 눈에 보이는 파장
- 눈의 망막을 자극하여 색채와 명암 부여
- 조명이 불충분할 경우 시력저하 및 눈의 피로 유발
- 조명이 강렬할 경우 암순응 능력 저하

## 15 정답 ③

### 상수 처리과정
취수 → 도수 → 정수 → 송수 → 배수 → 급수

## 16 정답 ③

### 소음에 의한 피해
수면장애, 두통, 위장기능 저하, 작업능률 저하, 정신적 불안정, 불쾌감, 신경쇠약 등

## 17 정답 ④

파상풍은 흙, 먼지, 동물의 대변 등에 포함된 파상풍의 포자가 피부의 상처를 통해 침투하여 전파된다. 물을 통해 전염되는 수인성 감염병에는 콜레라, 장티푸스, 파라티푸스, 세균성이질 등이 있다.

### 수인성 감염병
물을 통해 전염되는 질병으로 콜레라, 장티푸스, 파라티푸스, 세균성이질 등이 있다.

## 18    정답 ①

성홍열은 호흡기계의 침입으로 감염된다.

> **인체 침입구에 따른 분류**
> - **소화기계** : 콜레라, 장티푸스, 파라티푸스, 세균성 이질, 아메바성 이질, 소아마비, 유행성 간염
> - **호흡기계** : 디프테리아, 백일해, 홍역, 천연두(두창), 유행성 이하선염, 결핵, 인플루엔자, 풍진, 성홍열 등
> - **피부점막** : 매독, 한센병(나병), 파상풍, 탄저 등

## 19    정답 ①

건강보균자는 보균자의 종류 중 감염병 관리가 가장 어렵다.

> **보균자의 종류**
> - **건강보균자** : 병원체를 몸에 지니고 있으나 겉으로는 증상이 나타나지 않는 건강한 사람(감염병 관리가 가장 어려움)
> - **잠복기보균자** : 병원체에 감염되어 있지만 임상증상이 아직 나타나지 않은 상태의 사람
> - **회복기보균자** : 질병의 임상증상이 회복되는 시기에도 여전히 병원체를 지닌 사람

## 20    정답 ②

양충병은 진드기에 의해 발생하는 질병이다.

> **감염병의 발생 원인**
> - **파리** : 장티푸스, 파라티푸스, 이질, 콜레라, 식중독
> - **모기** : 사상충, 말라리아, 일본뇌염, 이질, 황열, 식중독
> - **이, 벼룩** : 페스트, 발진티푸스
> - **바퀴** : 이질, 콜레라, 장티푸스, 살모넬라 및 폴리오 등
> - **진드기** : 양충병, 쯔쯔가무시증, 큐열
> - **쥐** : 세균성 질병(페스트, 서교증, 살모넬라 등), 리케차성 질병(발진열), 바이러스성 질병(유행성 출혈열)

## 21    정답 ④

파상풍의 감염경로는 토양에 의한 직접전파에 해당한다.

> **간접전파**
> - **비말(기침, 재채기)** : 홍역, 인플루엔자, 폴리오(소아마비)
> - **진애(먼지)** : 결핵, 천연두, 디프테리아 등

## 22    정답 ②

가스레인지는 노후화, 중간밸브 손상, 가스관의 부적합 설치, 부주의, 가스밸브 개방상태로 장시간 방치 등의 위험요소가 있으며 기름을 과도하게 많이 사용하는 것은 튀김기의 위험요소에 해당한다.

## 23    정답 ②

① **포도당 + 과당** : 서당
③ **포도당 + 갈락토오스** : 유당

> **이당류(단당류 + 단당류)**
> - **서당(자당, 설탕)** : 포도당과 과당의 결합으로, 단맛의 수용성이 가장 높고 환원성이 없어 감미도의 기준이 된다.
> - **맥아당** : 포도당과 포도당의 결합으로, 발아 곡식, 발아 보리, 식혜 등이 있다.
> - **유당(젖당)** : 포도당과 갈락토오스의 결합으로, 칼슘과 단백질의 흡수를 도와 장 기능을 원활하게 해준다.

## 24    정답 ③

> **지질의 종류**
> - **중성지방** : 글리세롤 1개에 3개의 지방산 분자가 결합한 구조로 식품의 지방이나 체지방의 95%를 차지하며, 구조와 특징에 따라 포화지방산, 불포화지방산 등으로 다양하게 분류됨

- **인지질** : 글리세롤에 지방산 2개와 1개의 인산기가 결합되어 있는 형태의 복합지질로, 콜린, 세린, 이노시톨, 레시틴 등이 있음
- **콜레스테롤** : 탄소 4개가 고리 모양을 이루는 스테롤로 동물성 식품에 존재하며, 자외선을 받으면 비타민 D로 전환됨
- **에르고스테롤** : 탄소 4개가 고리 모양을 이루는 스테롤로 식물성 식품에 존재하며, 자외선을 받으면 비타민 D가 되어 흡수됨

## 25          정답 ③

항산화 작용을 하고 콜라겐을 합성하며 조리과정에서 열에 손실되기 쉬운 것은 비타민 C이다. 비타민 E는 항산화제 기능을 하며 적혈구를 보호하고 세포의 손상을 방지한다.

### 지용성 비타민의 종류

- **비타민 A** : 눈의 건강에 도움을 주며 β-카로틴은 몸속으로 들어와 비타민 A로 전환된다.
- **비타민 D** : 자외선을 통해 피부에서 합성되며 칼슘의 흡수를 촉진시킨다.
- **비타민 E** : 항산화제 기능을 하며 적혈구를 보호하고 세포의 손상을 방지한다.
- **비타민 K** : 혈액을 응고시키며 단백질을 형성하고 장내 세균에 의해 합성된다.

## 26          정답 ③

① **아스타잔틴** : 새우나 게에 함유된 색소로 가열 전에는 청록색이지만 가열하면 적색으로 변한다.
② **안토잔틴** : 무색이나 담황색의 색소로 우엉, 연근, 밀가루, 쌀 등에 함유되어 있다.
④ **헤모시아닌** : 전복이나 문어 등에 포함된 푸른 계열의 색소로 익으면 적자색으로 변한다.

### 플라보노이드 - 안토시아닌(안토시안)

- 과일(포도), 채소(자색양배추, 자색고구마, 가지), 꽃에 함유된 적자색 색소
- 수용성(물에 녹음)
- 산성에서는 선명한 적색을 띰
- 알칼리성 환경에서는 녹색이나 청색을 띰
- 철이나 알루미늄과 결합하여 안정적인 색을 유지

## 27          정답 ③

① **타우린** : 오징어, 문어, 조개류의 감칠맛 성분
② **이노신산** : 멸치, 가다랑어의 감칠맛 성분
④ **아미노산** : 소고기의 감칠맛 성분

### 감칠맛 성분

- 글루탐산이나 글루탐산나트륨염에 의해 나타나는 맛
- **간장, 다시마, 밀, 콩** : 글루타민산
- **소고기** : 아미노산
- **새우, 게** : 글리신, 베타인
- **오징어, 문어, 조개류** : 타우린
- **멸치, 가다랑어** : 이노신산
- **표고버섯, 송이버섯, 느타리버섯** : 구아닐산

## 28          정답 ②

물엿의 주성분인 당은 맥아당이다. 유당(젖당)은 동물 유즙에 많이 존재한다.

### 유당(젖당)

- 포도당과 갈락토오스가 결합한 당
- 단맛이 가장 약함
- 칼슘과 단백질의 흡수를 돕고 정장 작용을 함
- 동물 유즙에 많이 존재

### 당류의 감미도

과당 〉 전화당 〉 서당(자당) 〉 포도당 〉 맥아당 〉 갈락토오스 〉 유당(젖당)

## 29          정답 ④

리놀레산, 리놀렌산, 아라키돈산 등은 필수지방산이며 불포화지방산에 속한다. 포화지방산에는 개미산, 팔미트산, 프로피온산, 카프르산 등이 속한다.

| 포화지방산 | 불포화지방산 |
| --- | --- |
| 지방산 사슬 내에 이중결합이 없음 | 지방산 사슬 내에 이중결합이 1개 이상 존재 |
| 융점이 높아 대부분 상온에서 고체상태 | 융점이 낮아 대부분 상온에서 액체상태 |

| 탄소수 증가에 따른 융점 증가 | 이중결합의 증가에 따른 융점 감소 |
|---|---|
| 라드, 우지 등의 동물성 기름과 야자유, 팜유 등의 식물성 기름 | 올리브유, 포도씨유 등의 식물성 기름 |

## 30 　　　　　　　　　　　　　정답 ②

필수지방산은 식물성 기름에 다량 함유되어 있다.

> **필수지방산**
> • 리놀레산, 리놀렌산, 아라키돈산
> • 성장 및 신체기능에 필요한 지방산으로 체내합성이 불가능하여 반드시 식사로 섭취하여야 한다.
> • 식물성 기름에 다량 함유되어 있다.
> • 결핍될 경우 피부염 및 성장지연 등의 증상을 보인다.

## 31 　　　　　　　　　　　　　정답 ④

지방산과 글리세롤로 분해되어 위와 장에서 흡수되는 것은 지방이며, 지용성 영양소는 림프관으로 흡수된다.

> **소화 흡수**
> • **탄수화물** : 단당류(포도당, 과당, 갈락토오스)로 분해되어 소장에서 흡수
> • **단백질** : 아미노산으로 분해되어 소장에서 흡수
> • **지방** : 지방산과 글리세롤로 분해되어 위와 장에서 흡수
> • **수용성 영양소(포도당, 아미노산, 글리세롤, 수용성 비타민, 무기질)** : 소장벽 융털의 모세혈관으로 흡수
> • **지용성 영양소(지방산, 지용성 비타민)** : 림프관으로 흡수
> • **물** : 큰 창자(대장)에서 흡수

## 32 　　　　　　　　　　　　　정답 ③

운송수단은 시장조사의 내용에 해당하지 않는다.

> **시장조사의 내용**
> • **품목** : 제조회사나 대체품을 고려하여 무엇을 구매할 것인지 결정
> • **품질** : 가격, 물품의 가치를 고려하여 어떠한 품질을 구매할 것인지 결정
> • **수량** : 재고, 대량구매에 따른 원가절감 비용, 보존성 등을 고려하여 수량 결정
> • **가격** : 물품의 가치와 거래조건 등을 고려하여 적정 가격 결정
> • **시기** : 구매가격과 사용시기 및 시장시세를 고려하여 구매시기 결정
> • **구매거래처** : 최소 두 곳 이상의 업체에서 견적을 받은 후 적정한 곳을 선정하고 식품의 경우 기후조건이나 시장상황 등을 고려
> • **거래조건** : 인수, 지불조건 등을 살펴서 어떠한 조건에 거래할 것인지 결정

## 33 　　　　　　　　　　　　　정답 ③

육류의 경우 소고기는 적색, 돼지고기는 연분홍색이어야 한다.

> **식품 감별법**
> • **쌀** : 잘 건조된 것, 알맹이가 투명하고 고른 것, 타원형, 광택이 있는 것
> • **어류** : 물에 가라앉는 것, 광택이 나는 것, 비늘이 고르게 밀착된 것, 살에 탄력성이 있는 것, 눈이 투명하고 돌출된 것, 아가미가 선홍색인 것
> • **육류** : 선명한 색을 가진 것, 결이 고운 것, 소고기는 적색, 돼지고기는 연분홍색
> • **달걀** : 껍질이 까칠한 것, 광택이 없는 것, 흔들었을 때 소리가 안 나는 것, 6% 소금물에 담갔을 때 가라앉는 것, 빛을 비췄을 때 난황이 중심에 위치하고 윤곽이 뚜렷하며 기실의 크기가 작은 것
> • **소맥분(밀가루)** : 백색이며 잘 건조된 것, 가루가 미세하고 뭉쳐지지 않으며 감촉이 부드러운 것
> • **우유** : 물속에 한 방울 떨어뜨렸을 때 구름같이 퍼져가며 내려가는 것

정답 및 해설

## 34 　　　　　　　　　　정답 ③

원가계산의 원칙
- **진실성의 원칙** : 제품의 제조에 발생한 원가를 사실 그대로 계산
- **발생기준의 원칙** : 모든 비용과 수익은 그 발생시점을 기준으로 계산
- **계산경제성의 원칙** : 원가의 계산 시 경제성을 고려하여 계산
- **확실성의 원칙** : 여러 방법 중 가장 확실한 방법을 선택
- **정상성의 원칙** : 정상적으로 발생한 원가만을 계산
- **상호관리의 원칙** : 원가계산과 일반회계, 각 요소별·제품별 계산과 상호관리가 되어야 함
- **비교성의 원칙** : 다른 기간이나 다른 부분의 원가와 비교가 가능해야 함

## 35 　　　　　　　　　　정답 ②

재료의 소비가격 계산법
- **선입선출법** : 재료의 구입순서에 따라 먼저 구입한 재료를 먼저 소비한다는 가정 아래 재료의 소비가격을 계산한다.
- **후입선출법** : 선입선출법과 정반대로 나중에 구입한 재료부터 먼저 사용한다는 가정 아래 재료의 소비가격을 계산한다.
- **개별법** : 재료를 구입단가별로 가격표를 붙여서 보관하다가 출고할 때 가격표의 구입단가를 재료의 소비가격으로 한다.
- **단순평균법** : 일정기간 동안의 구입단가를 구입횟수로 나눈 구입단가의 평균을 재료소비단가로 한다.
- **이동평균법** : 구입단가가 다른 재료를 구입할 때마다 재고량과의 가중평균가를 산출하여 이를 소비재료의 가격으로 한다.

## 36 　　　　　　　　　　정답 ①

육류의 사후변화

| 사후강직<br>(사후경직) | 글리코겐으로부터 형성된 젖산이 축적되어 산성으로 변하면서 액틴(근단백질)과 미오 |
|---|---|

신(근섬유)이 결합되면서 액토미오신이 생성되어 근육이 경직되는 현상

| 숙성<br>(자기소화) | 사후강직이 완료되면 단백질의 분해효소 작용으로 서서히 강직이 풀리면서 자기소화가 일어나는 것 |
|---|---|

## 37 　　　　　　　　　　정답 ①

한천에 산을 첨가하면 가수분해 되어 겔의 강도가 감소한다.

한천(우뭇가사리)
- 우뭇가사리 등의 홍조류를 삶아서 나온 점액을 냉각·응고 시킨 후 잘라서 동결·건조시킨 것
- 영양가×, 정장작용 및 변비예방
- 응고온도 25~35℃, 용해온도 80~100℃
- 산, 우유 첨가 시 겔의 강도 감소
- 설탕 첨가 시 투명감, 점성, 탄성 증가, 설탕의 농도가 높으면 겔의 농도도 증가
- **용도** : 양갱, 양장피

## 38 　　　　　　　　　　정답 ③

감자는 뚜껑을 닫고 삶아야 하고, 뼈는 찬물에 뚜껑을 열고 오랫동안 끓여야 물을 흡수하여 골고루 익는다.

## 39 　　　　　　　　　　정답 ①

유지의 발연점이 낮아지는 경우
- 여러 번 사용하여 유리지방산의 함량이 높을수록
- 기름에 이물질이 많이 들어 있을수록
- 튀김하는 그릇의 표면적이 넓을수록(1인치 넓을 때 발연점은 2℃ 저하)
- 사용회수가 많은 경우
  (1회 사용할 때마다 발연점이 10~15℃씩 저하)

## 40 정답 ①

밀가루의 종류와 용도

| 종류 | 글루텐 함량(%) | 용도 |
|---|---|---|
| 강력분 | 13 이상 | 식빵, 마카로니, 파스타 등 |
| 중력분 | 10 이상 13 미만 | 국수류(면류), 만두피 등 |
| 박력분 | 10 미만 | 튀김옷, 케이크, 파이, 비스킷 등 |

## 41 정답 ④

① 시금치는 끓는 물에 소금을 넣어 빠르게 데치고 찬물에 헹구면 비타민 C의 손실을 적게 할 수 있다.
② 가지를 백반이나 철분이 녹아있는 물에 삶으면 색이 안정된다.
③ 연근을 엷은 식초 물에 삶으면 하얗게 삶아진다.

## 42 정답 ④

전분의 호정화(덱스트린화)
• 날 전분(β전분)에 물을 가하지 않고 160~170℃로 가열했을 때 가용성 전분을 거쳐 덱스트린(호정)으로 분해되는 반응
• 누룽지, 토스트, 팝콘, 미숫가루, 뻥튀기 등

## 43 정답 ②

열변성 되지 않은 어육단백질이 생강의 탈취작용을 방해하기 때문에 고기나 생선이 거의 익은 후에 생강을 넣어준다.

## 44 정답 ①

두유는 삶은 콩을 갈아 만든 음료로 발효식품이 아니다.

## 45 정답 ①

설탕 등의 당류를 160~180℃로 가열하여 캐러멜화(caramelization) 반응으로 갈색물질이 생성된다.

## 46 정답 ①

중조(약알칼리)에 담갔다가 가열하면 콩이 빨리 연화되지만 비타민 $B_1$의 파괴는 촉진된다.

## 47 정답 ②

0℃ 이하로 급속냉동(냉동법)시키면 노화를 억제할 수 있다.

노화(β화)를 억제하는 방법
• 수분함량을 15% 이하로 유지
• 환원제, 유화제 첨가
• 설탕 다량 첨가
• 0℃ 이하로 급속냉동(냉동법)시키거나 80℃ 이상으로 급속히 건조

## 48 정답 ③

재료를 잘게 썰어 연하게 조리하면 소화흡수에 도움이 된다.

## 49 정답 ④

빵을 증기로 찌거나 전자 오븐으로 시간을 단축시켜 조리하면 갈색반응이 일어나지 않아 빵의 고유한 맛과 냄새가 나지 않는다.

## 50 정답 ①

뼈, 미르포아, 부케가르니를 넣어 볶지 않고 색이 나지 않게 은근히 끓인 육수는 화이트 스톡(white stock)이다.

**스톡의 종류**

- **화이트 스톡(white stock)** : 뼈, 미르포아, 부케가르니를 넣어 볶지 않고 색이 나지 않게 은근히 끓인 육수
- **브라운 스톡(brown stock)** : 뼈와 미르포아를 높은 열에서 볶은 후에 은근히 끓인 갈색 육수

## 51                  정답 ①

**스톡의 문제점과 해결방법**

| 문제점 | 해결방법 |
|---|---|
| 조리 시 불 조절에 실패하여 맑지 않음 | 찬물에서 스톡 조리 시작 (시머링) |
| 이물질 때문에 맑지 않음 | 소창으로 걸러냄 |
| 충분히 조리되지 않아 향이 적음 | 조리시간을 늘림 |
| 뼈와 물과의 불균형으로 향이 적거나 무게감이 없음 | 뼈를 추가로 넣음 |
| 뼈와 미르포아가 충분히 태워지지 않아 색상이 옅음 | 뼈와 미르포아를 짙은 갈색이 나도록 태움 |
| 조리하는 동안 소금을 넣어 맛이 짬 | 소금을 쓰지 않고 스톡을 다시 조리 |

② 충분히 조리되지 않아 향이 적을 경우 조리시간을 늘린다.
③ 뼈와 물과의 불균형으로 향이 적거나 무게감이 없을 경우 뼈를 추가로 넣는다.
④ 조리하는 동안 소금을 넣어 맛이 짤 경우 소금을 쓰지 않고 스톡을 다시 조리한다.

## 52                  정답 ③

① **페이스트(paste)** : 과일, 채소, 견과류, 육류 등의 식품을 갈거나 체로 걸러 부드러운 상태로 만든 것
② **렐리시(relishes)** : 채소를 다듬어 소스를 곁들이는 전채요리
④ **오르되브르(hors d'oeuvre)** : 식전에 나오는 모든 요리의 총칭

**콩디망(condiments)**

전채 요리와 어울리는 양념, 조미료, 향신료로서 비네그레트, 발사믹 소스, 마요네즈, 토마토 살사 등이 있다.

## 53                  정답 ④

**샌드위치 플레이팅 시 유의사항**

- 심플하고 청결하며 깔끔하게 담는다.
- 고객이 먹기 편하도록 플레이팅 한다.
- 재료의 고유 색감과 질감을 잘 표현한다.
- 요리의 알맞은 양을 균형있게 담는다.
- 요리에 맞게 음식과 접시 온도를 신경쓴다.
- 식재료의 조합으로 인해 다양한 맛과 향이 공존하도록 플레이팅 한다.

## 54                  정답 ①

미르포아(mirepoix)는 스톡을 끓일 때 뼈와 함께 들어가는 야채이다.

**샐러드의 기본 구성**

- **바탕(base)** : 그릇을 채우는 역할로 본체와의 색 대비를 이루며 상추 등을 사용
- **본체(body)** : 샐러드의 종류를 결정하는 주재료
- **드레싱(dressing)** : 곁들임으로써 맛을 증가시키고 소화를 촉진시키는 역할
- **가니쉬(garnish)** : 음식의 외관을 좋게 하고 맛을 증가시키는 역할

## 55                  정답 ④

프렌치 브레드(바게트)는 가늘고 길쭉한 몽둥이 모양으로 만드는 바삭바삭한 식감이 특징인 빵이다. 식빵을 0.7~1cm 두께로 썰어 구운 빵에 버터나 잼을 발라먹는 것은 토스트 브레드이다.

**아침 식사용 빵의 종류**

- **토스트 브레드** : 식빵을 0.7~1cm 두께로 썰어 구운 빵에 버터나 잼을 발라먹음
- **프렌치 브레드(바게트)** : 프랑스의 주식으로 밀가루, 이스트, 물, 소금만으로 만든 가늘고 길쭉한 몽둥이 모양의 빵. 바삭한 식감이 특징
- **베이글** : 밀가루, 이스트, 물, 소금으로 반죽하여 링모양으로 만들어 구운 빵

- **잉글리시 머핀** : 영국에서 먹는 납작한 빵으로 샌드위치에 많이 사용되는 빵

## 56　정답 ①

### 육류의 건열식 조리 방법의 종류
- **보일링(윗불 구이)** : 불 밑에 음식을 넣어 익히는 방법
- **그릴링(석쇠 구이)** : 직접 불 위에서 굽는 방법
- **로스팅** : 통째로 오븐에 넣어 향신료, 버터, 기름을 발라주며 150~220℃에서 굽는 방법
- **베이킹(굽기)** : 오븐에서 대류작용을 이용하여 굽는 방법
- **소테(볶기)** : 팬에 버터나 기름을 넣고 160~240℃에서 짧은 시간 조리하는 방법
- **프라잉(튀김)** : 딥팻프라잉(많은 기름으로 튀김), 스위밍(반죽을 입혀 튀김), 바스켓(그냥 튀김)이 있음
- **그레티네이팅** : 조리한 재료 위에 버터, 치즈, 소스 등을 올려 샐러맨더, 브로일러, 오븐에서 구워 색을 내는 방법
- **시어링** : 팬에 강한 열을 가하여 짧은 시간에 육류나 가금류의 겉만 누렇게 지지는 방법으로 오븐에 넣기 전 사용

## 57　정답 ②

리큐르 소스는 과일 퓌레를 졸여 리큐르를 첨가한 소스이다.

### 양식의 5대 모체 소스
- **베샤멜 소스** : 화이트 루에 우유를 넣은 화이트 소스
- **벨루테 소스** : 브론드 루에 화이트 스톡을 넣은 브론드 소스
- **에스파뇰 소스** : 브라운 루에 브라운 스톡을 넣은 브라운 소스
- **홀랜다이즈 소스** : 정제버터, 노른자, 레몬주스 등을 이용하여 만든 황색 소스
- **토마토 소스** : 파스타의 기본이 되는 적색 소스

## 58　정답 ②

① **토르텔리니(tortellini)** : 소를 채운 반지 모양의 파스타
③ **파르팔레(farfalle)** : 나비, 나비넥타이 모양의 파스타
④ **오레키에테(orecchiette)** : 귀처럼 오목한 모양의 파스타

### 생면 파스타의 종류
오레키에테, 탈리아텔레, 탈리올리니, 파르팔레, 토르텔리니, 라비올리

### 탈리아텔레(tagliatelle)
- 길고 얇은 모양의 리본 파스타
- 소스가 면에 잘 묻으며 부서지기 쉬워 둥글게 말아서 사용

## 59　정답 ①

### 볼로네즈 소스(라구 소스)
- 이탈리아식 미트 소스로, 볼로냐식 라구 소스라고도 한다.
- 돼지고기, 소고기, 채소, 토마토를 넣고 오랜 시간 끓여 진한 맛을 낸다.
- 치즈, 크림, 버터, 올리브유 등으로 부드럽게 만든다.

## 60　정답 ③

### 가니쉬(garnish)
- 완성된 음식을 더욱 돋보일 수 있도록 시각적 효과를 주고 외형과 색을 좋게 함
- 식욕을 돋게 하고 미각을 상승시켜 줄 수 있는 재료를 사용함
- 장식이 눈에 너무 띄거나 맛을 변형시키지 않아야 함

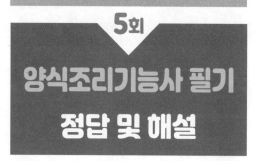

5회
양식조리기능사 필기
정답 및 해설

| 01 | ② | 02 | ② | 03 | ③ | 04 | ① | 05 | ① |
|----|---|----|---|----|---|----|---|----|---|
| 06 | ③ | 07 | ④ | 08 | ③ | 09 | ① | 10 | ④ |
| 11 | ④ | 12 | ③ | 13 | ① | 14 | ④ | 15 | ③ |
| 16 | ② | 17 | ③ | 18 | ① | 19 | ③ | 20 | ③ |
| 21 | ④ | 22 | ② | 23 | ④ | 24 | ② | 25 | ② |
| 26 | ④ | 27 | ② | 28 | ③ | 29 | ① | 30 | ① |
| 31 | ③ | 32 | ③ | 33 | ② | 34 | ④ | 35 | ③ |
| 36 | ② | 37 | ② | 38 | ① | 39 | ④ | 40 | ① |
| 41 | ③ | 42 | ④ | 43 | ③ | 44 | ② | 45 | ③ |
| 46 | ④ | 47 | ④ | 48 | ① | 49 | ② | 50 | ① |
| 51 | ② | 52 | ④ | 53 | ④ | 54 | ① | 55 | ③ |
| 56 | ④ | 57 | ② | 58 | ① | 59 | ③ | 60 | ② |

## 01 정답 ②

위생모는 머리카락과 머리카락의 비듬 및 먼지로 인한 오염을 방지하고 위생적인 작업을 할 수 있도록 반드시 착용하여야 한다.

> **개인위생 - 복장**
> - 세탁된 청결한 유니폼을 착용하며 소매 끝이 외부로 노출되지 않도록 하며 바지는 줄을 세우고 긴바지를 착용
> - 명찰은 왼쪽 가슴 정중앙에 잘 보이도록 부착
> - 앞치마는 더러워지면 바로 교체하며 조리용, 서빙용, 세척용으로 용도에 따라 구분하여 사용
> - 전용 위생화를 착용하고 출입 시 소독발판에 항시 소독(슬리퍼 착용×)
> - 모발이 위생모 밖으로 노출되지 않도록 착용

## 02 정답 ②

요충은 경구감염 및 집단감염을 일으키며 항문 주위에 기생하는 기생충이다.

> **채소를 통해 감염되는 기생충**
> - **회충** : 경구감염
> - **요충** : 집단감염, 항문에 기생
> - **편충** : 경구감염
> - **구충(십이지장충)** : 경구감염, 경피감염
> - **동양모양선충** : 경구감염, 식염에 강함(김치)

## 03 정답 ③

식품 등의 보관·운반·진열 시에는 식품 등의 기준 및 규격이 정하고 있는 보존 및 보관 기준에 적합하도록 관리하여야 하고, 이 경우 냉동·냉장 시설 및 운반 시설은 항상 정상적으로 작동시켜야 한다.

## 04 정답 ①

> **납(Pb)**
> 인쇄, 도자기 유약에 사용하며 장기간 노출될 경우 구토, 설사를 유발하며, 소변에서 코프로포르피린이 검출된다.

## 05 정답 ①

칼, 도마 등의 조리기구와 행주 등은 매일 1회 이상 중성세제로 세척하고 바람이 잘 통하고 햇볕이 잘 드는 곳에 건조한다. 알칼리성 세제는 피부에 자극이 될 수 있고 중성세제만으로도 충분히 세척할 수 있기 때문에 반드시 알칼리성 세제로 세척하여야 하는 것은 아니다.

## 06 정답 ③

**황색포도상구균 식중독**

| 원인균 | 포도상구균(열에 약함) |
|---|---|
| 원인독소 | 엔테로톡신(장독소, 열에 강함) |
| 잠복기 | 평균 3시간(가장 짧음) |
| 원인식품 | 유가공품(우유, 크림, 버터, 치즈), 조리식품 (떡, 콩가루, 김밥, 도시락) |
| 증상 | 급성위장염 |
| 예방 | 손이나 몸에 화농이 있는 사람 식품취급 금지 |

① **뉴로톡신** : 클로스트리디움 보툴리눔 식중독의 원인독소
② **시큐톡신** : 독미나리의 자연독 성분
④ **테트로도톡신** : 복어의 자연독 성분

## 07 정답 ④

DDT는 유기인제가 아닌 유기염소제에 해당된다.

| 유기인제 | 유기염소제 |
|---|---|
| • 말라티온, 파라티온, 다이아지논<br>• 잔류성이 낮아 만성중독이 확률이 낮음<br>• 신경독, 혈압상승, 근력감퇴 | • DDT, BHC<br>• 잔류성이 강해 인체에 축적됨<br>• 신경독, 구토, 설사, 두통, 시력감퇴 |

## 08 정답 ③

① **품질개량제** : 식품이 원래 보유하고 있는 특성이나 품질의 저하를 방지하고, 개선을 위해 사용하는 첨가제
② **이형제** : 빵틀에서 빵을 분리할 때 빵의 형태를 유지하기 위해 사용하는 첨가제
④ **강화제** : 식품에 모자라거나 가공하면서 파괴되기 쉬운 영양 성분을 보강하기 위해 사용하는 첨가제

> **피막제**
> • 식물성 식품의 표면에 피막을 만들어 호흡을 억제시켜 수분의 증발을 방지하는 첨가물
> • **종류** : 초산비닐수지, 몰포린지방산염

## 09 정답 ①

농 · 수산업은 식품위생법상 명시된 영업의 종류에 해당되지 않는다.

## 10 정답 ④

식품첨가물제조업은 허가를 받아야 하는 영업이 아니다.

> **허가를 받아야 하는 영업**
> 식품조사처리업, 단란주점영업, 유흥주점영업

## 11 정답 ④

업무정지 기간 중 조리사 업무를 하지 않은 경우는 조리사 위반사항에 해당되지 않는다. 그러나 업무정지 기간 중 조리사 업무를 한 경우는 조리사 위반사항에 해당된다.

> **조리사 위반사항**
> • 조리사의 결격사유에 해당하는 경우
> • 보수교육을 받지 않은 경우
> • 식중독이나 위생과 관련된 중대한 사고 발생에 직무상 책임이 있는 경우
> • 면허를 타인에게 대여해 준 경우
> • 업무정지 기간 중 조리사의 업무를 한 경우

## 12 정답 ③

> **일반음식점의 모범업소 기준**
> • 주방은 공개되어야 함
> • 화장실은 정화조를 갖춘 수세식이어야 함
> • 화장실에 1회용 위생종이나 에어타월이 비치되어 있어야 함
> • 1회용 물컵, 1회용 수저 및 젓가락 등을 사용하지 않아야 함

## 13 정답 ①

영아사망률은 각 나라의 보건수준을 평가하는 가장 대표적인 지표이다.

**영아사망률**
- 연간 영아 사망수 ÷ 연간 출생아 수 × 1,000
- 연간 출생아 수 1,000명당 영아의 사망자 수로, 각 나라의 보건수준을 평가하는 가장 대표적인 지표
- 생후 1년 미만인 영아는 환경악화나 비위생적 생활환경에 가장 예민한 시기로 통계적 유의성을 나타냄

## 14 정답 ④

실외공기 오염(대기오염) 지표로 사용하는 것은 아황산가스($SO_2$)이다.

## 15 정답 ③

**하수도 처리과정**

예비처리 → 본처리 → 오니처리

## 16 정답 ②

쯔쯔가무시증은 진드기의 유충에 물려서 발생하는 것이며, 수질오염에 의한 질병이 아니다.

**수질오염에 의한 질병**
- **미나마타병(수은 중독)** : 지각이상, 언어장애
- **이타이이타이병(카드뮴 중독)** : 골연화증
- **가네미유 중독(PCB 중독)** : 피부병, 간질환, 신경장애

## 17 정답 ③

감수성이란 숙주에 침입한 병원체에 대항하여 감염이나 발병을 저지할 수 없는 상태이다. 감수성이 높으면 면역력이 낮으

므로 질병이 발생하기 쉽다. 그러므로 오히려 숙주의 감수성이 높을수록 병원체에 대한 방어력이 낮아져 병원체를 받아들이는 정도가 커진다.

## 18 정답 ③

콜레라는 병원체가 세균인 세균성 감염병에 해당된다.
① **인플루엔자** : 바이러스성 감염병
② **홍역** : 바이러스성 감염병
④ **아메바성이질** : 원충성 감염병

**병원체에 따른 감염병의 분류**
- **세균성 감염병** : 콜레라, 장티푸스, 파라티푸스, 세균성 이질, 디프테리아, 폐렴, 결핵, 파상풍, 페스트 등
- **바이러스성 감염병** : 소아마비(폴리오), 홍역, 인플루엔자, 유행성간염, 일본뇌염 등
- **리케차성 감염병** : 발진티푸스, 발진열, 쯔쯔가무시증(양충병) 등
- **원충성 감염병** : 아메바성이질, 톡소플라즈마, 말라리아 등

## 19 정답 ③

**후천적 면역의 종류**
- **자연능동면역** : 질병감염 후 획득
- **인공능동면역** : 예방접종(백신)으로 획득
- **자연수동면역** : 모체(태반, 수유)로 획득
- **인공수동면역** : 혈청 접종

## 20 정답 ③

황열은 모기에 의해 전염되는 질병이다.

**감염병의 발생 원인**
- **파리** : 장티푸스, 파라티푸스, 이질, 콜레라, 식중독
- **모기** : 사상충, 말라리아, 일본뇌염, 이질, 황열, 식중독
- **이, 벼룩** : 페스트, 발진티푸스
- **바퀴** : 이질, 콜레라, 장티푸스, 살모넬라 및 폴리오 등
- **진드기** : 양충병, 쯔쯔가무시증, 큐열

• 쥐 : 세균성 질병(페스트, 서교증, 살모넬라 등), 리케차성 질병(발진열), 바이러스성 질병(유행성 출혈열)

## 21 정답 ④

충란이란 기생충알을 말하며 이로 인해 발생하는 기생충은 편충과 회충이다.

## 22 정답 ②

바닥에 있는 물기는 미끄럼 사고의 원인이며 화재의 원인과는 거리가 멀다.

### 화재 원인
• 전기제품 누전
• 조리기구(가스레인지) 주변 가연물
• 가스레인지 주변 벽이나 환기구 후드에 있는 기름 찌꺼기
• 식용유 사용 중 과열
• 조리 중 자리이탈 및 부주의

## 23 정답 ②

글리코겐은 동물에 존재하는 저장성 탄수화물이다. 식물에 존재하는 저장성 탄수화물은 전분이다.

### 다당류(단당류 10개 이상~수천 개 결합)
• 전분 : 식물에 존재하는 저장성 탄수화물로 곡류, 감자류 등에 많이 존재
• 글리코겐 : 동물에 존재하는 저장성 탄수화물로 간과 근육에 많이 존재
• 식이섬유 : 채소 · 과일 · 해조류 등에 많이 들어 있는 섬유질 또는 셀룰로스
• 한천 : 우뭇가사리를 주원료로 점액을 얻어 굳힌 가공제품
• 펙틴 : 식물의 줄기, 뿌리, 과일의 껍질과 세포벽 사이에 존재하며, 산과 당이 존재하여 젤 형성 능력이 있어 젤리나 잼을 만드는데 이용

## 24 정답 ②

트랜스지방산은 불포화지방산을 높은 온도로 가열하여 탄소방향이 같은 시스형 구조에서 탄소방향이 다른 트랜스형으로 변한 것이다.

### 트랜스지방산
• 불포화지방산에 수소를 첨가하거나 높은 온도로 가열하여 탄소 방향이 같은 시스형 구조에서 탄소방향이 다른 트랜스형으로 변한 것
• 주로 경화과정에서 생성되며 마가린, 쇼트닝 등에 다량 함유

## 25 정답 ②

수용성 비타민의 초과량은 소변으로 배출되기 때문에 결핍될 경우 증세가 빨리 나타난다.

| 수용성 비타민 | 지용성 비타민 |
|---|---|
| 비타민 B군, 비타민 C, H | 비타민 A, D, E, K |
| 물에 녹는 수용성 | 기름에 녹는 지용성 |
| 과량은 소변으로 배출 | 체내에 축적되어 과량 섭취 시 독성을 나타낼 수 있음 |
| 결핍될 경우 증세가 빨리 나타남 | 결핍증이 서서히 나타남 |
| 매일 섭취해야 함 | 매일 섭취하지 않아도 됨 |

## 26 정답 ④

① 멜라닌 : 어류의 표피나 오징어의 먹물에 존재하는 색소
② 헤모시아닌 : 전복이나 문어 등에 포함된 푸른 계열의 색소로 익으면 적자색으로 변함
③ 헤모글로빈 : 동물의 혈액을 붉게 보이게 하는 색소 단백질

### 아스타잔틴
새우나 게에 함유된 색소로, 가열 전에는 청록색이지만 가열하면 적색으로 변하는 색소

## 27 정답 ②

생강은 진저올, 진저론, 쇼가올 등의 성분이 있으며, 차비신은 후추의 매운맛 성분이다.

> **매운맛 성분**
> - 자극에 의해 얼얼하고 뜨거운 느낌이 드는 맛
> - **고추** : 캡사이신
> - **마늘** : 알리신
> - **강황** : 커큐민
> - **양파** : 유황화합물
> - **후추** : 피페린, 차비신
> - **겨자** : 시니그린, 이소티오시아네이트
> - **생강** : 진저올, 진저론, 쇼가올

## 28 정답 ③

여러 가지 결핍증을 예방하는 역할을 하는 것은 비타민이다.

> **지질의 특징**
> - **구성 원소** : 탄소(C), 수소(H), 산소(O)
> - **하루 섭취 적정량** : 하루 총 열량의 약 20%
> - 3분자의 지방산과 1분자의 글리세롤이 에스테르 상태로 결합
> - 상온에서 액체인 것은 기름, 고체인 것은 지방
> - 과잉섭취 시 피하지방에 저장되어 비만, 고지혈증, 당뇨병 등을 유발

## 29 정답 ①

쌀의 오리제닌은 부분적 불완전단백질에 해당한다.

> **완전단백질**
> 달걀(오보알부민, 오보비텔린), 콩(글리시닌), 우유(카제인, 락트알부민), 육류(미오신)
>
> **부분적 불완전단백질**
> 보리(호르데인), 밀·호밀(글리아딘), 쌀(오리제닌)

## 30 정답 ①

안토시아닌은 과일, 채소, 꽃에 있는 적색, 자색의 색소이다.

> **플라보노이드 - 안토시아닌(안토시안)**
> - 과일(포도), 채소(자색양배추, 자색고구마, 가지), 꽃에 함유된 적자색 색소
> - 수용성(물에 녹음)
> - 산성에서는 선명한 적색을 띰
> - 알칼리성 환경에서는 녹색이나 청색을 띰
> - 철이나 알루미늄과 결합하여 안정인 색을 유지

## 31 정답 ③

①, ② 스테압신과 리파아제는 지방을 지방산과 글리세롤로 소화시킨다.
④ 트립신은 단백질과 펩톤을 아미노산으로 소화시킨다.

> **위에서의 소화작용**
> - **펩신** : 단백질 → 펩톤
> - **레닌** : 우유(카제인) → 응고
> - **리파아제** : 지방 → 지방산, 글리세롤
>
> **췌장에서의 소화작용**
> - **아밀롭신(아밀라아제)** : 전분 → 맥아당
> - **트립신** : 단백질, 펩톤 → 아미노산
> - **스테압신** : 지방 → 지방산, 글리세롤

## 32 정답 ③

> **시장조사의 원칙**
> - **비용 경제성의 원칙** : 시장조사에 사용된 비용과 조사로 얻는 이익이 조화가 이루어지도록 해야 함
> - **조사 적시성의 원칙** : 시장조사는 구매업무가 이루어지는 기간 내에 끝내야 함
> - **조사 탄력성의 원칙** : 시장의 가격변동 등에 탄력적으로 대처할 수 있는 조사가 이루어져야 함
> - **조사 계획성의 원칙** : 정확한 시장조사를 위해 계획을 철저히 세워 준비함
> - **조사 정확성의 원칙** : 조사하는 내용은 정확해야 함

## 33　정답 ②

조리기기는 디자인이 단순하고 사용하기에 편리한 것이어야 한다.

> **조리기기의 선정**
> - 디자인이 단순하고 사용하기에 편리한 것
> - 위생성, 능률성, 내구성, 실용성이 있는 것
> - 성능, 동력, 크기, 용량이 기존 설치 공간에 적합한 것
> - 용도가 다양한 것
> - 가격과 유지 관리비가 경제적이고 쉬운 것
> - 사후 관리가 쉬운 것

## 34　정답 ④

① **발생기준의 원칙** : 모든 비용과 수익은 그 발생시점을 기준으로 계산한다.
② **정상성의 원칙** : 정상적으로 발생한 원가만을 계산한다.
③ **상호관리의 원칙** : 원가계산과 일반회계, 각 요소별·제품별 계산과 상호관리가 되어야 한다.

> **원가계산의 원칙**
> - **진실성의 원칙** : 제품의 제조에 발생한 원가를 사실 그대로 계산
> - **발생기준의 원칙** : 모든 비용과 수익은 그 발생시점을 기준으로 계산
> - **계산경제성의 원칙** : 원가의 계산 시 경제성을 고려하여 계산
> - **확실성의 원칙** : 여러 방법 중 가장 확실한 방법을 선택
> - **정상성의 원칙** : 정상적으로 발생한 원가만을 계산
> - **상호관리의 원칙** : 원가계산과 일반회계, 각 요소별·제품별 계산과 상호관리가 되어야 함
> - **비교성의 원칙** : 다른 기간이나 다른 부분의 원가와 비교가 가능해야 함

## 35　정답 ③

> **냉장고에 식품을 저장하는 방법**
> - 생선과 버터를 가까이 두면 버터에 생선냄새가 배어 좋지 않다.

> - 식품을 냉장고에 저장해도 세균은 완전히 사멸되지 않는다.
> - 조리하지 않은 식품과 조리한 식품은 분리해서 저장한다.
> - 오랫동안 저장해야 할 식품은 냉장고 중에서 가장 낮은 온도로 저장한다.

## 36　정답 ②

> **달걀의 저장 중 변화**
> - pH 증가(알칼리성)
> - 난황막의 약화
> - 중량 감소
> - 농후난백 감소, 수양난백 증가

## 37　정답 ②

우유는 투명기구를 사용하여 액체 표면의 아랫부분을 눈과 수평으로 하여 계량한다.

> **액체식품 계량방법**
> 기름, 간장, 물, 식초 등은 액체 계량컵이나 계량스푼에 가득 채워서 계량하거나 평평한 곳에 놓고 눈높이에서 보아 눈금과 액체의 표면 아랫부분을 눈과 같은 높이에 맞추어 읽는다.

## 38　정답 ①

해조류의 종류

| 녹조류 | 파래, 매생이, 청각, 클로렐라 등 |
|---|---|
| 갈조류 | 미역, 다시마, 톳, 모자반 등 |
| 홍조류 | 김, 우뭇가사리 등 |

> 김
> - 단백질 다량 함유
> - 칼슘, 인, 칼륨 등의 무기질이 골고루 포함된 알칼리성

식품
• 광선, 수분, 산소 등과 접촉하면 변질 → 적색(맛과 향기×)

## 39 정답 ④

글리코겐은 동물의 저장 탄수화물이다.

**단백질 분해효소에 의한 고기 연화법**
파파야(파파인, papain), 무화과(피신, ficin), 파인애플(브로멜린, bromelin), 배(프로테아제, protease), 키위(액티니딘, actinidin)

## 40 정답 ①

② **알긴산** : 해조류에서 추출한 점액질 물질, 안정제, 유화제
③ **클로로필(엽록소)** : 녹색식물의 엽록체에 존재하는 지용성 색소로 녹색을 띰
④ **피코시안** : 김의 청색 색소

**만니톨**
건조된 갈조류 표면의 흰가루 성분, 단맛

## 41 정답 ③

**녹변현상**
• 달걀을 오래 삶았을 때 난황 주위에 암녹색의 변색이 일어나는 현상
• 난백의 황화수소($H_2S$)와 난황의 철분(Fe)이 결합하여 황화철(FeS)을 형성하기 때문

## 42 정답 ④

**향신료의 성분**
• **후추** : 차비신
• **생강** : 진저롤
• **참기름** : 세사몰
• **겨자** : 시니그린
• **고추** : 캡사이신

## 43 정답 ③

**건염법**
• 식염을 저장물에 뿌리고 이것을 겹쳐 쌓거나 또는 용기 내에서 저장물과 식염을 섞어 식염을 침투시키는 방법
• 탈수 작용이 강하고, 장기 보존 가능
• 식염이 생선 속에 일정하게 침투하지 않음
• 공기에 닿는 부분이 많으므로 변색하기 쉬운 결점

## 44 정답 ②

**생선의 비린내(어취) 제거 방법**
• 레몬즙, 식초 등의 산 첨가
• 생강, 파, 마늘, 고추냉이, 술, 겨자 등의 향신료 사용, 생강은 생선이 익은 후 첨가
• 수용성인 트리메틸아민을 물로 씻어서 제거
• 비린내 흡착 성질이 있는 우유(카제인)에 미리 담가두었다가 조리
• 생선을 조릴 때 처음 몇 분간은 뚜껑을 열고 비린내 제거
• 된장, 고추장, 간장 등을 이용하면 어취 제거 효과
• 술을 넣으면 알코올에 의해 어취 약화

## 45          정답 ③

온도가 낮으므로 식품을 장기간 보관해도 안전한 것은 냉동고에 대한 설명이다.

## 46          정답 ④

**전분의 호정화(덱스트린화)**
- 날 전분(β전분)에 물을 가하지 않고 160~170℃로 가열했을 때 가용성 전분을 거쳐 덱스트린(호정)으로 분해되는 반응
- 누룽지, 토스트, 팝콘, 미숫가루, 뻥튀기 등

## 47          정답 ④

딸기잼을 만들면 젤리화가 일어난다. 단백질과 관련이 없다.

## 48          정답 ①

토마토 크림수프를 만들 때 우유를 넣으면 산에 의한 응고가 일어난다.

## 49          정답 ②

| 붉은살 생선 | 흰살 생선 |
|---|---|
| • 수온이 높고 얕은 곳에 서식<br>• 수분함량이 적고, 지방함량이 5~20%로 많음<br>• 종류 : 꽁치, 고등어, 다랑어 등 | • 수온이 낮고 깊은 곳에 서식<br>• 운동량이 적고, 지방함량이 5% 이하<br>• 종류 : 조기, 광어, 가자미, 도미 등 |

## 50          정답 ③

토마토 페이스트는 신맛이 나므로 볶아서 사용한다.

**페이스트(paste)**
- 과일, 채소, 견과류, 육류 등의 식품을 갈거나 체로 걸러 부드러운 상태로 만든 것
- 고체와 액체의 중간 굳기, 빵 반죽과 케이크 반죽의 중간에 있는 반죽
- 토마토 페이스트는 신맛이 나므로 볶아서 사용

## 51          정답 ②

① 카나페(canape) : 얇게 잘라진 빵이나 크래커를 구워서 여러 가지 재료를 올린 요리
③ 칵테일(cocktail) : 해산물을 주재료로 과일을 곁들인 한입 크기의 전채이며 차갑게 제공됨
④ 렐리시(relishes) : 채소를 다듬어 소스를 곁들이는 전채요리

**오르되브르(hors d'oeuvre)**
식전에 나오는 모든 요리(애피타이저, 전채)의 총칭

## 52          정답 ④

롤 샌드위치에는 또르티야, 딸기 롤 샌드위치, 게살 롤 샌드위치 등이 있다. 카나페, 브루스케타 등은 오픈 샌드위치에 속한다.

**형태에 따른 샌드위치 분류**
- **오픈 샌드위치** : 얇게 썬 빵에 재료를 넣고 빵을 올리지 않고 오픈한 것으로 카나페, 브루스케타 등이 있음
- **클로즈드 샌드위치** : 얇게 썬 빵에 재료를 넣고 빵으로 덮은 것
- **핑거 샌드위치** : 클로즈드 샌드위치를 손가락 모양으로 길게 3~6등분으로 썬 것
- **롤 샌드위치** : 빵을 잘라 재료를 넣고 둥글게 말아 썬 것으로 또르티야, 딸기 롤 샌드위치, 게살 롤 샌드위치 등이 있음

## 53          정답 ④

샐러드 채소는 통에 젖은 행주를 깔고 통의 2/3만 차도록 채소를 넣은 뒤 다시 젖은 행주로 덮는다.

### 샐러드 채소 손질

• 흐르는 물에 여러 번 헹군 뒤 3~5℃의 찬물에 30분 정도 담가 놓는다.
• 칼이나 손을 사용하여 커팅하나 근래에는 그대로 사용하기도 한다.
• 보관하기 전, 물기를 제거해야 오래 저장할 수 있으므로 스피너를 이용하여 수분을 제거한다.
• 통에 젖은 행주를 깔고 통의 2/3만 차도록 채소를 넣은 뒤 다시 젖은 행주로 덮는다.

## 54

정답 ①

### 조식의 종류

• **유럽식 아침 식사** : 각종 주스, 빵, 커피, 홍차로 구성된 간단한 아침 식사
• **미국식 아침 식사** : 달걀요리, 감자요리, 햄, 베이컨, 소시지로 구성
• **영국식 아침 식사** : 조식 요리 중 가장 무거우며 빵, 주스, 달걀, 감자, 육류, 생선 요리 제공

## 55

정답 ③

### 아침 식사 조리용 빵의 종류

| 프렌치 토스트 | • 건조해진 빵을 활용하기 위해 만들어진 조리법<br>• 달걀, 계피가루, 설탕, 우유에 빵을 담가 버터를 두르고 팬에 구워 잼과 시럽을 곁들여 먹음 |
|---|---|
| 팬케이크 | 밀가루, 달걀, 물 등으로 만들어 팬에 구운 후 버터와 메이플 시럽을 뿌려 먹음 |
| 와플 | • 표면이 벌집 모양으로 바삭한 맛의 브런치 및 디저트<br>• 미국식 : 베이킹파우더를 넣고 설탕을 많이 넣어 반죽<br>• 벨기에식 : 이스트를 넣고 달걀흰자를 거품 내어 반죽 |

## 56

정답 ④

브레이징(braising)은 150~180℃의 온도에서 천천히 장시간 끓여 조리한다.

### 브레이징(braising)

• 팬에서 색을 낸 고기, 볶은 야채, 소스, 굽는 과정에서 흘러나온 육즙 등을 브레이징 팬에 넣고 뚜껑을 덮어 천천히 조리하는 방법
• 150~180℃의 온도에서 천천히 장시간 끓여 조리
• 주로 질긴 육류, 가금류를 조리할 때 사용

## 57

정답 ②

토마토 쿨리는 토마토 퓌레에 향신료를 가미한 것이다.

### 토마토 소스

• **토마토 퓌레** : 토마토를 파쇄하여 조미하지 않고 농축한 것
• **토마토 쿨리** : 토마토 퓌레에 향신료를 가미한 것
• **토마토 페이스트** : 토마토 퓌레를 더 강하게 농축하여 수분을 날린 것
• **토마토 홀** : 토마토 껍질만 벗겨 통조림으로 만든 것

## 58

정답 ①

파르팔레(farfalle)는 나비넥타이 모양으로 롬바르디아, 에밀리아 로마냐 지역에서 유래되었다. 소를 채운 파스타로 에밀리아 로마냐 지역에서 주로 먹는 것은 토르텔리니이다.

### 파르팔레(farfalle)

• 나비, 나비넥타이 모양으로 롬바르디아, 에밀리아 로마냐 지역에서 유래
• 충분히 말려서 사용하는 것이 좋음
• 부재료는 주로 닭고기, 시금치를 사용
• 크림 소스, 토마토 소스와 잘 어울림

### 토르텔리니(tortellini)

• 에밀리아 로마냐 지역에서 주로 먹는 소를 채운 파스타
• 도우에 재료를 넣고 반지모양으로 만듦
• 속 재료는 다양하며 주로 버터, 치즈를 사용

• 맑고 진한 묽은 수프에 사용하기도 하고 크림을 첨가하기도 함

## 59　　　　　　　　　　정답 ③

① 라비올리(ravioli) : 고기, 채소, 치즈 등으로 속을 채운 만두와 비슷한 모양의 파스타
② 루(roux) : 버터와 밀가루를 1 : 1 비율로 섞어 고소한 풍미가 나도록 볶은 농후제의 종류
④ 뵈르 마니에(beurre manie) : 녹은 버터에 동량의 밀가루를 넣고 섞어 가열하지 않고 만든 농후제의 종류

**알덴테(al dente)**
파스타를 삶는 정도로, 입안에서 느껴지는 알맞은 상태를 의미

## 60　　　　　　　　　　정답 ②

① 시어링 : 팬에 강한 열을 가하여 짧은 시간에 육류나 가금류의 겉만 누렇게 지지는 방법
③ 스튜잉 : 육류, 가금류, 미르포아, 감자 등을 썰어 달군 팬에 구워 색을 낸 후 그레이비 소스나 브라운 스톡을 넣어 끓여서 조리하는 방법
④ 브레이징 : 팬에서 색을 낸 고기, 볶은 야채, 소스, 굽는 과정에서 흘러나온 육즙 등을 브레이징 팬에 넣고 뚜껑을 덮어 천천히 조리하는 방법

**수비드(sous vide)**
위생 플라스틱 비닐 속에 재료와 조미료나 양념을 넣고 진공 포장한 후 낮은 온도에서 장시간 조리하여 맛, 향, 수분, 질감, 영양소를 보존하며 조리하는 방법

311

# 한식·양식조리기능사

## 1000제

기능사 필기 대비

# 양식조리기능사 예상문제 200제

## 001 식품위생법상 다음과 같이 정의된 것은?

 기출유사

> 식품의 제조, 가공, 조리 또는 보존하는 과정에서 감미, 착색, 표백 또는 산화 방지 등을 목적으로 식품에 사용되는 물질

① 식품위생
② 용기, 포장
③ 식품첨가물
④ 화학적 합성물

## 002 식품위생 분야 종사자의 건강진단 검진 주기는?

① 3개월
② 6개월
③ 1년
④ 2년

## 003 규폐증에 대한 설명으로 틀린 것은?

① 대표적인 진폐증이다.
② 먼지 입자의 크기가 0.5~5.0㎛일 때 잘 발생한다.
③ 암석가공업, 도자기공업, 유리제조업의 근로자들에게서 주로 많이 발생한다.
④ 일반적으로 위험요인에 노출된 근무경력이 1년 이후일 때부터 자각 증상이 발생한다.

**004** 미생물의 종류 중 세균과 바이러스 중간 크기로, 살아있는 세포 속에서만 증식하며 발진티푸스와 쯔쯔가무시(양충병)을 유발하는 미생물은?

① 효모(yeast)

② 곰팡이(mold)

③ 박테리아(bacteria)

④ 리케차(rickettsia)

**정답 ④**

① 효모(yeast) : 진균류, 곰팡이와 세균의 중간 크기, 출아법 증식, 통성혐기성균

② 곰팡이(mold) : 진균류, 포자 번식, 건조 상태에서 증식 가능, 미생물 중 가장 크기가 큼

③ 박테리아(bacteria) : 박테리아(세균)는 구균, 간균, 나선균으로 구분, 2분법증식, 수분을 좋아함

**005** 식품 변질의 원인으로 가장 적합하지 않은 것은?

① 압력

② 온도

③ 수분

④ 효소

**정답 ①**

식품 변질의 원인에는 미생물의 번식(수분, 온도, 영양분), 식품 자체의 효소작용, 공기 중에서의 산화로 인한 비타민 파괴 및 지방 산패 등이 있다.

**006** 눈 보호를 위해 가장 좋은 인공조명 방식은?

① 직접조명

② 간접조명

③ 반직접조명

④ 전반확산조명

**정답 ②**

간접조명은 눈을 보호하는 데 가장 적합한 조명이다.

**007** 다음 중 조리도구 및 장비를 사용할 때 주의해야 할 사항으로 옳지 않은 것은?

① 잦은 세척, 소독, 살균에 견딜 수 있어야 한다.
② 식품과 직접 접촉하는 도구 및 장비는 독성이 없어야 한다.
③ 식품 취급 시 파손되지 않도록 강한 내구성을 가져야 한다.
④ 복잡하고 정교한 구조로 되어 있는 것이 조리 시 도움이 된다.

**정답 ④**

조리도구 및 장비는 너무 복잡한 구조로 되어 있는 경우 세척하기 어려워 청결을 유지하기 어려울 수 있다.

**008** 식품 1g당 초기부패 단계로 판정되는 일반 세균 수는?

① $10^3 \sim 10^4$
② $10^5 \sim 10^6$
③ $10^7 \sim 10^8$
④ $10^9 \sim 10^{10}$

**정답 ③**

식품 1g당 $10^7 \sim 10^8$일 때 초기부패로 판정한다.

> 초기부패 판정
> • **일반 세균 수** : 식품 1g당 $10^7 \sim 10^8$일 때
> • **휘발성 염기질소** : 식품 100g당 30~40mg일 때

**009** 완성된 스톡이 맑지 않을 경우 그 이유와 해결책이 바르게 짝지어진 것은?

기출유사

① 뼈가 충분히 태워지지 않음 – 미르포아를 추가로 더 넣는다.
② 이물질이 있음 – 스톡을 다시 조리한다.
③ 뼈와 물과의 불균형 – 조리시간을 늘린다.
④ 조리 시 불 조절 실패 – 찬물에서 스톡조리를 시작한다.

**정답 ④**

> 스톡의 문제점과 해결방법
> • **맑지 않을 경우** : 소창으로 걸러냄, 찬물에서 스톡 조리 시작(시머링)
> • **뼈와 미르포아의 색상이 옅을 경우** : 뼈와 미르포아를 짙은 갈색이 나도록 태움
> • **향이 적거나 무게감이 없을 경우** : 뼈를 추가로 더 넣음

**010** 냉동건조법에 해당하는 식품의 종류가 아닌 것은?

① 한천
② 치즈
③ 건조두부
④ 당면

냉동건조법은 저온에서 건조시켜 미생물의 증식을 막아 식품의 변질을 막는다. 이에 해당하는 식품으로는 한천, 건조두부, 당면이 있다.

> 냉동건조법
> 식품을 −30℃ 이하로 냉동시켜 저온에서 건조하는 방법으로 한천, 건조두부, 당면 등이 있다.

**011** 위험도 경감의 원칙의 3가지 시스템 구성 요소에 해당되지 않는 것은?

① 사람
② 기술
③ 절차
④ 장비

위험도 경감의 원칙은 사고 발생의 예방, 피해 심각도 억제를 목적으로 하며, 3가지 시스템 구성 요소(사람, 장비, 절차)를 고려하여 다양하게 접근하여야 한다.

**012** 음식을 섭취함으로 감염되거나 손, 발을 통해 체내로 유입되어 감염되는 기생충은?

① 회충
② 구충
③ 요충
④ 편충

구충은 십이지장충이라고도 하며, 경구감염, 경피감염으로 이루어진다.

> 채소를 통해 감염되는 기생충
> 회충, 요충, 편충, 구충(십이지장충), 동양모양선충

예상문제 200제

317

**013** 효소적 갈변 반응을 방지하는 방법으로 옳지 않은 것은?

① 산을 첨가한다.
② 온도를 낮춘다.
③ 찬물에 담가둔다.
④ 철제 조리도구를 사용한다.

금속과 접촉 시 효소가 활성화되어 갈변 반응이 촉진된다.

**014** 소독방법 중 가열하여 소독하는 가열적 방법에 해당하는 것은?

① 일광소독법
② 자외선법
③ 방사선법
④ 간헐멸균법

물리적인 소독방법의 종류
• **무가열처리법** : 자외선법, 일광소독법, 방사선조사법, 여과법
• **가열처리법** : 화염멸균법, 건열멸균법, 자비소독(열탕소독), 고압증기멸균법, 간헐멸균법, 유통증기소독법, 우유살균법

**015** 소독력을 나타내는 기준물질로, 금속 부식성이 있으며 오물소독에 이용하는 소독제는?

① 생석회
② 석탄산
③ 과산화수소
④ 차아염소산나트륨

① **생석회** : 가장 경제적이며, 변소 소독에 적합하다.
③ **과산화수소** : 피부에 자극이 적어 상처나 피부 소독에 이용한다.
④ **차아염소산나트륨** : 수돗물의 소독에 사용하며 과일, 채소 등 먹는 제품에도 사용 가능하다.

**016** 다음 중 보존료에 해당되지 않는 식품첨가물은?

① 안식향산

② 질산

③ 소르빈산

④ 데히드로초산

정답 ②

보존료(방부제)의 종류
데히드로초산, 안식향산,
소르빈산, 프로피온산

**017** 혈액을 응고시키며 단백질을 형성하고 장내 세균에 의해 합성되는 것은?

⎡기출⎤
⎣유사⎦

① 비타민 A

② 비타민 D

③ 비타민 K

④ 비타민 E

정답 ③

비타민 K는 혈액을 응고시키며
단백질을 형성하고 장내 세균
에 의해 합성된다.

예상
문제
200제

**018** 다음 중 유해표백제에 해당되지 않는 것은?

① 아황산나트륨

② 롱가릿

③ 삼염화질소

④ 형광표백제

정답 ①

표백제
• **유해표백제** : 롱가릿, 삼
  염화질소, 형광표백제
• **무해표백제** : 아황산나
  트륨, 차아염소산나트륨,
  과산화수소

**019** 어패류에 의해 감염되는 기생충 중 간디스토마의 제1중간숙주와
제2중간숙주가 순서대로 연결된 것은?

① 왜우렁이 – 붕어, 잉어

② 물벼룩 – 송어, 연어, 농어

③ 다슬기 – 갑각류(민물게, 가재)

④ 바다갑각류, 크릴새우 – 오징어, 고등어, 대구, 청어

② 광절열두조충(긴촌충)의 제 1, 2중간숙주이다.
③ 폐흡충(폐디스토마)의 제 1, 2중간숙주이다.
④ 고래회충(아니사키스)의 제 1, 2중간숙주이다.

**020** 유해물질의 종류와 그에 대한 부작용을 연결한 것으로 적절하지 않은 것은?

① 불소 – 골경화증

② 수은 – 반상치

③ 크롬 – 비중격천공

④ 카드뮴 – 이타이이타이병

**정답 ②**

수은(Hg)에 중독될 경우 미나마타병, 전신경련 등의 부작용이 발생한다. 반상치는 치아에 반점이 착색되는 것을 말하며, 불소의 부작용에 해당한다.

중금속의 부작용
- **수은(Hg)** : 중독될 경우 미나마타병, 전신경련 등의 부작용 발생
- **불소(F)** : 과다섭취 시 반상치(치아에 반점이 착색)가 생길 수 있음

**021** 샌드위치 요리 플레이팅에서 유의할 점으로 알맞지 않은 것은?

① 재료 자체가 가지고 있는 고유의 색감과 질감을 잘 표현한다.

② 요리의 알맞은 양을 균형감 있게 담아야 한다.

③ 요리에 맞게 음식과 접시 온도에 신경을 써야 한다.

④ 전체적으로 화려하고 다양한 형태로 담아야 한다.

**정답 ④**

샌드위치 요리 플레이팅을 할 때는 전체적으로 화려하고 다양한 형태로 담기보다는 심플하고 청결하며 깔끔하게 담아야 한다.

**022** 주로 농약이나 제초제의 원료로, 섭취하거나 흡입할 경우 구토 및 설사, 피부궤양을 유발할 수 있는 중금속은?

① 아연
② 비소
③ 불소
④ 크롬

**023** 복어 중독을 일으키는 독성분은?

① 솔라닌(Solanine)
② 삭시톡신(Saxitoxin)
③ 무스카린(Muscarine)
④ 테트로도톡신(Tetrodotoxin)

예상
문제
200제

**024** 육류의 발색제를 사용할 때 생성된 아질산염과 제2급 아민이 반응하여 생성되는 발암물질은?

① 아크릴아미드
② 메틸알코올
③ 헤테로고리아민
④ N-니트로사민

**025** 간장, 다시마 등의 감칠맛을 내는 주된 아미노산은?

① 베타인

② 타우린

③ 이노신산

④ 글루탐산

정답 ④

글루탐산은 신맛과 감칠맛을 내며 간장, 다시마, 밀, 콩의 단백질에 많이 함유되어 있다.

① 베타인은 새우나 게, 오징어에 함유되어 있는 감칠맛 성분이다.

② 타우린은 오징어, 문어, 새우, 게에 함유되어 있는 감칠맛 성분이다.

③ 이노신산은 멸치, 가다랑어에 함유되어 있는 감칠맛 성분이다.

**026** 양파나 감자와 같이 싹이 나는 채소의 발아를 억제하기 위해 사용하는 살균법으로 적절한 것은?

① 원적외선살균법

② 방사선법

③ 자외선법

④ 화염멸균법

정답 ②

방사선법
양파나 감자와 같이 싹이 나는 채소의 발아를 억제하기 위해 사용하는 살균법

**027** 경구감염병과 비교하여 세균성 식중독이 가지는 일반적인 특징은?

① 잠복기가 짧다.

② 감염을 예방하기 어렵다.

③ 2차 발병률이 매우 높다.

④ 소량의 균에 의해 발생한다.

정답 ①

세균성 식중독은 경구감염병에 비해 비교적 잠복기가 짧다.

② 균의 증식을 억제하여 예방 가능하다.

③ 살모넬라 외에는 2차 감염이 없다.

④ 많은 양의 균에 의해 발생한다.

**028** 다음 중 음용수의 소독제로 가장 적절한 것은?

① 생석회

② 염소

③ 승홍

④ 크레졸

정답 ②

염소
살균력이 좋고 가격이 저렴하여 음용수 소독에 적합한 소독제

**029** 조리장 설비에 대한 설명으로 옳지 않은 것은?

① 충분한 내구력이 있는 구조이어야 한다.

② 조리원 전용의 위생적 수세시설을 갖춘다.

③ 바닥으로부터 5cm까지의 조리장 내벽은 수성 자재를 사용한다.

④ 조리장에는 식품 및 식기류의 세척을 위한 위생적인 세척시설을 갖춘다.

정답 ③

조리장의 바닥과 내벽 1m까지는 타일, 콘크리트 등의 내수성 자재를 사용하여야 한다.

**030** 다음 중 돼지고기를 완전히 익히지 않고 섭취하였을 경우 감염의 위험이 큰 기생충은?

① 무구조충

② 편충

③ 요꼬가와흡충

④ 유구조충

정답 ④

육류 기생충의 종류(중간숙주 1개)
• **무구조충** : 소고기
• **유구조충** : 돼지고기
• **선모충** : 돼지, 개, 고양이, 쥐 등
• **톡소플라즈마** : 돼지, 개, 고양이 등

**031** 식품에 존재하는 물의 형태 중 자유수에 대한 설명이 옳은 것은?

① 100℃에서 증발하여 수증기가 된다.
② 식품을 건조시킬 때 쉽게 제거되지 않는다.
③ −20℃에서도 얼지 않는다.
④ 식품에서 미생물의 생육이 불가능하다.

정답 ①

자유수란 식품 중에 유리상태로 존재하는 보통의 물이며, 100℃ 이상에서 쉽게 증발된다.
②, ③, ④는 결합수에 대한 설명이다.

**032** 다음 중 식품의 변패를 방지하기 위한 곰팡이 생육 억제에 가장 적절한 수분량은?

① 수분량 13% 이하
② 수분량 18% 이하
③ 수분량 23% 이하
④ 수분량 30% 이하

정답 ①

미생물 생육 억제 조건
• **세균** : 수분량 15% 이하
• **곰팡이** : 수분량 13% 이하

**033** 식품위생법상에 명시된 식품위생 감시원의 직무가 아닌 것은?

기출유사

① 시설기준의 적합 여부의 확인·검사
② 생산 및 품질관리일지의 작성 및 비치
③ 과대광고 금지의 위반 여부에 관한 단속
④ 조리사 및 영양사의 법령 준수사항 이행 여부 확인·지도

정답 ②

식품위생 감시원의 직무에는 ① 시설기준의 적합 여부의 확인·검사, ③ 과대광고 금지의 위반 여부에 관한 단속, ④ 조리사 및 영양사의 법령 준수사항 이행 여부 확인·지도 등이 있다.

**034** 다음 중 식품이 부패된 정도를 판정하는 지표로 가장 거리가 먼 것은?

① 휘발성염기질소
② 일산화탄소
③ 수소이온농도
④ 트리메틸아민

**정답 ②**

일산화탄소는 무색 · 무취의 기체로서 산소가 부족한 상태에서 석탄이나 석유 등 연료가 탈 때 발생하는 것으로 식품의 부패를 판정하는 지표로 가장 거리가 멀다.

> 식품의 부패 판정 지표
> 휘발성염기질소, 수소이온농도, 트리메틸아민. 히스타민

**035** 식품위생법상 필요한 경우 조리사에게 교육을 받을 것을 명할 수 있는 자는?

① 관할 시장
② 관할 경찰서장
③ 보건복지부장관
④ 식품의약품안전처장

**정답 ④**

식품의약품안전처장은 식품위생 수준 및 자질의 향상을 위하여 필요한 경우 조리사와 영양사에게 교육을 받을 것을 명할 수 있다.

**036** 음식물을 섭취함으로 생기는 기생충이 아닌 것은?

① 요충
② 유극악구충
③ 선모충
④ 사상충

**정답 ④**

사상충은 모기에 의해 생기는 기생충으로 음식물을 섭취함으로 생기는 기생충이 아니다.
① **요충** : 채소를 섭취함으로써 감염되는 기생충
② **유극악구충** : 어패류를 섭취함으로써 감염되는 기생충
③ **선모충** : 돼지고기를 섭취함으로써 감염되는 기생충

**037** 식품의 위생과 관련된 곰팡이의 특징이 아닌 것은?

① 건조식품을 잘 변질시킨다.

② 곰팡이독을 생성하는 것도 있다.

③ 일반적으로 생육 속도가 세균에 비하여 빠르다.

④ 대부분 생육에 산소가 필요한 절대 호기성 미생물이다.

정답 ③

곰팡이는 포자법으로 번식하는데, 번식력이 세균보다 느리지만 질긴 성질을 가지고 있으며 절대 호기성이다.

**038** 금속부식성이 있어 비금속기구 소독에 사용하며 단백질과 결합 시 침전이 생기는 소독약의 종류는?

① 표백분

② 크레졸

③ 승홍

④ 석탄산

정답 ③

승홍(0.1%)
• 금속부식성이 있어 비금속기구 소독에 사용하며 단백질과 결합 시 침전이 생김
• 손, 피부 소독에 주로 사용

**039** 샐러드의 기본 구성에 해당하지 않는 것은?

① 바탕(base)

② 본체(body)

③ 드레싱(dressing)

④ 콩디망(condiments)

정답 ④

콩디망은 전채요리와 어울리는 양념, 조미료, 향신료이다.

샐러드의 기본 구성
바탕(base), 본체(body), 드레싱(dressing), 가니쉬(garnish)

**040** 다음 중 조리기구의 위생관리로 적절하지 않은 것은?

① 식기는 중성세제를 이용하여 세척한다.

② 행주는 삶거나 약품을 사용하여 살균, 소독한다.

③ 칼, 도마는 주 1회 세척하고 월 1회 소독한다.

④ 도마는 세척한 뒤 수납장에 보관한다.

정답 ③

칼, 도마는 매일 1회 이상 중성 세제로 세척하여 건조 소독하여야 한다.

**041** 쥐에 의하여 옮겨지는 감염병은?

① 페스트

② 말라리아

③ 일본뇌염

④ 파라티푸스

정답 ①

페스트는 쥐, 벼룩에 의해 전파 되는 질병으로, 임파선종, 폐렴 과 같은 증상이 나타난다.
②, ③ 모기에 의해 전파되는 질병이다.
④ 파리에 의해 전파되는 질병 이다.

예상
문제
200제

**042** 교차오염을 방지하기 위한 방안으로 적절하지 않은 것은?

① 전처리 전의 식품과 전처리 후의 식품을 분리 보관하여야 한다.

② 조리작업은 바닥으로부터 30cm 정도 떨어진 높이에서 실시한다.

③ 칼, 도마, 앞치마, 장갑은 용도별로 구분하여 사용한다.

④ 일반구역과 청결구역을 설치하여 전처리, 조리 및 기구세척 등을 별도 구역에서 이행한다.

정답 ②

조리작업은 바닥으로부터 60cm 이상 떨어진 높이에서 실시하여 바닥의 오염물이 식 품에 튀지 않도록 한다.

**043** 디피티(D.P.T.) 접종 후 면역이 되는 질병이 아닌 것은?

① 결핵

② 파상풍

③ 백일해

④ 디프테리아

D.P.T. 접종 후 면역이 되는 질병은 디프테리아, 백일해, 파상풍이다(D : Diphtheria 디프테리아, P : Pertussis 백일해, T : Tetanus 파상풍).

**044** HACCP에 대한 설명으로 옳지 않은 것은?

① 식품 제조과정에서 발생할 수 있는 위해 요소를 분석 및 차단한다.

② 소비자에게 안전하고 위생적인 제품을 공급하기 위한 사후처리 식품안전 관리시스템이다.

③ HACCP의 준비단계 5절차의 첫 번째 단계는 HACCP팀을 구성하는 것이다.

④ HACCP의 7단계 수행절차의 첫 번째 단계는 위해요소를 분석하는 것이다.

식품안전관리인증기준(HACCP)의 정의

소비자에게 안전하고 위생적인 제품을 공급하기 위한 사전 예방적 식품안전 관리시스템

**045** 프로테아제가 함유되어 있어 고기를 연화시키는 데 이용되는 과일은?

기출유사

① 감

② 사과

③ 자두

④ 배

배는 프로테아제를 함유하여 고기를 연화시키는 데 이용된다.

**046** 교차오염을 예방하기 위해 일반구역과 청결구역을 설정할 때, 일반
구역이 아닌 것은?

① 검수구역

② 조리구역

③ 전처리구역

④ 식재료 저장구역

정답 ②

| 일반구역 | 청결구역 |
|---|---|
| 검수구역, 전처리구역, 식재료 저장구역, 세정구역 | 조리구역, 배선구역, 식기 보관구역 |

**047** 원가계산의 목적으로 옳지 않은 것은?

① 제품의 판매가격을 결정하기 위해서

② 원가의 절감방안을 모색하기 위해서

③ 예산편성의 기초자료로 활용하기 위해서

④ 제품가격에서 경영손실을 만회하기 위해서

정답 ④

원가계산의 목적은 가격결정, 원가절감과 원가관리, 예산편성, 재무제표작성의 기초자료 마련에 있다.

**048** 감염병과 주요한 감염경로의 연결이 틀린 것은?

① 공기감염 − 폴리오

② 직접 접촉감염 − 성병

③ 비말감염 − 홍역

④ 절지동물 매개 − 황열

정답 ①

폴리오는 물이나 음식물의 섭취를 통해 감염되는 소화기계 감염병(경구감염병)이다.

예상
문제
200제

**049** 자색양배추로 샐러드를 만들 때 약간의 식초를 넣은 물에 담그면
 고운 적색을 띠는 것은 어떤 색소 때문인가?

① 클로로필(Chlorophyll)

② 미오글로빈(Myoglobin)

③ 안토잔틴(Anthoxanthin)

④ 안토시아닌(Anthocyanin)

정답 ④

안토시아닌은 꽃이나 과일의 적색·청색·자색을 나타내는 수용성 색소로, 식초와 같은 산성에서는 적색, 중성에서는 자색, 알칼리성에는 청색을 띤다.

① **클로로필** : 식물의 엽록체에 존재하는 녹색 색소

② **미오글로빈** : 동물(육류, 어류)의 근육세포에 존재하는 적색의 색소단백질

③ **안토잔틴** : 우엉, 연근, 밀가루, 쌀 등에 함유되어 있는 무색(백색)이나 담황색의 색소

**050** 다음 중 살모넬라 식중독의 원인이 되는 식품으로 거리가 먼 것은?

① 육류

② 채소

③ 우유

④ 어패류

정답 ②

살모넬라 식중독

| | |
|---|---|
| 감염원 | 쥐, 파리, 바퀴벌레, 닭 등 |
| 원인 식품 | 육류 및 그 가공품, 어패류, 알류, 우유 등 |
| 잠복기 | 12~24시간(평균 18시간) |
| 증상 | 급성위장염 및 급격한 발열 |
| 예방 | 방충, 방서, 60℃에서 30분 이상 가열 |

**051** 전분에 물을 가하지 않고 고온으로 가열하면 전분이 분해되는 현상
으로 누룽지나 뻥튀기를 만들 때 사용하는 과정은?

① 호화

② 노화

③ 당화

④ 호정화

정답 ④

전분의 호정화(덱스트린화)

• 날 전분(β전분)에 물을 가하지 않고 160~170℃로 가열했을 때 가용성 전분을 거쳐 덱스트린(호정)으로 분해되는 반응

• 누룽지, 토스트, 팝콘, 미숫가루, 뻥튀기 등

**052** 다음 중 발생하였을 경우 치사율이 가장 높은 식중독은?

① 병원성 대장균 식중독
② 클로스트리디움 퍼프리젠스 식중독
③ 황색포도상구균 식중독
④ 클로스트리디움 보툴리눔 식중독

클로스트리디움 보툴리눔 식중독

| 원인식품 | 통조림, 햄, 소시지 |
|---|---|
| 잠복기 | 12~36시간(가장 긺) |
| 증상 | 사시, 동공확대, 언어장애, 운동장애 등의 신경증상을 보이며, 치사율이 가장 높음 |
| 예방법 | 통조림 제조 시 철저한 멸균, 섭취 전 가열 |

**053** 식단 작성 시 필요한 사항과 가장 거리가 먼 것은?

① 식품 구입방법
② 음식 수의 계획
③ 영양기준량 산출
④ 3식 영양량 배분 결정

식단 작성 시 필요한 사항은 영양기준량 산출, 섭취기준량 산출, 3식 배분, 음식의 가짓수와 요리명 결정, 식단의 주기 결정, 식량 배분 계획, 식단표 작성 등이다.

**054** 복어의 자연독 성분의 독성이 가장 높은 부위는?

① 난소
② 내장
③ 근육
④ 껍질

테트로도톡신의 독성
난소 〉 간 〉 내장 〉 피부 · 근육

예상문제 200제

**055** 세균성 식중독에 속하지 않는 것은?

① 장구균 식중독
② 비브리오 식중독
③ 노로바이러스 식중독
④ 병원성 대장균 식중독

**056** 곰팡이 독소에 의한 식중독을 예방하는 방법으로 옳은 것은?

① 농수축산물의 수입 시 검역을 철저하게 한다.
② 식품 가공 시 곰팡이가 핀 부분은 제외하고 원료를 사용한다.
③ 식품은 습기가 많고 따뜻한 곳에 밀봉하여 보관한다.
④ 곡류 발효식품을 많이 섭취한다.

**057** 위해동물 및 해충과 매개 질병이 잘못 연결된 것은?

① 진드기 – 양충병
② 이 – 발진티푸스
③ 모기 – 사상충증
④ 벼룩 – 렙토스피라증

**058** 다음 중 쌀 등의 식품에서 번식하는 푸른곰팡이는?

① 누룩곰팡이속

② 페니실리움속

③ 리조푸스속

④ 은빵곰팡이속

정답 ②

페니실리움속 푸른곰팡이는 쌀 등의 식품에서 번식하는 푸른 곰팡이이다.

**059** 차가운 시리얼로, 옥수수를 구워서 얇게 으깨어 만든 것은?

① 올 브랜

② 콘플레이크

③ 레이진 브렌

④ 라이스 크리스피

정답 ②

시리얼의 종류

- **차가운 시리얼** : 콘플레이크, 올 브랜, 라이스 크리스피, 레이진 브렌, 쉬레디드 휘트, 버처 뮤즐리
- **더운 시리얼** : 오트밀

**060** 경구감염병과 비교하여 세균성 식중독이 가지는 일반적인 특성이 아닌 것은?

① 소량의 균으로도 발병한다.

② 2차감염률이 낮다.

③ 잠복기가 짧다.

④ 균의 번식을 억제시켜 예방이 가능하다.

정답 ①

| 경구감염병<br>(소화기계<br>감염병) | 세균성<br>식중독 |
| --- | --- |
| 소량의 균으로<br>도 발병 | 다량의 균으로<br>발병 |
| 2차 감염률이<br>높음 | 2차 감염률이<br>낮음 |
| 긴 잠복기 | 짧은 잠복기 |
| 예방이 어려움 | 균의 번식을<br>억제시켜 예<br>방 가능 |

**061** 주방 내에서 발생할 수 있는 안전사고의 유형 중 베임(절상)의 예방법으로 적합하지 않은 것은?

(기출유사)

① 칼을 날카롭지 않게 유지한다.

② 기계의 안전작업 절차를 숙지 후 사용한다.

③ 이동 시 칼의 끝부분이 아래로 향하게 한다.

④ 부서지거나 금이 간 제품은 사용하지 않는다.

정답 ①

칼이 무딘 경우 썰기를 할 때 잘리지 않고 미끄러져 손을 베일 수 있다. 때문에 칼은 날카롭게 유지하는 것이 좋다.

**062** CA 저장법에 대한 설명이 틀린 것은?

① 산소 및 이산화탄소 등의 농도를 조절하는 것이다.

② 우유, 통조림 등의 식품에 사용된다.

③ 노화현상이 지연된다.

④ 미생물의 생장과 번식을 억제한다.

정답 ②

CA저장법
산소 및 이산화탄소 등의 기체의 농도를 조절하여 미생물의 증식을 억제시켜 과일, 채소의 숙성을 방지하는 방법

**063** 호흡기를 통해 감염되는 감염병이 아닌 것은?

① 풍진

② 파라티푸스

③ 인플루엔자

④ 유행성이하선염

정답 ②

파라티푸스는 소화기계 감염병에 해당한다.

**064** 식품위생법상 판매를 목적으로 하거나 영업상 사용하는 식품 및 영업시설 등 검사에 필요한 최소량의 식품 등을 무상으로 수거할 수 없는 자는?

① 국립의료원장
② 시 · 도지사
③ 시장 · 군수 · 구청장
④ 식품의약품안전처장

**정답 ①**

식품의약품안전처장, 시 · 도지사 또는 시장 · 군수 · 구청장은 판매를 목적으로 하거나 영업에 사용하는 식품 및 영업시설 등 검사에 필요한 최소량의 식품 등의 무상 수거를 조치할 수 있다.

**065** 토르텔리니(tortellini)에 대한 설명으로 옳지 않은 것은?

① 소를 채운 파스타로 에밀리아–로마냐 지역에서 주로 먹는다.
② 사각형 모양을 기본으로 반달, 원형 등 두 개의 면 사이에 속을 채워 만든다.
③ 맑고 진한 묽은 수프에 사용하기도 하고 크림을 첨가하기도 한다.
④ 속을 채우는 재료는 다양하나 버터, 치즈를 주로 사용한다.

**정답 ②**

사각형 모양을 기본으로 반달, 원형 등 두 개의 면 사이에 속을 채워 만든 것은 라비올리에 대한 설명이다.

**066** 식품의 변질 현상에 대한 설명 중 틀린 것은?

① 통조림 식품의 부패에 관여하는 세균에는 내열성인 것이 많다.
② 우유의 부패 시 세균류가 관계하여 적변을 일으키기도 한다.
③ 식품의 부패에는 대부분 한 종류의 세균이 관계한다.
④ 가금육은 주로 저온성 세균이 주된 부패균이다.

**정답 ③**

식품의 부패에는 여러 종류의 세균이 관계한다.

예상
문제
200제

**067** 식품의 표면, 분말식품에는 자외선을 사용하며 양파, 감자 등 싹이 나는 식품에는 방사선을 사용하여 미생물을 제거하는 방법은?

① 건조법
② 조사살균법
③ 온도조절법
④ 가열살균법

**정답 ②**

① **건조법** : 미생물 증식에 필요한 수분을 제거하는 방법으로, 한천, 건조두부, 당면 등에 사용한다.
③ **온도조절법** : 미생물이 증식할 수 없는 온도로 보관하는 방법으로, 육류, 과일, 채소 등에 사용한다.
④ **가열살균법** : 주로 우유나 통조림 등에 사용하며, 식품의 변질을 방지하기 위해 식품을 가열하여 미생물을 제거하는 방법

**068** 다음 중 소분 판매할 수 있는 식품은?

① 통조림
② 전분
③ 간장
④ 벌꿀

**정답 ④**

소분 판매할 수 있는 식품
빵가루, 벌꿀 등

**069** 화이트 루에 차가운 우유를 넣어 만드는 베샤멜 소스의 재료와 그 비율은?

① 양파 : 버터 : 밀가루 : 우유 = 1 : 1 : 1 : 10
② 양파 : 식용유 : 밀가루 : 우유 = 1 : 1 : 1 : 10
③ 양파 : 버터 : 밀가루 : 우유 = 1 : 1 : 1 : 20
④ 양파 : 식용유 : 밀가루 : 우유 = 1 : 1 : 1 : 20

**정답 ③**

화이트 루에 차가운 우유를 넣어 만드는 베샤멜 소스의 재료와 그 비율은 양파 : 버터 : 밀가루 : 우유 = 1 : 1 : 1 : 20 이다.

**070** 식품위생법상 명시된 식품의 정의는?

① 모든 음식물
② 식품첨가물이 첨가된 음식물
③ 의약품을 제외한 모든 음식물
④ 용기 및 포장이 되어 있는 음식물

> 정답 ③
>
> 식품
> 모든 음식물(의약품 제외)

**071** 먹는 물에서 다른 미생물이나 분변오염을 추측할 수 있는 지표는?

① 경도
② 탁도
③ 대장균
④ 증발잔류량

> 정답 ③
>
> 먹는 물에서 다른 미생물이나 분변오염을 추측할 수 있는 지표는 대장균으로, 100mL에서 검출되지 않아야 한다.

예상
문제
200제

**072** 식품위생법에서 '표시'의 용어 정의로 알맞은 것은?

① 식품, 식품첨가물에 적는 문자, 숫자를 말한다.
② 기구, 용기, 포장에 적는 문자, 숫자, 도형을 말한다.
③ 식품, 식품첨가물, 기구, 용기, 포장에 적는 문자, 숫자를 말한다.
④ 식품, 식품첨가물, 기구, 용기, 포장에 적는 문자, 숫자, 도형을 말한다.

> 정답 ④
>
> 표시
> 식품, 식품첨가물, 기구, 용기, 포장에 적는 문자, 숫자, 도형

**073** 다음 중 대장균의 최적 증식온도 범위는?

① 0~5℃

② 5~10℃

③ 30~40℃

④ 55~75℃

대장균의 최적 증식온도는 37℃ 전후이며, 대장균은 위생 지표, 세균으로 활용된다.

**074** 다음 중 자가품질검사에 관한 기록서의 보관기간은?

① 6개월

② 1년

③ 2년

④ 3년

자가품질검사

• 식품 등을 제조·가공하는 영업자가 총리령으로 정하는 바에 따라 제조·가공하는 식품 등이 식품위생법에서 정하는 기준과 규격에 맞는지를 검사

• 자가품질검사에 관한 기록서는 2년간 보관

**075** 지용성 비타민에 대한 내용으로 옳지 않은 것은?

① 비타민 A, D, E, K가 있다.

② 기름에 녹는 성질이 있다.

③ 매일 섭취하지 않아도 된다.

④ 과잉 섭취 시 소변으로 배출된다.

수용성 비타민은 과잉 섭취 시 소변으로 배출되어 결핍될 경우 증세가 빨리 나타난다. 반면 지용성 비타민은 과잉 섭취 시 체내에 축적되어 결핍증이 서서히 나타나지만, 많이 축적될 경우 독성을 나타낼 수 있다.

**076** 다음 중 공중보건의 목표로 옳지 않은 것은?

① 건강 유지
② 질병 예방
③ 개인 질병의 치료
④ 지역사회 보건 수준 향상

정답 ③

개인 질병의 치료는 공중보건의 목표에 해당되지 않는다.

공중보건의 목표
• 건강 유지
• 질병 예방
• 지역사회 보건 수준 향상

**077** 녹은 버터에 동량의 밀가루를 넣어 가열하지 않고 섞은 농후제는?

① 뵈르 마니에(beurre manie)
② 젤라틴(gelatin)
③ 화이트 루(white roux)
④ 전분(cornstarch)

정답 ①

뵈르 마니에(beurre manie)
녹은 버터에 동량의 밀가루를 넣고 섞어 가열하지 않고 만든 농후제의 종류

예상
문제
200제

**078** 다음 중 감각온도의 3요소에 해당되지 않는 것은?

① 기온
② 기습
③ 기류
④ 기량

정답 ④

기량은 감각온도의 3요소에 해당되지 않는다.

감각온도의 3요소
기온(온도), 기습(습도), 기류(공기의 흐름)

**079** 식품첨가물과 주요 용도의 연결이 옳은 것은?

① 자일리톨 – 표백제
② 과산화수소 – 보존료
③ 호박산 – 산도조절제
④ 글루타민산나트륨 – 발색제

정답 ③

호박산은 산도조절제로, 무색·백색의 결정 또는 결정성 분말로 특이한 신맛을 낸다.
① 자일리톨 – 감미료
② 과산화수소 – 표백제
④ 글루타민산나트륨 – 조미료

**080** 다음 중 부영양화 현상에 관한 설명으로 옳지 않은 것은?

① 오염물질로는 인산염, 탄산염, 질산염 등이 있다.
② 부영양화 발생 시 용존산소량(DO)의 수치가 증가한다.
③ 플랑크톤의 번식이 증가하여 녹조가 발생될 수 있다.
④ 합성세제, 축산폐수, 공장폐수 등이 원인물질이다.

정답 ②

부영양화 발생 시 화학적 산소요구량(COD) 수치가 증가하며 녹조가 발생될 수 있다.

부영양화
• 화학적 산소요구량(COD) 수치 증가
• 플랑크톤의 번식 증가로 녹조 발생
• **원인물질** : 합성세제, 축산폐수, 공장폐수 등
• **오염물질** : 인산염, 탄산염, 질산염 등

**081** 소화기의 사용 방법을 순서대로 나열한 것은?

기출유사

㉠ 안전핀 뽑기
㉡ 손잡이 누르기
㉢ 노즐 화기 고정
㉣ 분말 쏘기

① ㉠ – ㉡ – ㉢ – ㉣
② ㉠ – ㉢ – ㉡ – ㉣
③ ㉢ – ㉣ – ㉠ – ㉡
④ ㉢ – ㉡ – ㉠ – ㉣

정답 ②

화재 시 소화기 사용 순서는 '안전핀 뽑기 – 노즐 화기 고정 – 손잡이 누르기 – 분말 쏘기'이다.

## 082 다음 중 감수성 지수가 가장 높은 감염병은?

① 천연두
② 디프테리아
③ 백일해
④ 성홍열

감수성 지수의 비교
홍역, 천연두(두창) 95% 〉
백일해 60~80% 〉 성홍열
40% 〉 디프테리아 10% 〉
소아마비(폴리오) 0.1%

## 083 독미나리에 함유된 유독 성분은?

① 테무린(Temuline)
② 아트로핀(Atropine)
③ 시큐톡신(Cicutoxin)
④ 아미그달린(Amygdalin)

① 테무린 : 독보리의 유독 성분
② 아트로핀 : 미치광이풀의 유독 성분
④ 아미그달린 : 청매의 유독 성분

## 084 염소소독의 장점에 해당하지 않는 것은?

① 냄새가 나지 않는다.
② 잔류효과가 크다.
③ 조작이 간편하다.
④ 가격이 싸다.

염소소독
• 장점 : 소독력이 강하며 잔류효과가 크고 조작이 간편하며 가격이 싸다.
• 단점 : 냄새가 나며 염소의 독성이 있다.

예상
문제
200제

**085** 한천과 펙틴에 관한 설명으로 틀린 것은?

① 한천은 식물성 급원이다.
② 한천은 온도가 낮을수록 빨리 굳는다.
③ 한천과 펙틴은 젤을 형성하여 잼을 만드는 데 이용된다.
④ 펙틴은 탄수화물 등을 함유하여 영양적으로 가치가 높다.

정답 ④

펙틴은 영양적인 가치는 없지만 변비를 예방하거나 장내 유해세균을 제거한다.

**086** 상수 처리과정 중 취수 과정의 다음 과정은?

① 배수
② 송수
③ 정수
④ 도수

정답 ④

상수 처리과정
취수 → 도수 → 정수 →
송수 → 배수 → 급수

**087** 생선의 비린내를 억제하는 방법으로 적절하지 않은 것은?

① 조리 전에 우유에 담가 둔다.
② 생선 단백질이 응고된 후 생강을 넣는다.
③ 물로 깨끗이 씻어 수용성 냄새 성분을 제거한다.
④ 처음부터 뚜껑을 닫고 끓여 생선을 완전히 응고시킨다.

정답 ④

생선 조리 시 처음 수 분간은 뚜껑을 열고 조리하면 비린내가 휘발되어 감소한다.

**088** 위험도 경감 원칙의 3요소에 해당하지 않는 것은?

① 사람
② 장비
③ 절차
④ 시기

**089** HACCP의 준비단계 5절차를 순서대로 나열한 것은?

ㄱ HACCP팀 구성
ㄴ 제품 용도 확인
ㄷ 제품설명서 작성
ㄹ 공정흐름도 현장 확인
ㅁ 공정흐름도 작성

① ㄱ – ㄴ – ㄷ – ㄹ – ㅁ
② ㄱ – ㄷ – ㄴ – ㅁ – ㄹ
③ ㄴ – ㄷ – ㄹ – ㄱ – ㅁ
④ ㄴ – ㄹ – ㄷ – ㅁ – ㄱ

**090** 조리작업에 사용되는 설비기능 이상 여부와 보호구의 성능 유지 여부 등에 대해 정기적으로 점검하는 최소 주기는?

① 1개월
② 6개월
③ 1년
④ 2년

**091** 중간숙주 없이 감염이 가능한 기생충은?

① 회충

② 간흡충

③ 폐흡충

④ 아니사키스

중간숙주 없이 감염이 가능한 기생충으로는 회충, 구충, 편충, 요충 등이 있다.

**092** 수분활성도(Aw)에 대한 정의로 알맞은 것은?

① 일정한 온도의 식품 수증기압과 같은 온도에서의 순수한 물 수증기압을 더한 값

② 일정한 온도의 순수한 물 수증기압과 같은 온도에서의 식품 수증기압을 곱한 값

③ 일정한 온도의 식품 수증기압을 같은 온도에서의 순수한 물 수증기압으로 나눈 값

④ 일정한 온도의 순수한 물 수증기압을 같은 온도에서의 식품 수증기압으로 나눈 값

수분활성도(Aw)의 정의

• 일정한 온도에서의 식품의 수증기압(P)를 같은 온도에서의 순수한 물의 수증기압($P_0$)으로 나눈 값

• 식품의 수증기압(P) ÷ 순수한 물의 수증기압($P_0$)

**093** 뵈르 블랑 소스를 냉장고에 보관했더니 버터와 수분이 분리되었다. 이 상태를 다시 원상복구하는 방법으로 알맞은 것은?

기출유사

① 소스를 냄비에 두고 높은 온도로 빠르게 가열한다.

② 중탕으로 다시 녹여준다.

③ 약간의 생크림을 냄비에 두르고 소스를 조금씩 넣어 섞는다.

④ 우유를 넣고 서서히 섞일 때까지 끓여준다.

뵈르 블랑 소스가 분리가 날 경우 약간의 찬물이나 생크림을 냄비에 두르고 만들어둔 버터 소스를 조금씩 넣어가며 유화시켜 완성한다.

**094** 식품의 수분활성도를 낮추는 방법으로 옳지 않은 것은?

① 식품을 건조함으로써 식품 속의 수분 함량을 낮춘다.

② 식품 속에 있는 수분을 얼려 이용할 수 있는 수분의 함량을 낮춘다.

③ 식품을 100℃ 이상의 물에 끓인다.

④ 식품을 설탕에 절여 설탕 용질의 농도를 높인다.

정답 ③

수분활성도를 낮추는 방법
건조, 냉동, 염장(소금 용질의 농도↑), 당장(설탕 용질의 농도↑)

**095** 성숙한 과일의 특징이 아닌 것은?

① 엽록소가 분해된다.

② 조직이 부드러워진다.

③ 탄닌의 함량이 증가되어 떫은맛이 줄어든다.

④ 비타민 C와 카로티노이드의 함량이 증가한다.

정답 ③

과일이 성숙할수록 탄닌의 함유량이 감소되어 떫은맛이 줄어든다.

예상
문제
200제

**096** 섬유소와 한천에 대한 설명이 틀린 것은?

① 섬유소와 한천은 변비를 예방하는 효과가 있다.

② 섬유소와 한천은 체내에서 소화되지 않는 다당류이다.

③ 섬유소는 산을 첨가하면 연하게 되고 알칼리를 첨가하면 질겨진다.

④ 한천은 산을 첨가하면 더 작은 분자로 분해된다.

정답 ③

섬유소와 한천
• 변비를 예방하고 체내에서 소화되지 않는 다당류
• 섬유소 : 산을 첨가하면 질기게 되고 알칼리를 첨가하면 연해짐
• 한천 : 산을 첨가하면 더 작은 분자로 분해됨

## 097 중성지방의 구성 성분은?

① 아미노산
② 탄소와 질소
③ 포도당과 지방산
④ 지방산과 글리세롤

**정답 ④**

중성지방은 한 분자의 글리세롤에 세 개의 지방산이 에스테르 결합으로 연결된 구조이다.

## 098 다음 중 필수아미노산으로만 나열한 것이 아닌 것은?

① 루신, 메티오닌
② 글루타민, 페닐알라닌
③ 리신, 트레오닌
④ 발린, 트립토판

**정답 ②**

글루타민은 불필수아미노산에 해당한다.

> 필수아미노산
> • 체내에서 합성되지 않아 음식으로 섭취해야 하는 아미노산
> • 루신, 이소루신, 리신, 발린, 메티오닌, 페닐알라닌, 트레오닌, 트립토판, 히스티딘, 아르기닌

## 099 육류 조리에 대한 설명으로 옳은 것은?

① 목심, 양지, 사태는 건열 조리에 적당하다.
② 편육을 만들 때 고기는 처음부터 찬물에서 끓인다.
③ 육류를 찬물에 넣어 끓이면 맛 성분의 용출이 용이해져 국물 맛이 좋아진다.
④ 육류를 오래 끓이면 젤라틴이 콜라겐화 되어 국물이 맛있게 된다.

**정답 ③**

① 목심, 양지, 사태처럼 질긴 부위는 습열 조리에 적당하며, 안심, 등심이 건열 조리에 적당하다.
② 편육을 만들 때는 끓는 물에 고기를 넣어 삶아야 고기의 맛 성분이 많이 용출되지 않아 고기의 맛이 좋아진다.
④ 육류를 오래 끓이면 결합조직인 콜라겐이 젤라틴으로 용해되기 때문에 고기가 연해진다.

**100** 다음 중 지질이 녹는 용매에 해당하지 않는 것은?

① 물
② 아세톤
③ 벤젠
④ 에테르

지질은 물에 녹지 않으며 아세톤, 벤젠, 에테르 등과 같은 유기용매에 녹는다.

> 유기용매
> 아세톤, 벤젠, 에테르 등

**101** 일반적으로 비네그레트에 들어가는 기름과 식초의 비율은?

① 1 : 1
② 1 : 2
③ 2 : 1
④ 3 : 1

> 비네그레트
> • 기름 : 식초 = 3 : 1 비율
> • 주로 야채에 곁들여 먹을 때 잘 어울림

**102** 칼슘(Ca)의 흡수를 촉진시키는 방법으로 적절하지 않은 것은?

① 오렌지주스와 함께 섭취한다.
② 시금치나 현미와 함께 섭취한다.
③ 비타민 D를 섭취한다.
④ 단백질을 섭취한다.

칼슘(Ca)의 흡수 방해 및 촉진 요인

> • **방해요인** : 수산(시금치), 피틴산(현미), 탄닌, 알칼리성 환경, 비타민 D 결핍 등
> • **촉진요인** : 산성 환경(오렌지 주스와 섭취), 인과 칼슘을 1 : 1로 섭취, 비타민 D 섭취, 단백질 등

예상
문제
200제

**103** 모든 형태의 미생물을 완전히 제거하여 무균상태로 하는 조작은?

① 멸균
② 살균
③ 소독
④ 방부

정답 ①

② **살균** : 모든 형태의 미생물을 완전히 사멸시키는 방법이나 포자(아포)는 사멸되지 않아 무균상태가 아니다.
③ **소독** : 병원성 미생물만을 약화시키거나 사멸시켜 감염력을 줄이는 방법이다.
④ **방부** : 미생물의 증식을 억제시켜 식품의 변질이나 발효를 예방하는 방법이다.

**104** 다음 중 식물성 색소에 해당하는 것은?

① 미오글로빈
② 아스타잔틴
③ 멜라닌
④ 안토잔틴

정답 ④

안토잔틴은 플라보노이드에 속하는 식물성 색소이다.

색소의 종류
• **식물성 색소** : 클로로필, 카로티노이드, 플라보노이드(안토시아닌, 안토잔틴)
• **동물성 색소** : 미오글로빈, 헤모글로빈, 아스타잔틴, 멜라닌, 헤모시아닌

**105** 소시지나 햄 등의 가공육 제품, 채소 및 과일 등에 색을 내거나 고정하기 위해 사용하는 식품첨가물은?

① 발색제
② 착색제
③ 강화제
④ 보존제

정답 ①

발색제 자체에는 색을 함유하고 있지 않지만 식품 중의 성분과 결합해 색을 나타내거나 고정하기 위해 사용한다. 소시지나 햄 등의 식육제품에는 아질산나트륨, 질산나트륨, 질산칼륨을 사용하며, 채소 및 과일에는 황산 제1철, 소명반을 사용한다.

**106** 쓴맛이 나는 식품과 쓴맛을 내는 성분의 연결이 옳지 않은 것은?

① 차 – 쿠쿠르비타신

② 맥주 – 후물론

③ 감귤류 – 나린진

④ 코코아 – 테오브로민

**정답 ①**

차의 쓴맛을 내는 성분은 테린이며, 쿠쿠르비타신은 오이꼭지에서 쓴맛을 내는 성분이다.

쓴맛 성분
차(테린), 맥주(후물론), 코코아(테오브로민), 커피/초콜릿(카페인), 감귤류(나린진), 오이꼭지(쿠쿠르비타신)

**107** 다음 중 상수 처리 과정에서 가장 마지막 단계에 해당하는 것은?

① 급수

② 취수

③ 정수

④ 도수

**정답 ①**

상수도 처리 과정은 '취수 → 도수 → 정수(침전 → 여과 → 소독) → 송수 → 배수 → 급수'의 순으로 이루어진다.

**108** 다음 중 수분의 기능으로 가장 거리가 먼 것은?

① 체내 영양소와 노폐물을 운반한다.

② 체온을 조절하며 윤활제 역할을 한다.

③ 외부의 충격으로부터 내장기관을 보호한다.

④ 전해질의 평행을 유지시킨다.

**정답 ③**

외부의 충격으로부터 내장기관을 보호하는 것은 지질의 기능 중에 하나이다.

수분의 기능
• 체내 영양소 및 노폐물 운반
• 신체를 구성하는 영양소
• 체온 조절 및 윤활제 역할
• 용매작용
• 전해질의 평행유지

**109** 재고회전율이 표준치보다 낮은 경우에 대한 설명으로 틀린 것은?

① 부정 유출이 우려된다.
② 긴급 구매로 비용 발생이 우려된다.
③ 종업원들이 심리적으로 부주의하게 식품을 사용하여 낭비가 심해진다.
④ 저장기간이 길어지고 식품 손실이 커지는 등 많은 자본이 들어가 이익이 줄어든다.

**110** 기초대사에 영향을 주는 요인에 대한 설명이 틀린 것은?

① 체표면적이 클수록 소요열량이 크다.
② 남자가 여자보다 소요열량이 크다.
③ 기온이 높을수록 소요열량이 커진다.
④ 근육질인 사람이 지방질인 사람보다 소요열량이 크다.

**111** 음식물이 위에서 내리쬐는 열로 인하여 조리하고, 음식물을 익히거나 색깔을 내거나 뜨겁게 보관할 때 사용하는 조리기구는?

① 샐러맨더(salamander)
② 그릴(grill)
③ 스팀 케틀(steam kettle)
④ 초퍼(chopper)

## 112 다음 중 필수아미노산으로만 나열한 것은?

① 메티오닌, 글리신

② 트립토판, 알라닌

③ 발린, 글루타민

④ 이소루신, 루신

정답 ④

글리신, 알라닌, 글루타민은 불
필수아미노산이다.

> 필수아미노산
> • 체내에서 합성되지 않아
>   음식으로 섭취해야 하는
>   아미노산
> • 루신, 이소루신, 리신, 발
>   린, 메티오닌, 페닐알라
>   닌, 트레오닌, 트립토판,
>   히스티딘, 아르기닌

## 113 밀가루의 용도별 분류는 어느 성분을 기준으로 하는가?

① 글루텐

② 글로불린

③ 글루타민

④ 글리아딘

정답 ①

밀가루는 글루텐의 함량
에 따라 13% 이상은 강력분,
10~13%는 중력분, 10% 이하는
박력분으로 나뉜다.

## 114 지용성 비타민의 종류와 결핍증의 연결이 옳지 않은 것은?

① 비타민 A - 야맹증, 안구건조증

② 비타민 D - 구루병, 골다공증

③ 비타민 E - 노화촉진, 불임증

④ 비타민 K - 각기병, 식욕감퇴

정답 ④

비타민 K가 결핍될 경우 혈액
응고 지연현상이 나타난다. 각
기병, 식욕감퇴는 비타민 $B_1$의
결핍증이다.

**115** 현미는 벼의 어느 부위를 벗겨낸 것인가?

① 겨층

② 왕겨층

③ 겨층과 배아

④ 과피와 종피

현미는 벼를 건조, 탈고한 후 왕겨층을 벗겨낸 것이다.

**116** 뇌와 신경조직을 구성하며 포도당과 결합하여 젖당이 되어 유즙으로 존재하는 것은?

① 과당(fructose)

② 포도당(glucose)

③ 만노오스(mannose)

④ 갈락토오스(galactose)

갈락토오스(galactose) 뇌와 신경조직을 구성하며 포도당과 결합하여 젖당이 되어 유즙으로 존재

**117** 철에 대한 설명으로 옳지 않은 것은?

① 결핍 시 빈혈이 나타난다.

② 근육색소의 구성 성분이다.

③ 비타민 C는 철의 흡수를 방해한다.

④ 혈색소의 성분으로 산소를 운반한다.

철의 흡수를 촉진시키는 요인에는 비타민 C, 위산, 육류 단백질 등이 있고 방해하는 요인에는 피틴산, 옥살산, 탄닌, 수산 등이 있다.

**118** 요오드(I)에 대한 설명으로 옳지 않은 것은?

① 갑상선 호르몬인 티록신을 구성한다.

② 철분을 흡수하고 헤모글로빈의 합성을 촉진한다.

③ 과량 섭취 시 바세도우병을 유발할 수 있다.

④ 급원식품으로는 미역, 다시마가 있다.

**119** 적외선에 속하는 파장은?

① 200mm

② 400mm

③ 600mm

④ 800mm

**120** 동물의 혈액색소로 육가공 시 질산칼륨이나 아질산칼륨을 첨가하면 선홍색을 유지하는 것은?

① 아스타잔틴

② 헤모시아닌

③ 미오글로빈

④ 헤모글로빈

**정답 ②**

철분을 흡수하고 헤모글로빈의 합성을 촉진하는 것은 구리이다.

요오드(I)
- 갑상선 호르몬(티록신) 구성
- 유즙분비 촉진
- **과량 섭취** : 바세도우병(갑상선 기능 항진증) 유발
- **결핍증** : 갑상선종, 크레틴증(성장 정지)
- **급원식품** : 미역, 다시마

**정답 ④**

적외선은 780mm(7,800 Å) 이상의 파장 범위를 가진다.

**정답 ④**

① **아스타잔틴** : 새우나 게에 함유된 색소로 가열 전에는 청록색이지만 가열하면 적색으로 변한다.
② **헤모시아닌** : 전복이나 문어 등에 포함된 푸른 계열의 색소로 익으면 적자색으로 변한다.
③ **미오글로빈** : 동물성 색소로 적색의 색소 단백질이다.

**121** 신맛의 성분과 대표적인 식품의 연결이 틀린 것은?

① 주석산 – 포도
② 구연산 – 감귤
③ 사과산 – 사과
④ 호박산 – 요구르트

정답 ④

호박산은 감칠맛을 내며, 양조식품, 어패류, 사과 등에 함유되어 있다.

**122** 분산액에 대한 설명으로 적절하지 않은 것은?

① 진용액은 소금, 설탕과 같은 크기가 작은 분자가 용해된 상태이다.
② 교질용액은 단백질과 같은 크기의 분자가 용해된 상태이다.
③ 현탁액은 냉수에 전분이나 밀가루 입자들과 같은 형태의 분산액을 형성한다.
④ 분산질의 크기는 '진용액 〈 현탁액 〈 교질용액' 순으로 크다.

정답 ④

분산질의 크기는 '진용액 〈 교질용액 〈 현탁액' 순으로 크다.

분산액의 분류
분산질의 크기에 따라 진용액(1mm 이하), 교질용액(1~100mm), 현탁액(100mm 이상)으로 분류

**123** 고기를 연하게 하기 위해 사용하는 과일에 들어 있는 단백질 분해 효소가 아닌 것은?

① 피신(Ficin)
② 파파인(Papain)
③ 브로멜린(Bromelin)
④ 아밀라아제(Amylase)

정답 ④

아밀라아제는 아밀로오스를 분해하는 효소이다.
① 피신은 무화과에 있는 단백질 분해효소이다.
② 파파인은 파파야에 있는 단백질 분해효소이다.
③ 브로멜린은 파인애플에 있는 단백질 분해효소이다.

**124** 장의 소화작용에 영향을 미치는 소화효소가 아닌 것은?

① 말타아제

② 락타아제

③ 수크라아제

④ 티로시나아제

티로시나아제는 감자 갈변의 원인이 되는 효소이다.

> 장의 소화작용
> - **수크라아제** : 자당
>   → 포도당 + 과당
> - **말타아제** : 맥아당
>   → 포도당 + 포도당
> - **락타아제** : 젖당
>   → 포도당 + 갈락토오스
> - **리파아제** : 지방
>   → 지방산 + 글리세롤

**125** 다음은 한 식품의 영양 성분 함량이다. 다음 식품의 열량은?

기출
유사

> ㉠ 수분 50g
> ㉡ 섬유질 5g
> ㉢ 단백질 10g
> ㉣ 무기질 4g
> ㉤ 지방 7g

① 103kcal

② 123kcal

③ 303kcal

④ 339kcal

수분, 섬유질, 무기질은 열량을 발생시키지 않으며, 단백질은 1g당 4kcal, 지방은 1g당 9kcal 가 발생한다.
따라서,
10g × 4kcal + 7g × 9kcal
= 103kcal
즉, 해당 식품의 열량은 103kcal이다.

**126** 한국인의 영양섭취기준에 따른 성인의 지방 섭취기준은?

① 7~20%

② 15~30%

③ 30~55%

④ 55~70%

> 한국인 영양섭취기준(성인 기준)
> - **탄수화물** : 55~70%
> - **지방** : 15~30%
> - **단백질** : 7~20%

**127** 국소진동으로 인해 발생할 수 있는 질병 및 직업병의 예방법으로 적합하지 않은 것은?

① 보건교육
② 완충장치
③ 방열복 착용
④ 작업시간 단축

**정답 ③**

국소진동에 의해 발생할 수 있는 직업병에는 레이노드병, 말초혈관 수축, 혈압 상승 등이 있다. 방열복은 고열, 고온작업 시에 필요하다.

**128** 폐기율이 50%인 식품의 출고계수는?

① 1
② 1.5
③ 2
④ 2.5

**정답 ③**

출고계수
= 100 ÷ (100 − 폐기율)
= 100 ÷ (100 − 50)
= 2

출고계수
100 ÷ 가식부율
= 100 ÷ (100 − 폐기율)

**129** 다음 중 식품이나 음료수를 통해 감염되는 소화기계 감염병에 해당되지 않는 것은?

기출유사

① 콜레라
② 장티푸스
③ 발진티푸스
④ 세균성이질

**정답 ③**

발진티푸스는 위해 동물 및 해충 매개 감염병이다.

**130** **총 발주량의 공식으로 옳은 것은?**

① 총 발주량 = 가식부율÷폐기율×100÷인원수

② 총 발주량 = 정미중량÷폐기율×100×인원수

③ 총 발주량 = 폐기율÷(100−정미중량)×100÷인원수

④ 총 발주량 = 정미중량÷(100−폐기율)×100×인원수

**정답 ④**

정미중량은 식품에서 폐기량을 제외한 부분의 양을 나타낸 것이다.

> 총 발주량
> 정미중량 ÷ (100 − 폐기율)
> × 100 × 인원수

**131** **다음에서 설명하는 향신료는?**

기출
유사

> ㉠ 올리브색
> ㉡ 부케가르니의 필수 재료
> ㉢ 거의 모든 양식 요리에 사용

① 박하

② 파슬리

③ 월계수잎

④ 오레가노

**정답 ③**

① **박하** : 연초록색의 잎으로 생선, 양고기 요리 등에 사용한다.

② **파슬리** : 잎을 잘게 다져 사용하거나 그대로 장식용으로 사용하며 소스와 드레싱에 향 또는 색을 내는 데 사용한다.

④ **오레가노** : 잎을 그대로 또는 말려서 사용하며, 말린 것은 가루로 사용한다. 장식용, 육류 요리의 향을 내는 데 사용한다.

예상
문제
200제

**132** **채소를 데칠 때 뭉그러짐을 방지하기 위한 가장 적당한 소금의 농도는?**

① 1%

② 5%

③ 10%

④ 13%

**정답 ①**

채소를 데칠 때 1~2%의 식염을 첨가하면 채소가 부드러워지고 고유의 색을 유지할 수 있다.

**133** 대두를 구성하는 콩 단백질의 주성분은?

① 글루텐
② 글루텔린
③ 글리아딘
④ 글리시닌

정답 ④

대두 단백질인 글리시닌은 두부응고제(황산칼슘, 염화마그네슘, 염화칼슘)와 열에 의해 응고되는데, 이 성질을 이용하여 두부를 제조한다.

**134** 중조를 넣어 콩을 삶을 때 파괴되는 영양소는?

① 비타민 $B_1$
② 비타민 $B_5$
③ 비타민 $B_9$
④ 비타민 $B_{12}$

정답 ①

콩을 중조(약알칼리)에 담갔다가 가열하면 콩이 빨리 연화되지만, 비타민 $B_1$의 파괴는 촉진된다.

**135** 채소류를 매개로 감염될 수 있는 기생충이 아닌 것은?

① 회충
② 유구조충
③ 구충
④ 편충

정답 ②

유구조충은 돼지고기를 통해 감염될 수 있는 기생충이다.

> 채소를 통해 감염되는 기생충
> 회충, 요충, 편충, 구충(십이지장충), 동양모양선충

## 136 브로멜린(bromelin)이 함유되어 있어 고기를 연화시키는데 이용되는 과일은?

① 사과
② 파인애플
③ 귤
④ 복숭아

정답 ②

단백질 분해효소에 의한 고기 연화법
파파야(파파인, papain), 무화과(피신, ficin), 파인애플(브로멜린, bromelin), 배(프로테아제, protease), 키위(액티니딘, actinidin)

## 137 간흡충증의 제2중간숙주는?

① 잉어
② 쇠우렁이
③ 물벼룩
④ 다슬기

정답 ①

간디스토마(간흡충)
• 제1중간숙주 : 왜우렁이
• 제2중간숙주 : 담수어(붕어, 잉어)

## 138 조리에 사용하는 냉동식품의 특성이 아닌 것은?

① 완만 동결하여 조직이 좋다.
② 장시간 보존이 가능하다.
③ 저장 중 영양가 손실이 적다.
④ 비교적 신선한 풍미가 유지된다.

정답 ①

조리에 사용하는 냉동식품을 완만 동결하면 식품에 수분이 재흡수 되지 않아 조직이 나쁘다.

예상
문제
200제

**139** 일반적으로 생물화학적 산소요구량(BOD)과 용존산소량(DO)은 어떤 관계가 있는가?

① BOD가 높으면 DO도 높다.
② BOD가 높으면 DO는 낮다.
③ BOD와 DO는 항상 같다.
④ BOD와 DO는 무관하다.

정답 ②

일반적으로 생물화학적 산소요구량(BOD)과 용존산소량(DO)은 서로 반비례 관계에 있다.

**140** 튀김의 특징이 아닌 것은?

① 고온 단시간 가열로 영양소의 손실이 적다.
② 기름의 맛이 더해져 맛이 좋아진다.
③ 표면이 바삭바삭해 입안에서의 촉감이 좋아진다.
④ 불미 성분이 제거된다.

정답 ④

튀김은 불미 성분이 제거되지 않는다.

**141** 세균으로 인한 식중독 원인물질이 아닌 것은?

① 살모넬라균
② 장염비브리오균
③ 아플라톡신
④ 보툴리눔독소

정답 ③

아플라톡신은 곰팡이 식중독 원인물질이다.

**142** 전분 식품에 유화제 및 설탕을 첨가하거나 수분함량을 15% 이하로 유지하였을 때의 결과로 알맞은 것은?

① 전분의 노화 촉진

② 전분의 노화 억제

③ 전분의 호화

④ 전분의 호정화

노화(β화)를 억제하는 방법
- 수분 함량을 15% 이하로 유지
- 환원제, 유화제 첨가
- 설탕 다량 첨가
- 0℃ 이하로 급속냉동(냉동법)시키거나 80℃ 이상으로 급속히 건조

**143** 감자의 발아 부위와 녹색 부위에 있는 자연독은?

① 에르고톡신

② 무스카린

③ 테트로도톡신

④ 솔라닌

① 에르고톡신 : 맥각균의 간장독소

② 무스카린 : 독버섯

③ 테트로도톡신 : 복어

**144** 식중독에 관한 설명으로 옳지 않은 것은?

① 세균, 곰팡이, 화학물질 등이 원인이다.

② 자연독이나 유해물질이 있는 음식물을 섭취하여 발생한다.

③ 세균성 식중독은 감염형과 독소형으로 나뉜다.

④ 자연독 식중독은 통조림, 햄, 소시지와 같은 식품이 원인이다.

통조림, 햄, 소시지와 같은 식품이 원인이 되는 식중독은 클로스트리디움 보툴리눔 식중독이며, 이는 독소형 식중독에 속한다.

**145** 혐기상태에서 생산된 독소에 의해 언어장애, 사시 등의 신경증상이
나타나는 세균성 식중독은?

① 황색포도상구균 식중독

② 클로스트리디움 보툴리눔 식중독

③ 장염비브리오 식중독

④ 살모넬라 식중독

> **정답 ②**
>
> ① 황색포도상구균 식중독 : 독
> 소형, 급성위장염증상
> ③ 장염비브리오 식중독 : 감염
> 형, 급성위장염 증상
> ④ 살모넬라 식중독 : 감염형,
> 급성위장염, 발열증상

**146** 우유의 가공에 관한 설명으로 틀린 것은?

① 크림의 주성분은 우유의 지방성분이다.

② 분유는 전유, 탈지유, 변탈지유 등을 건조시켜 분말화 한 것이다.

③ 저온살균법은 61.6~65.6℃에서 30분간 가열하는 것이다.

④ 무당연유는 살균과정을 거치지 않고, 유당연유만 살균과정을
거친다.

> **정답 ④**
>
> 연유는 우유의 수분을 증발시
> 켜 1/3~1/2로 농축시킨 무당연
> 유와 설탕을 첨가하여 농축시
> 킨 가당연유로 구분된다.

**147** 야채, 부케가르니, 식초나 와인 등의 산성 액체를 넣어 은근히 끓인
육수로, 해산물을 데칠 때 주로 사용하는 것은?

① 생선 스톡(fish stock)

② 쿠르부용(court bouillon)

③ 화이트 스톡(white stock)

④ 브라운 스톡(brown stock)

> **정답 ②**
>
> 쿠르부용(court bouillon)
> • 야채, 부케가르니, 식초나
> 와인 등의 산성 액체를
> 넣어 은근히 끓인 육수
> • 야채나 해산물을 가볍게
> 데치는 것을 의미하는 '포
> 칭(poaching)'에 사용

**148** 식중독이 발생했을 경우 즉시 취해야 할 조치로 적절한 것은?

① 역학조사반 구성

② 식중독 발생 신고

③ 주방 살균 및 소독

④ 식재료 공급업체 정보 확인

정답 ②

식중독이 발생했을 경우 24시간이내 즉시 신고하여야 한다.

**149** 다음 중 살모넬라에 오염되기 쉬운 대표적인 식품은?

① 과실류

② 해초류

③ 난류

④ 통조림

정답 ③

살모넬라 식중독 원인식품
어패류, 육류, 난류, 우유 등

**150** 생선의 자기소화 원인은?

① 세균의 작용

② 단백질 분해효소

③ 염류

④ 질소

정답 ②

자기소화
• 사후경직이 끝난 후 어패류 속에 존재하는 단백질 분해효소에 의해 일어난다.
• 어육이 연해지고 풍미가 저하된다.

예상
문제
200제

**151** 병원체가 생활, 증식, 생존을 계속하여 인간에게 전파될 수 있는 상태로 저장되는 곳을 무엇이라 하는가?

① 숙주
② 보균자
③ 환경
④ 병원소

정답 ④

병원소는 병원체가 생활, 증식, 생존을 계속하여 인간에게 전파될 수 있는 상태로 저장되는 곳으로 생물(사람, 동물, 곤충), 무생물(토양, 물) 등이 있다.

**152** 어패류 조리방법 중 틀린 것은?

① 조개류는 낮은 온도에서 서서히 조리하여야 단백질의 급격한 응고로 인한 수축을 막을 수 있다.
② 생선은 결체조직의 함량이 높으므로 주로 습열조리법을 사용해야 한다.
③ 생선조리 시 식초를 넣으면 생선이 단단해진다.
④ 생선조리에 사용하는 파, 마늘은 비린내 제거에 효과적이다.

정답 ②

생선은 결체조직의 함량이 낮으므로 주로 건열조리법을 사용해야 한다.

**153** 해충과 매개 질병이 옳게 연결된 것은?

① 벼룩 – 쯔쯔가무시증
② 진드기 – 발진티푸스
③ 이 – 렙토스피라증
④ 모기 – 사상충증

정답 ④

매개곤충과 질병
• **이** : 발진티푸스
• **벼룩** : 페스트, 발진열
• **모기** : 사상충증, 황열, 말라리아, 일본뇌염
• **진드기** : 양충병, 유행성 출혈열
• **쥐** : 렙토스피라증

## 154 식품을 삶는 방법에 대한 설명으로 틀린 것은?

① 연근을 엷은 식초 물에 삶으면 하얗게 삶아진다.

② 가지를 백반이나 철분이 녹아있는 물에 삶으면 색이 안정된다.

③ 완두콩을 황산구리가 적당량 함유된 물에 삶으면 푸른빛이 고정된다.

④ 시금치를 저온에서 오래 삶으면 비타민 C의 손실이 적다.

**정답 ④**

시금치는 끓는 물에 소금을 넣어 빠르게 데치고 찬물에 헹구어야 비타민 C의 손실을 적게 할 수 있다.

## 155 영업허가를 받아야 하는 업종은?

① 식품운반업

② 유흥주점영업

③ 식품제조가공업

④ 식품소분판매업

**정답 ②**

① **식품운반업** : 신고
③ **식품제조가공업** : 등록
④ **식품소분판매업** : 신고

영업허가의 대상
식품조사처리업, 단란주점영업, 유흥주점영업

## 156 냉동실 사용 시 유의사항으로 맞는 것은?

① 해동시킨 후 사용하고 남은 것은 다시 냉동보관하면 다음에 사용할 때에는 위생상 문제가 없다.

② 액체류의 식품을 냉동시킬 때는 용기를 꽉 채우지 않도록 한다.

③ 육류의 냉장보관 시에는 냉기가 들어갈 수 있게 밀폐시키지 않도록 한다.

④ 냉동실의 서리와 얼음 등은 더운물을 사용하여 단시간에 제거하도록 한다.

**정답 ②**

액체류의 식품을 냉동시키면 체적이 팽창하므로 용기를 꽉 채우지 않도록 한다.

**157** 미르포아(mirepoix)를 만들 때 구성하는 재료로 묶인 것은?

 기출 유사

① 양파, 당근, 셀러리
② 양파, 셀러리, 정향
③ 양파, 월계수잎, 정향
④ 양파, 당근, 마늘

정답 ①

미르포아(mirepoix)
• 스톡을 끓일 때 뼈와 함께 들어가는 야채
• **맑은 육수** : 양파, 셀러리, 대파
• **브라운 스톡** : 양파, 당근, 셀러리
• **비율** : 양파 50%, 당근 25%, 셀러리 25%

**158** 육류의 근원섬유에 들어있으며, 근육의 수축 이완에 관여하는 단백질은?

① 미오겐(myogen)
② 미오신(myosin)
③ 미오글로빈(myoglobin)
④ 콜라겐(collagen)

정답 ②

육류의 근육조직
미오신, 액틴, 미오겐, 미오알부민으로 구성

**159** 식품의 조리 가공, 저장 중에 생성되는 유해물질 중 아민이 나아미드류와 반응하여 니트로소 화합물을 생성하는 성분은?

① 지질
② 아황산
③ 아질산염
④ 삼염화질소

정답 ③

N-니트로사민
육가공품의 발색제 사용으로 인한 아질산염 제2급 아민이 반응하여 생성되는 발암물질

**160** 대표적인 콩 단백질인 글로불린(globulin)이 가장 많이 함유하고 있는 성분은?

① 글리시닌(glycinin)
② 알부민(albumin)
③ 글루텐(gluten)
④ 제인(zein)

정답 ①

② 알부민 : 단순단백질
③ 글루텐 : 밀가루의 단백질로 탄성이 높은 글루테닌과 점성이 높은 글리아딘이 물과 결합하여 점탄성 성질을 가짐
④ 제인 : 옥수수에 함유된 불완전 단백질

**161** 다음 중 천연항산화제와 거리가 먼 것은?

① 토코페롤
② 스테비아 추출물
③ 플라본 유도체
④ 고시폴

정답 ②

스테비아 추출물은 감미료이다.

천연항산화제
비타민 E(토코페롤), 비타민 C(아스코르브산), 세사몰, 플라본 유도체, 고시폴

**162** 박력분에 대한 설명으로 맞는 것은?

① 경질의 밀로 만든다.
② 다목적으로 사용된다.
③ 탄력성과 점성이 약하다.
④ 마카로니, 식빵 제조에 알맞다.

정답 ③

밀가루의 종류
• **강력분** : 경질의 밀로 만들며 마카로니, 식빵 제조에 알맞다.
• **중력분** : 다목적으로 사용된다.
• **박력분** : 탄력성과 점성이 약하다.

예상
문제
200제

**163** 알코올 1g당 열량산출 기준은?

① 0kcal

② 4kcal

③ 7kcal

④ 9kcal

정답 ③

알코올의 1g당 열량은 7kcal 이다.

**164** 조리작업장의 위치선정 조건으로 적합하지 않은 것은?

① 보온을 위해 지하인 곳

② 통풍이 잘 되며 밝고 청결한 곳

③ 음식의 운반과 배선이 편리한 곳

④ 재료의 반입과 오물의 반출이 쉬운 곳

정답 ①

조리장이 지하에 위치하면 통풍과 채광이 잘 되지 않아 적합하지 않다.

**165** 다음 물질 중 동물성 색소는?

① 클로로필

② 플라보노이드

③ 헤모글로빈

④ 안토잔틴

정답 ③

식물성 색소

• **클로로필** : 녹색 채소 색소

• **안토잔틴** : 우엉, 연근, 밀가루, 쌀 등의 무색이나 담황색의 색소

• **플라보노이드** : 식물에 넓게 분포하는 황색계통의 수용성 색소

**166** 50g의 달걀을 접시에 깨뜨려 놓았더니 난황 높이는 1.5cm, 난황 직경은 4cm였다. 이때 난황계수는?

① 0.188

② 0.232

③ 0.336

④ 0.375

정답 ④

난황계수

= 난황의 높이(mm)

　÷ 난황의 평균직경(mm)

∴ 난황계수

　= 15(mm) ÷ 40(mm)

　= 0.375

**167** 전채 요리를 조리할 때 주의해야 할 사항으로 알맞은 것은?

① 주요리보다 많은 양을 만들어야 한다.

② 신맛과 짠맛을 부각시켜 입맛을 돋운다.

③ 주요리와의 통일성을 위해 메인요리와 같은 조리법을 사용한다.

④ 계절별, 지역별 식재료 사용이 다양해야 한다.

정답 ④

① 주요리보다 소량으로 만들어야 한다.

② 신맛과 짠맛이 적당히 있어야 한다.

③ 주요리에 사용되는 재료와 반복된 조리법은 사용하지 않는다.

**예상 문제 200제**

**168** 스톡의 필수 구성 요소가 아닌 것은?

① 부케가르니

② 미르포아

③ 뼈

④ 밀가루

정답 ④

스톡의 필수 구성 요소
향신료(부케가르니), 야채(미르포아), 뼈

**169** 쌀에서 섭취한 전분이 체내에서 에너지를 발생하기 위해서 반드시 필요한 것은?

기출유사

① 비타민 A
② 비타민 B₁
③ 비타민 C
④ 비타민 D

**170** 다음 중 부케가르니(bouquet garni)에 해당되지 않는 것은?

① 통후추
② 아몬드
③ 셀러리
④ 월계수 잎

**171** 요오드값(iodine value)에 의한 식물성유의 분류로 맞는 것은?

① 건성유 – 올리브유, 우유유지, 땅콩기름
② 반건성유 – 참기름, 채종유, 면실유
③ 불건성유 – 아마인유, 해바라기유, 동유
④ 경화유 – 미강유, 야자유, 옥수수유

**172** 스톡의 재료 중 작은 조각의 향신료들을 소창에 싸서 스톡의 향을 강화하는 것은?

① 뼈(bone)

② 미르포아(mirepoix)

③ 부케가르니(bouquet garni)

④ 사세데피스(sachet d'epices)

정답 ④

사세데피스
(sachet d'epices)

부케가르니 보다 작은 조각의 향신료들을 소창에 싸서 스톡의 향을 강화하는 것

**173** 샌드위치 구성 요소 중 스프레드(spread)의 역할로 알맞은 것은?

① 속 재료 및 가니쉬의 맛과 향이 다른 재료와 섞이거나 접착되지 않도록 한다.

② 속 재료의 수분이 빵을 눅눅하고 촉촉하게 만든다.

③ 야채류, 싹류, 과일 등으로 만들며 보기 좋게 하여 상품성을 높인다.

④ 개성있는 맛을 내고 재료와 어울리게 하는 역할을 한다.

정답 ④

스프레드(spread)의 역할

• 속 재료의 수분이 빵을 눅눅하게 하는 것을 방지한다.
• 속 재료 및 가니쉬의 접착성을 높인다.
• 과일잼, 타페나드, 마요네즈 등으로 맛(단맛, 짠맛, 고소한 맛)을 향상시킨다.
• 촉촉한 감촉을 부여한다.

예상
문제
200제

**174** 생선 퓌메(fish fumet)에 들어가는 재료가 아닌 것은?

① 화이트 와인

② 생선 육수

③ 레몬주스

④ 토마토

정답 ④

토마토는 생선 퓌메(fish fumet)에 들어가는 재료가 아니다.

생선 퓌메(fish fumet)
생선 육수에 화이트 와인과 레몬즙을 첨가한 농축액

## 175 다음 중 이당류가 아닌 것은?

기출
유사

① 설탕(sucrose)
② 유당(lactose)
③ 과당(fructose)
④ 맥아당(maltose)

이당류와 단당류
- **이당류** : 설탕, 유당, 맥아당
- **단당류** : 과당

## 176 스톡을 조리하는 방법으로 적절하지 않은 것은?

① 찬물을 재료가 잠길 정도로 부은 후 끓인다.
② 표면에 뜬 불순물을 걷어 깨끗한 스톡을 만든다.
③ 스톡 조리 시에 감칠맛을 위해 소금을 사용한다.
④ 스톡이 끓기 시작하면 불을 줄여 90℃를 유지한 채 은근히 끓인다.

스톡 조리 시 주의사항
- 찬물을 재료가 잠길 정도로 부은 후 끓인다.
- 거품 및 불순물을 걸어 낸다.
- 소금 간을 하지 않는다.
- 끓기 시작하면 불을 줄여 은근히 끓인다.

## 177 고등어 150g을 돼지고기로 대체하려고 한다. 고등어의 단백질 함량을 고려했을 때 돼지고기는 약 몇 g 필요한가?(단, 고등어 100g당 단백질 함량 : 20.2g, 지질 : 10.4g, 돼지고기 100g당 단백질 함량 : 18.5g, 지질 : 13.9g)

기출
유사

① 137g
② 152g
③ 164g
④ 178g

대치식품량
= (원래식품성분 ÷ 대치식품성분) × 원래식품량
= (20.2g ÷ 18.5) × 150g
= 163.78g ≒ 164g

대치식품량
원래식품성분 ÷ 대치식품성분 × 원래식품량

**178** 전채 요리의 용어에 대한 설명이 틀린 것은?

① 칵테일(cocktail) : 해산물을 주재료로 과일을 곁들인 한입 크기의 전채
② 렐리시(relishes) : 채소를 다듬어 소스를 곁들이는 전채요리
③ 카나페(canape) : 옥수수로 만든 얇은 전병에 여러 가지 재료를 올린 요리
④ 오르되브르(hors d'oeuvre) : 식전에 나오는 모든 요리의 총칭

**179** 주로 동결건조로 제조되는 식품은?

① 설탕
② 당면
③ 크림케이크
④ 분유

**180** 핑거볼(finger bowl)에 대한 설명으로 옳지 않은 것은?

① 핑거 푸드나 과일 등을 손으로 먹은 뒤 손가락을 씻는 그릇이다.
② 손을 핑거볼에 대고 흐르는 생수에 씻는다.
③ 작은 그릇에 꽃잎이나 레몬조각을 놓는다.
④ 음료수로 착각해서 먹는 경우가 있어 주의하여야 한다.

예상문제200제

**181** 샐러드를 담을 때 주의사항으로 틀린 것은?

① 채소의 물기는 반드시 제거하고 담는다.
② 드레싱의 농도가 너무 묽지 않게 한다.
③ 드레싱은 미리 뿌려서 제공한다.
④ 드레싱의 양이 샐러드의 양보다 많지 않게 담는다.

정답 ③

드레싱은 미리 뿌리지 않고 제공할 때 뿌린다.

**182** 작은 크기의 고기를 팬에 기름을 둘러 고온으로 볶는 소팅(소테)의 주의사항이 틀린 것은?

① 재료가 팬에 꽉 차지 않도록 한다.
② 온도가 낮을 때 미리 팬에 재료를 넣는다.
③ 팬의 뚜껑을 덮지 않는다.
④ 소스 속에서 주재료를 익히지 않는다.

정답 ②

소팅(소테)의 주의사항
• 재료가 팬에 꽉 차지 않도록 한다.
• 온도가 낮을 때 팬에 재료를 넣지 않는다.
• 팬의 뚜껑을 덮지 않는다.
• 소스 속에서 주재료를 익히지 않는다.

**183** 다음 중 계량방법이 올바른 것은?

① 마가린을 잴 때는 실온일 때 계량컵에 꼭꼭 눌러 담고, 직선으로 된 칼이나 spatula로 깎아 계량한다.
② 밀가루를 잴 때는 측정 직전에 체로 친 뒤 눌러서 담아 직선 spatula로 깎아 측정한다.
③ 흑설탕을 측정할 때는 체로 친 뒤 누르지 말고 가만히 수북하게 담고 직선 spatula로 깎아 측정한다.
④ 쇼트닝을 계량할 때는 냉장 온도에서 계량컵에 꼭 눌러 담은 뒤, 직선 spatula로 깎아 측정한다.

정답 ①

② 밀가루를 잴 때는 측정 직전에 체로 친 뒤 누르지 않고 담아 직선 spatula로 깎아 측정한다.
③ 흑설탕을 측정할 때는 꾹꾹 눌러 담아 컵의 위를 직선 spatula로 깎아 측정한다.
④ 쇼트닝을 계량할 때는 실온에서 부드럽게 하여 계량컵에 꼭 눌러 담은 뒤, 직선 spatula로 깎아 측정한다.

**184** 다음 중 수프의 구성요소가 아닌 것은?

① 육수
② 농후제
③ 가니쉬
④ 스프레드

스프레드(spread)는 샌드위치의 구성요소이다.

> 수프의 구성요소
> 육수(stock), 농후제, 곁들임(garnish), 허브, 향신료.

**185** 전자레인지의 주된 조리원리는?

① 복사
② 전도
③ 대류
④ 초단파

> 전자레인지
> 초단파 조리로 식품이 함유하고 있는 물 분자의 급격한 진동을 유발하여 열을 발생시키는 방법

**186** 다음 중 농후제의 종류가 아닌 것은?

① 루
② 크림
③ 설탕
④ 달걀노른자

설탕은 농후제의 종류에 해당하지 않는다.

> 농후제의 종류
> 루(roux), 버터, 뵈르 마니에(beurre manie), 달걀노른자, 크림, 쌀, 전분 등

예상
문제
200제

**187** 유지류의 조리 이용 특성과 거리가 먼 것은?

① 열 전달매체로서의 튀김

② 밀가루 제품의 연화작용

③ 지방의 유화작용

④ 결합체로서의 응고성

정답 ④

유지류의 조리 이용 특성
열전달 매개체, 유화, 연화,
가소성 등

**188** 수프의 종류 중 야채를 갈아 체에 거른 후 빵가루, 마늘, 올리브유, 식초를 넣은 차가운 수프는?

기출
유사

① 퓌레(puree)

② 가스파쵸(gazpacho)

③ 미네스트롱(minestrone)

④ 차우더(chowder)

정답 ②

① 퓌레(puree) : 야채나 과일
을 분쇄한 퓌레에 부용을 넣은
수프
③ 미네스트롱(minestrone) :
야채, 베이컨, 파스타를 넣
고 끓인 이탈리아식 야채
수프
④ 차우더(chowder) : 게살, 감
자, 우유를 이용한 크림 수프

**189** 달걀 프라이 조리법 중 흰자는 익고 노른자는 반쯤 익은 요리는?

① 서니 사이드 업(sunny side up)

② 오버 이지(over easy egg)

③ 오버 미디엄(over medium egg)

④ 오버 하드(over hard egg)

정답 ③

달걀 프라이
달걀이 익은 정도에 따라
서니 사이드 업, 오버 이지,
오버 미디엄, 오버 하드로
나뉨

**190** 훈연 시 발생하는 연기성분을 나열한 것 중 틀린 것은?

① 페놀

② 포름알데히드

③ 개미산

④ 사포닌

**191** 난백으로 거품을 만들 때의 설명으로 옳은 것은?

① 레몬즙을 1~2방울 떨어뜨리면 거품 형성을 용이하게 한다.

② 지방은 거품 형성을 용이하게 한다.

③ 소금은 거품의 안정성에 기여한다.

④ 묵은 달걀보다 신선란이 거품 형성을 용이하게 한다.

**192** 세균성 식중독의 증상으로 거리가 가장 먼 것은?

① 구토, 설사

② 급성위장염

③ 급성대장염

④ 신경마비증상

**193** 못처럼 생겨서 정향이라고도 하며 양고기, 피클, 청어절임, 마리네이드 절임 등에 이용되는 향신료는?

🔖 기출
유사

① 클로브

② 코리엔더

③ 캐러웨이

④ 아니스

② 코리엔더(고수) : 잎과 줄기를 이용한 것으로, 향이 매우 강하며 신선한 상태의 잎은 매우 연하다.

③ 캐러웨이 : 열매를 이용하여 약간 얼얼한 맛이 나며 고기요리, 빵, 치즈 등의 양념에 사용한다.

④ 아니스 : 중국에서 팔각이라 부르며 고기와 야채요리의 향신료 또는 술에 넣는 향료로 사용한다.

**194** 세균성 식중독의 일반적인 특성으로 옳지 않은 것은?

① 일정 수 이상으로 번식한 세균이 있는 식품을 섭취했을 때 발생한다.

② 감염 후 면역성이 획득되지 않아 여러 번 식중독이 발생할 수 있다.

③ 두통, 복통, 구역질, 구토, 설사 등과 같은 증상이 나타난다.

④ 페니실리움 속 푸른곰팡이, 아스퍼질러스 플라버스 곰팡이 등이 원인이다.

세균성 식중독은 살모넬라균, 장염비브리오균, 포도상구균 등이 원인이다.

**195** 수프의 종류 중 갑각류 껍질을 으깨어 채소와 함께 끓인 수프는?

① 퓌레(puree)

② 비스크(bisque)

③ 차우더(chowder)

④ 비시스와즈(vichyssoise)

① 퓌레(puree) : 야채나 과일을 분쇄한 퓌레에 부용을 넣은 수프

③ 차우더(chowder) : 게살, 감자, 우유를 이용한 크림 수프

④ 비시스와즈(vichyssoise) : 삶은 감자와 크림, 소금 등으로 만드는 차가운 수프

**196** 다음 중 유해보존료에 해당되지 않는 것은?

① 붕산
② 데히드로초산
③ 승홍
④ 불소화합물

데히드로초산은 유해보존료에 해당되지 않는다. 유해보존료에 속하는 것은 붕산, 포름알데히드, 불소화합물, 승홍이 있다.

유해첨가물
- **착색제** : 아우라민, 로다민 B
- **감미료** : 둘신, 사이클라메이트, 페릴라
- **표백제** : 롱가릿, 형광표백제
- **보존료** : 붕산, 포름알데히드, 불소화합물, 승홍

**197** 냉동식품에 대한 설명으로 잘못된 것은?

① 어육류는 다듬은 후, 채소류는 데쳐서 냉동하는 것이 좋다.
② 어육류는 냉동이나 해동 시에 질감 변화가 나타나지 않는다.
③ 급속 냉동을 해야 식품 중의 물이 작은 크기의 얼음 결정을 형성하여 조직의 파괴가 적게 된다.
④ 얼음 결정의 성장은 빙점 이하에서는 온도가 높을수록 빠르므로 −18℃ 부근에서 저장하는 것이 바람직하다.

어육류는 냉동이나 해동 시에 질감 변화가 나타난다.

**198** 다음 중 화학성 식중독의 종류에 해당되지 않는 것은?

① 유해물질에 의한 식중독
② 농약에 의한 식중독
③ 자연독에 의한 식중독
④ 유해첨가물에 의한 식중독

화학성 식중독
유해물질에 의한 식중독, 유해첨가물에 의한 식중독, 농약에 의한 식중독, 메틸알코올(메탄올)에 의한 식중독

예상
문제
200제

**199** 수비드(sous vide)조리법의 특징으로 옳지 않은 것은?

① 위생플라스틱 비닐 속에 재료를 넣고 진공포장 후 조리한다.
② 높은 온도(200℃)에서 단시간 조리한다.
③ 맛과 향, 수분, 질감, 영양소를 보존하며 조리하는 방법이다.
④ 단백질 수축을 조절하여 부드럽게 조리가 가능하다.

> **정답 ②**
>
> 수비드(sous vide)
> 위생 플라스틱 비닐 속에 재료와 조미료나 양념을 넣고 진공 포장한 후 낮은 온도에서 장시간 조리하여 맛, 향, 수분, 질감, 영양소를 보존하며 조리하는 방법

**200** 가소성에 대한 설명으로 알맞은 것은?

① 유화액이 존재할 경우 물과 기름이 섞이는 성질
② 외부에서 가해지는 힘에 의하여 자유롭게 변하는 성질
③ 고체지방을 여러 번 교반하면 공기가 혼입되어 희고 부드러워지는 특성
④ 제과제빵 제조 시 글루텐 형성을 방해하여 반죽을 부드럽게 하는 성질

> **정답 ②**
>
> 유지는 외부의 압력으로 인해 모양이 변형되는 특성이 있는데 이러한 특성을 가소성이라고 한다.
> ① 유화액이 존재할 경우 물과 기름이 섞이는 성질을 유화성이라고 한다.
> ③ 고체지방을 여러 번 교반하면 공기가 혼입되어 희고 부드러워지는 것을 크리밍성이라고 한다.
> ④ 제과제빵 제조 시 글루텐 형성을 방해하여 반죽을 부드럽게 하는 것을 쇼트닝성이라고 한다.